# 世界居住艺术百科

## 第一卷

# Encyclopedia
*of*
# World Home Arts

## I

A——H

上 海 辞 书 出 版 社

# FOREWORD 前言

美之于艺术，犹如水之于人类；而人类自古以来对美不懈的追寻，更甚于对生存之必需——水的珍视。艺术是人类须臾不可分离的共生之物。我们在编撰这三卷本的《世界居住艺术百科》期间，这样的感悟尤深。筑巢而居是人类有别于其他动物的最本初的文明，美或者艺术从一开始便伴随着这个文明一路走到了现在，并显然没有稍事停留的意思。这也使得我们困惑这套书的编撰其实是没有尽头的。

称这套书为"百科"有些许的遗憾，上述"没有尽头"固然是很难克服的原因之一，而我们偏重更多图片甚于文字的"艺术"说服力，也是有悖于传统对于"百科"的理解的，因而颇有贻笑大方之虞；但在今天所谓读图时代，这样的"偏重"或者正是传播知识和艺术信息的有效手段。我们期待在给予读者关于人类居住艺术最丰富视觉内容的基础上，得到最诚挚的认可。

美国古典学家塔贝尔（Frank Bigelow Tarbell，1853—1920）说，对大数人而言，研究艺术是出于这种最强烈的动机，即他们迫切想了解美丽而高贵的事物，因为这些事物能抚慰心灵，升华人类的灵魂。我们今天这么热衷于关心如同水一般重要的艺术，正是因为我们迫切期望心灵的纯净和美丽，期望我们的生活如同心灵一般高贵而品质高尚。

# CONTENTS 目录

# ARGENTINA 阿根廷

与足球场上蓝、白二色汇成的海洋一起涌动，与酒吧内快乐的人群一起舞动，阿根廷给予我们无限的可能与激情……然而，阿根廷风格却又不同于一贯热烈奔放的拉美风格，它既有巴黎式的奢华底气，又具深入骨髓的落寞气质。阿根廷的建筑与装饰，就如同探戈，在最放纵恣情的时刻也保持着一份清醒……

阿根廷地处南美洲东南部，国土面积仅次于巴西，是南美第二大国。它东濒大西洋，西同智利接壤，北界玻利维亚、巴拉圭，东北部与巴西和乌拉圭为邻。这里地形多样，自然景观非常迷人。

阿根廷最初是印地安人的聚居地，同巴西一样，在殖民时期前并未能酝酿出发达的印地安文化。在沦为西班牙人的殖民地后，来自世界各地的移民大量聚集，致使当地的印地安土著文化、欧洲文化和随着黑奴而来的非洲文化水乳交融，形成了独特的拉普拉塔河文化。拉普拉塔河文化在各个领域均有相当杰出的表现：建筑和城市几乎是欧洲的翻版，音乐和绘画则拉美味道十足，装饰细节更是丰富多样。

首都布宜诺斯艾利斯（Buenos Aires）在西班牙语中意为“好空气”，它建城已有四百年，享有“南美巴黎”的盛名。这里四季分明，气候宜人，建筑样式也很多，有的华丽优雅，极富古典的浪漫气质；有的性感冷静，现代感十足，基本上囊括了欧洲各个时期的著名风格样式，是阿根廷建筑文化的汇集地。

布宜诺斯艾利斯古典风格的建筑历史可上溯至16、17世纪，殖民者们在当地建造的西班牙式样的小巧庭院和罗马、哥特风格的宏伟大教堂，到19世纪末20世纪初达到辉煌的顶峰。它们是阿根廷第一次世界大战前“黄金时代”的见证，其结构匀称，比例优美，注重装饰，用材讲究，洛可可、巴洛克和新古典主义的各个风格流派都得到了充分的运用。现在看来，这些建筑都更具有一份历史沉淀而来的贵族气息，如总统府、科隆剧院、圣马丁宫、帕斯宫等，都是极为杰出的代表。

布宜诺斯艾利斯大多数的现代建筑均在1989年后的“梅内姆时代”出现。伴随着IBM、西班牙电信、花旗银行、汇丰银行等全球性大企业纷纷进驻这座都市，一批以玻璃幕墙为标志的现代建筑拔地而起。擅长模仿的阿根廷人甚至在江堤上照着悉尼歌剧院修建了一个贝壳状博物馆，又在码头边来了一组颇似曼哈顿的小建筑群。他们还很有创意地把货运码头改造成了游艇俱乐部，岸上的简易仓库改造成了高档餐馆或博物馆。当夜幕低垂华灯初上，酒吧里迷离攒动的人群和光怪陆离的霓虹招贴便组合成了一幅色彩艳丽的现代油画，似极远又似极近，流露出这个南美国度特有的性感而又疏离的气质。

阿根廷风格的重点并不在于它多元的血统，而在于运用这些元素时独特的态度。不同于拉美风格一贯的热烈奔放，阿根廷始终是冷静自持的，如同探戈，在最放纵恣情的时刻也保持着一份清醒。阿根廷风格钟爱的蓝、白二色搭配，有种旁观者的矜持；古典欧洲贵族的奢华细节被完美地移植，早期航海家和淘金者的野性则一路浓缩为某种图腾，帆船模型、舵盘、风灯……悄悄地在居室的各个角落印下记号。在材质方面，“黄金时代”不计人力物力的习惯也一直延续至今，大理石地面、贵重木材家具、水晶灯、金银镶嵌的器皿也十分常见。

右页／阿根廷建筑就像阿根廷人，不同于拉美风格一贯的热烈奔放，它始终保持着冷静与自持，并在其中流露出些许惬意。

7

左页／左上 白色的沙发配以紫色系的靠垫，整个房间颇具现代感觉。右上 充足的光线使整个房间给人以洁净之感。左下 纱质幔帐使整个卫生间飘渺起来，有若隐若现的迷离感觉。右下 蓝色系的门和地毯，大面积的白色内饰，典型的希腊风格。本页／左上 原始的木质材料与现代家具的奇特组合。右上 缱绻于纯白色的床铺间，任凭阳光洒满全身。右下 大面积的白色给人清爽的感觉，木质的房顶和阳光让人宛如置身室外。

本页／上 紫色调给人悠远神秘的感觉，与华丽的四柱床一起营造着复古浪漫。左下 大块原木的墙板为餐厅增添了自然气息，暖色调的灯光与之搭配十分协调。右页／左上 睁眼醒来便能看到窗外的自然，阳光一路弥漫。右上 多种色调看似杂乱却又互相巧妙地融合，空间立刻活泼起来。左下 多角度的光线来源使空间富有变化，光线抚过餐桌，猜猜谁来吃晚餐？右下 白色的凳面和灯光与吧台形成鲜明对比。

左页／左上 摆满了饰品的空间一角让人充满探究的好奇。 右上 通透的走廊使得空间的通风良好。左下 窗户成为空间的亮点，光线伴随着微风一寸一寸地攀上了桌子。右下 略微凌乱的收纳室，由于全部采用原木的装修而显得朴质粗犷。本页／左上 双层床上的毯子充满南美风格，厚实而温暖。右上 壁炉中跳跃的火苗无比温暖，不规则的几座流露出简约的现代风格。右下 拱形廊门和烛形吊灯完美演绎出殖民时期城堡的感觉。

本页／左上 红色的复古窗帘是整个空间的亮点。下 简单到不能再简单的木头房间与家具，外面绿色的树木让人仿佛觉得这是一间树屋。右页／左上 木制的拱形房顶和带椭圆形镜子的大橱一起营造出浓厚的复古气息。右上 纱质幔帐可以隔出必要的空间，高柱床透出异域风情。左下 原木家具和装饰成为这里的主角，阳光就是最好的装饰。右下 装饰性的帆船也许诉说着主人远航的梦想，墙上的装饰镜框看似随意，却透露着率性。

# AUSTRALIA 澳大利亚

也许没有什么地方比澳大利亚更接近这样安逸简单的生活梦想：金色的阳光透过桉树丛洒下斑驳的影子，林间传出笑翠鸟清脆的鸣叫，平静的海面上点点白帆掠过，全身涂上橄榄油伸展四肢在海滩上晒个日光浴，快乐就这样慢慢地从心底蔓延开来了。

澳大利亚在当今的行政区划上属大洋洲，四面环海，东濒太平洋的珊瑚海和塔斯曼海，西、北、南三面临印度洋及其边缘海，领土由澳大利亚大陆和塔斯马尼亚岛等大小岛屿组成，面积大约769万平方公里，拥有长达37000多公里的海岸线。澳大利亚占据了大洋洲大部分的土地，其自然地理极富特色：西部和中部有崎岖的多石地带、浩瀚苍凉的荒漠和舒缓优美的平顶山峦，东部则是连绵的高原，大陆近海有狭窄的海滩缓坡，向西倾斜，渐渐延展成为富饶的平原"绿带"，丘陵起伏，水源丰富，土地肥沃，随处可见宽阔的沙滩、宁静的港湾、葱翠的丛林、嶙峋陡峭的悬崖、高大险峻的火山和五彩斑斓的珊瑚海。因为地处南半球，澳大利亚每年的一月是盛夏，七月是隆冬，拥有温暖湿润的夏季和不太寒冷的冬季，阳光明媚，海蓝天青，疆域广阔，风光优美。

澳大利亚同美国一样，是名副其实的"民族拼盘"，1800万的人口，由超过一百二十个国家的一百四十个民族的移民组成。丰富多彩的民族文化，会同粗犷壮丽的自然景色，共同打造出了澳大利亚开放迷人的人文个性，体现在建筑风貌上，就是古典与现代的呼吸并存，经典范式和自然风格的水乳交融，以优雅恬静的英伦殖民风格为精神内核，以热情纯朴的亚热带海岸风格为外部特征，辅之多元化混搭的装饰手法，成就了独特的澳大利亚风格。

作为英联邦的成员国，澳大利亚的英国烙印是无处不在的，在城市的规划和建筑形制方面，英式风格尤其明显。被誉为澳大利亚最优雅城市的墨尔本建于19世纪50年代疯狂富裕的淘金时代。那是一个前所未有的建筑繁荣期，以1880年的世博会为标志，墨尔本得到了近乎完美的规划设计，它拥有棋盘式的格局，横平竖直的大街和小巷相互交错，纵横有序，具前瞻性的标准道宽直到今天仍然可以从容适用，仪态雍容的维多利亚式公共建筑之间，点缀着绿树成荫、鲜花簇拥的街心广场，没有什么高层建筑，随处可见剧院、教堂、拱廊、成排带阳台的公寓，以及小巧的乔治风格别墅，亚拉河曲曲折折地在城中漫游而过，粼粼波光让城市更添沉静内敛的气质。高达113米的圣柏尼大教堂建于19世纪，凝重的黑色外立面和庄严的哥特风格令人油然而生敬畏之心，豪华的温莎酒店和皇家展览中心则都是匀称优美的新古典主义风格的典范之作。建于1986年的丽爱图塔观景台（Rialto Towers Observation Deck）高达253米，建成时是南半球最高的建筑，可以眺望墨尔本全城美景，是现代建筑的杰出代表，却又与整座城市的古典风范相得益彰，丝毫不显突兀。

与传统的墨尔本不同，悉尼自建城之初就是一个生气勃勃的所在。作为澳大利亚乃至大洋洲最大最繁华的城市，悉尼拥有无与伦比的美妙海滩、青翠树林、明媚阳光以及无限的自由空间，玻璃幕墙的摩天大厦和过去两个多世纪里陆续建成的各种风格建筑，在乔治王朝时代规划的街区中比邻而居，五颜六色的热带花草和高大的棕榈树间杂其间，一派海滨风情。建于19世纪90年代萧条时期的维多利亚女王大厦，因其绚丽的彩色玻璃窗、拜占庭式拱门和巴洛克风格的石膏装饰，成为世界上一百年来最美丽的购物中心。不过，除了举世闻名的悉尼歌剧院，其他的建筑仿佛都已经不足以说明澳大利亚。这座耗费了十四年时间，超出预算十五倍才终于竣工的宏大建筑，由丹麦伟大的建筑师约恩•伍仲（Jorn Utzon，1918—2008）设计，它从建成之日起，便成为澳大利亚当仁不让的文化符号。超过一百万片的瑞士瓷砖组成层层叠叠的贝壳，如同海鸟洁白的翅膀小憩在碧蓝的海港之滨，它奇妙的曲线突破了传统建筑的所有定规，正是新大陆自由探索精神的绝佳体现。

在华美宏伟的标志性建筑之外，澳大利亚的民居同样有着自己独特的美丽。红砖红瓦是早期英国移民最喜爱的风格，一直流传至今。而因为盛产木材，所以海滨度假风格的高跷木屋也同样受到欢迎。在悉尼城郊，当年为淘金工人大批量建造的住宅，都有亮丽的橘黄色屋顶和矮小的门廊，别致的铸铁栏杆环绕着小小的庭院，在经年的沧桑变迁后，已成为最具特色的经典民居，不但为当地中上阶层竞相追逐，也是新移民澳洲梦最真切的实现。在室内装饰方面，土著艺术则是澳大利亚风格的不二之选，无论是绘画、雕刻、丝织屏饰，还是精美的彩绘器具，都可轻松营造出富有原野生命气息的新大陆氛围。

右页／左上 这个建筑关键挑战了在澳大利亚装饰性灰泥风格的传统。建筑师亨特（Hunt）使用了更加简单的材料和技艺，木质楼顶的风格同时也运用到墙面上，并由地面向高高的烟囱延伸。这种建筑风格后来也影响了悉尼的很多其他建筑。右上 这栋苏立文（Sullivan）办公大楼是悉尼第一幢实用主义的哥特复兴式建筑。左下 悉尼城区蓝领的廉租房，位于城市的中轴线上。利落的线条，拱起的深深的阳台（而不是屋檐），非常符合这座城市中轴线上建筑的风格。右下 这幢大楼是悉尼国内哥特复兴式建筑的先驱，由刘易斯（Lewis）设计，位于肯特街的北面。最初它是平面的砂岩房，门前有一个高挑的敞开式长廊，曲折的长廊丰富了空间。上层空间拥有不对称的墙面。

TO VICTORIA RD
Glebe

本页／左上 坐落于澳大利亚最古老的援救房，由约翰·麦克阿瑟（John Macarthur）设计并改建。它原是18世纪的一座简单农居，屋顶是木头的顶板而不是茅草，而且没有阁楼。现在的走廊和宽大的法式大门是后来安装的，但其主要的屋顶结构还是保持原来的风格。右上 建于1903年的厂房被改造成了工作室，空间结构以木地板和砖墙为主调，利用金属、木头和玻璃对空间进行区隔。一层是工作室，夹层在开放式空间中设置为起居室，楼顶使用了木质和钢材。阁楼设置了卧室和浴室。左下 原始的木质小屋是建在砂岩石的陡坡之上的。小屋在阁楼上面新加了一间卧室和一个甲板。此外，在原有建筑的基础之上加了两层，这两层框架结构使用了环保的木材做支撑，从而与室内的细节相互协调。一楼是非常明亮的起居室、餐厅和厨房，向东面和南面敞开。移动的玻璃门和木质地板使人觉得与室外的花园连为了一体。右页／左上 ASNCo大楼，由威廉·瓦德尔（William Wardell）设计。它坐落于悉尼码头的中心，向人们展示着象征殖民年代的标志。大楼两边各有侧楼和一个阳台。右上 这是美国人爱德华·拉特（Edward Raht）设计的两座大楼中的一座。基本的结构是钢材，但是它粗糙的岩石表面让人有一种墓碑的感觉。它的巧妙之处在于体现出了墙和高柱的厚重感。这是典型的美国式罗马风格。下 这座非传统外形的建筑有一个弧形的屋顶，塔楼上的尖顶由铁艺构成。早期的建筑结构是简单的砂岩村舍，是乔治风格和法国风格的混合体。建筑由铁艺代替了木材，哥特式的弧线和对称的边可以在铁艺上得到很好的体现。

TAVERN
1875
LONDON

左页／上 黑色的皮椅和灯具非常富有质感。后方，视线由甲板延伸至海面。左下 悉尼比尔亚德(Billyard) 大道28号，这间工作室以其现代建筑风格闻名。它是由六间水景房组成的，有景观台、游泳池、花园和私人船坞。第二层凸显了豪华的起居空间，巨大通透的落地玻璃面向大海，精雕细琢的材质显现着大自然的魅力，主要有大理石、石材和木材，并有少量的金属折射出自然的光芒。右下 伦敦酒店，拥有精致的细节和明亮的色彩。本页／右上 一间音乐房由小小的起居室构成，一侧挂着粉红色的窗帘，绘画占据了整个墙面，角落里，20世纪初的木质储物箱被当作了书架，整体充满诗情画意。下 起居室和客厅暗淡的色调通过自然光线被提亮，玻璃的落地窗使视线穿越户外整个沙丘。

本页／左上 小巧的摆饰，大小不一的墙饰，令这个空间充满了情趣和层次感。下 挑高的起居室被各种木板板材包覆，柔和的板材由楼梯延伸至厨房的上空，充满了自然的气息。右页／上 这间餐厅长长的壁炉两旁堆叠着木柴，既实用，又是最天然的装饰。左下 颜色厚重的圆柱对称地立在通向门厅的两侧，并与两侧楼梯的墙面分隔了走道，视觉上产生深邃的感觉。右下 上层的厨房和餐厅通过楼梯很好地与起居室分隔开。

TAIL

本页／上 这是个侧厅，由滑动的木格栏门隔出，呈现出多变灵巧的空间效果。左下 墙面处理成斑驳的效果，墙上鲜艳的大幅花卉作品和沙发上的靠垫，点缀了整体素色调的客厅。右页／左上 皮特·克拉克（Peter Clark）设计的三层别墅，有透明的外观、可变的空间。克拉克在革新日常基本设施的同时，保持了它的整体格调，并且还在布置上凸显了金属材质的运用，如铜、水泥、木材和不锈钢，整体空间充满了流动感，使用百叶窗控制光线和室内的分割，也使空间能自由组合。右上 在悉尼城区中心这栋20世纪80年代的不知名别墅内，设计师通过重新规划原有布局，尽可能地充分利用空间。黑色材质的楼梯通过落地玻璃被映透出来。同时，玻璃这堵透明的墙使自然光线充分照进室内，在自由的光线中，让人感觉整个空间是开放式的。下 将长长的走廊布置成室外的起居室，惬意极了，度假的感觉十足。它的一侧是厨房。

左页／上 客卧中有舒适的椅子和具有设计感的低窗台。左下 木质和铁艺结合的桌子充满现代感，整个空间非常简洁。右下 维尔纳·庞通（Verner Panton）的升降灯新颖别致，与餐盘相呼相应，形成统一的视觉效果。本页／右上 起居室中，栅栏状的储物柜门呼应着怀旧的电风扇，壁画的加入则增添了空间的生动感。下 明亮的餐厅连着厨房，一侧的大玻璃窗将室外的自然光线透入室内。

左页／上 餐厅中的桌椅是钢木结构的，靠墙一侧是木质结构的餐边柜，而开放的楼梯的向上动感则延伸了视觉效果。左下 在客厅和餐厅的顶部有透明的窗户和具有工业设计感的透气孔。右下 书房的一侧也拥有大自然的景致，简单中透出主人向往大自然的愿望。本页／左上 墙上是澳大利亚艺术家简内特・劳伦斯（Janet Laurence）的作品，整个空间充满了主人的特质。右上 玻璃门将餐厅和起居室分隔开。餐厅内摆放着20世纪40年代的桌椅；桌子上摆放着墨西哥的木质烛台、中国的储物罐和新几内亚的木盘，墙上则挂着罗伯特・麦克弗森（Robert MacPherson）的画，怀旧和现代相容，很阳光，很舒适。右下 起居室内摆放着各种乐器和主人收藏的老旧物品，体现主人个性喜好的同时，更增添了一丝怀旧的韵味。

左页／上 穿过呆板的墙，对称的楼梯位于门窗的两侧，起居室则通向室外烧烤的空间。餐厅的桉树桌子、椅子都是由名师设计，尤其椅子，是密斯·凡·德罗（Ludwig Mies van der Rohr）的作品。左下 从起居室向外看，巨大的落地玻璃墙渗透出室外的自然景色，反射在浅色的大理石地面上，灵动轻盈。钢木结构的桌子和椅子也是密斯·凡·德罗的作品。右下 起居室的空间看上去是从房屋一层的甲板前延伸过来的，充满了空间感。本页／右上 开放式的起居室如甲板般敞开，自由敞亮。下 起居室，白色混凝土矮楼梯穿过上下空间，名师设计的椅子、藤椅、桌子让人欣喜，一侧木质的吊柜掩盖了视听系统，非常巧妙。

# AUSTRIA 奥地利

奥地利和音乐艺术仿佛有夙世姻缘，据称当地居民大多数都能够演奏超过一种以上的乐器。无论在高山还是湖泊，城市还是乡村，剧院还是街道，教堂还是市集，曼妙的旋律随时随地萦绕身畔。它在清晨森林的雾霭中，在望弥撒的圣歌里，也在中人欲醉的咖啡香里，如同呼吸，须臾不离。

奥地利在地图上的形状就像一把小提琴，横卧在欧洲的心脏地带。虽然国土面积只有83871平方公里，但是东临斯洛伐克和匈牙利，西接瑞士和列支敦士登，北靠德国和捷克，南连意大利和斯洛文尼亚，连贯东西四通八达。奥地利的人类居住历史，最早可以追溯到旧石器时代，那时沿多瑙河流域已经出现定居人群。公元前400年，克尔特人在这里建立了诺里孔王国。前15年这里成为罗马帝国的一个行省。公元2世纪后，罗马帝国逐渐式微，哥特人、巴伐利亚人、阿勒曼尼人先后定居于此，基督信仰也得以确定。

奥地利风格反映在建筑上，首先是4世纪出现在村落中形制简单的小教堂，尖顶白墙，毫无雕饰的朴拙十字架，至今仍是奥地利建筑中最具吸引力的代表，与美丽如画的山野相映生辉，令人见之忘俗。奥地利第一批值得推崇的大型古典建筑出现在11—13世纪中叶，属罗马风格。这一时期巴本贝格王朝(Babenberg)在维也纳和萨尔茨堡大兴土木，建成了大批气势恢宏的教堂、宫殿和城堡，其中最具典型意义的是古尔克大教堂（Dom zu Gurk）和塞考修道院（Abtei Seckau），其罗马式建筑宏大庄严，但细部装饰精致，因此雕塑成为这一时期教堂的标志性元素，常常出现在教堂的大门口。同时，罗马式细密画也是这一时期重要的建筑装饰手法，萨尔茨堡的诺恩贝格修道院(Benediktinen-Frauenstift Nonnberg)，其湿壁画堪称杰作。除此之外，当时的人们还喜爱用精致的工艺品来做画龙点睛的陈设，兼具宗教和审美含义，如维尔滕的双耳圣餐杯。

13世纪下半叶，以赞助艺术闻名的哈布斯堡王朝成为奥地利的新主人，王朝历代君王高度的审美品位及其富足奢华的国力给奥地利的建筑艺术带入了强大的推动力，这一时期奥地利出现了大量流传后世的华美建筑。首先出现的是威严庄重的哥特式大教堂，奥地利哥特式建筑有个明显的地方特征：大多数教堂为主、侧厅等高的厅堂式建筑，如最为人熟知的维也纳圣斯特凡大教堂，无论是大殿还是钟楼以及在规模或造型上，都充分体现出无限飞升的哥特风格的核心元素。而广泛使用祭坛绘画和雕塑作为内部装饰则是哥特风格的另一个特色，面容亲切柔美的圣母像是奥地利地区常见的传统装饰元素。

17世纪后，受文艺复兴运动的影响，奥地利建筑装饰艺术进入了一个辉煌发展的顶峰时期。巴洛克风格成为审美的主流，但在自由流畅之中，这种风格更多地融合了德国人严谨的形制和拜占庭风格的异域风情，圆顶尖塔，显示出奥地利建筑风格外部简洁有序，注重与环境协调，而内部则极重装饰，富丽堂皇精致纤巧的特色，其中尤以十四圣徒朝圣堂、罗赫尔修道院（Rohr Abbey)、圣查尔斯大教堂（Karlskirche)、贝尔维第宫（Belvedere)、美泉宫(Schloss Schönbrunn)、奥地利国家公园等为典范。十四圣徒朝圣教堂正厅和圣龛为三个连续的椭圆形，拱形天花也与此呼应，教堂内部上下布满用灰泥塑成的各种植物形状的装饰图案，金碧辉煌，于平淡中显出亲切的外观，产生强烈的对比之美。罗赫尔修道院的天花板上布满飞翔天使浮雕，精美的圣母、天使、圣徒雕像，以及大量的色彩艳丽的花草雕饰同样令人惊奇赞叹。位于首都维也纳西南部的美泉宫作为王室夏季离宫，是不亚于巴黎凡尔赛宫的古典花园式宫殿，兼具巴洛克和后期纤巧的洛可可风格，宫殿极尽华美，有来自波希米亚的水晶灯、手绘瓷砖、壁炉，和镶嵌着檀木、象牙、金粉的东方风格房间，规制对称，处处点缀着精致的雕塑，奇花异草数不胜数的花园共同打造出王朝的盛世。而自始至终被哈布斯堡王朝当作皇宫使用的霍夫堡宫(Hofburg)，在六百多年的历史中是整个帝国的统治中心，其中的宫室和花园经过历代扩张，已经成为欧洲各种建筑风格的见证人，无论是罗马式、哥特式，还是巴洛克、洛可可、新古典主义，在这里都奇迹般地和谐一体，交相生辉。

右页 / 左上 维也纳有不少巴洛克风格的教堂，这是建于1716年的皮阿里斯滕教堂（Piaristenkirche），它突出的正面两侧各有一座典雅的高塔。由冯·希尔德布兰特（Johann Lukas von Hildebrands）设计。右上 建于1872—1883年的市政厅，由冯·施密特（Friedrich von Schmidt）设计，灵感来自于佛莱芒的哥特风格。左下 方济各住院会教堂（Minoritenkirche），正式名称为“雪中圣母意大利教堂”，是一座法国哥特式教堂。1224年圣方济各的追随者得到了这片土地后所建。1276年奠基，完成于1350年。钟楼顶部在第一次奥土战争期间受损，战后重建，但是在第二次奥土战争期间再度被毁。约瑟夫二世将这座教堂作为礼物送给意大利人，并改名为“雪中圣母意大利教堂”。右下 加尔默罗教堂（Karmeliterkirche），建于1623年。

左页／左上 斯坦霍夫教堂（Steinhof Church）是奥地利著名设计师奥托·瓦格纳（Otto Wagner）建造在一个巨大的石质底座上的，表面镶贴白色大理石，上方飞翔着四个青春艺术风格的天使，它很可能是世界上第一批功能性教会建筑的典范之一。右上 圣鲁珀特教堂（St. Ruprecht），建于1130—1170年，由道姆设计。这座教堂常被认为是维也纳最古老的教堂，供奉维也纳盐商的主保圣人萨尔茨堡的鲁珀特，位于该市最古老的部分。左下 方济各会教堂（Franziskanerkirche），位于维也纳内城区，建于1603—1611年，由道姆（Bonaventura Daum）设计，外观为文艺复兴式，内部为巴洛克式。右下 位于霍夫堡宫左侧的圣米歇尔大教堂，建于1200年左右。建筑风格结合了罗马式、哥特式等多种风格，在14世纪重建时修建了尖塔。本页／右上 斯蒂芬大教堂（Stephansdom）是维也纳的心脏和灵魂。这座奥地利最优秀的和最大的哥特式建筑，建于1230—1263年。除了1683年奥斯曼土耳其人兵临城下，和1809年拿破仑大军再次破门而入之外，斯蒂芬大教堂几乎没有受到过战争的威胁。对大教堂最大的破坏是在1945年第二次世界大战最后的几天，教堂遭受炮火袭击而起火，其屋顶、铜钟、管风琴和大部分玻璃窗画被毁于一旦。修复工作从1948年开始，一直延续到1962年，全奥地利的九个联邦州分别负责修复大教堂的某一个部分。下 维也纳全景。近处右侧是霍夫堡宫（Hofburg），左侧是圣米歇尔大教堂（St. Michael's Church）。霍夫堡宫曾经是奥匈帝国皇帝的冬宫，现在也是奥地利的总统官邸所在地。哈布斯堡王室正是在霍夫堡宫统治庞大的奥匈帝国的。在霍夫堡宫长达七百年的历史中，记载着玛丽亚·特蕾莎女皇开明统治的帝国盛世，记载着约瑟夫二世继承母业大刀阔斧实行改革的辉煌业绩，当然也记载了弗兰茨一世为了平息和拿破仑的纷争而下嫁女儿的耻辱，记载了弗兰茨·约瑟夫一世时代多民族国家由盛而衰的景象。霍夫堡宫还是法国末代王后玛丽·斯托瓦内特出生的地方。它的历史一直可以追溯到1279年，入住的每一代皇帝几乎都对它做了改建或扩建，称得上是欧洲各种建筑风格的见证人。无论哥特式、文艺复兴式、巴洛克式、洛可可式，还是19世纪末的新古典主义风格，在霍夫堡宫都可以见到它们的影踪。

本页／左上 波西娅宫（Palais Porcia），建于约1600年。下 军火和军史博物馆（Arsenal and Heerrsgeschichtliches）博物馆，建于1852—1856年，由特奥菲尔·汉森（Theophil Hansen）设计。右页／左上 建于1988—1995年的维也纳建筑理事会，原住宅由阿历克·布劳埃（Arik Brauer）设计。右上 奥地利新艺术运动的代表人物之一阿道夫·鲁斯（Adolf Loos）的设计作品"鲁斯豪斯"（Looshaus）。左下 卡尔－塞茨（Karl–Seitz）公寓，新艺术运动的作品之一，由盖斯纳（Hubert Gessner）于1926年设计建造。右下 斯塔汉姆堡宫（Starhemberg Palace），建于1661—1687年，其正面是维也纳最早的巴洛克建筑风格。

RAIFFEISENBANK
WIEN

左页／左上 议会大厦，新古典主义风格，建于1874—1883年，由丹麦建筑师特奥菲尔·汉森（Theophil Hansen）设计，正门前矗立的是雅典娜雕像。这座建筑本身并不大，但却是奥地利民主制度的象征，弗兰茨·约瑟夫一世正是在这里颁发第一部民主宪法的。右上 卡尔教堂（Karlskirche），始建于1715年，由冯·厄尔拉赫（Johann Bernhard Fischer von Erlach）设计。这座巴洛克风格的建筑不仅具有罗马的印迹，甚至还带有一点拜占庭的风格。当年卡尔六世皇帝为庆祝鼠疫流行的结束而修建。左下 约瑟夫二世塑像，建于1795—1807年。1741年3月13日约瑟夫二世生于维也纳，是哈布斯堡－洛林王朝的奥地利大公，1764年成为德意志国王（1764—1790年在位），1765年加冕为神圣罗马帝国皇帝（1765—1790年在位），1780年起也是匈牙利国王和波希米亚国王。右下 费斯特尔宫（Palais Ferstel），建于1856—1860年，由建筑师费斯特尔（Heinrich Ferstel）设计建造，其连续的拱门门廊富有意大利风格，曾被当作证券交易所。本页／左上、右上 富丽堂皇的大宅，大理石的材质和华美的雕刻装饰，是巴洛克风格的典型特色。右下 建于1694年的赫森道夫宫（Hertzendorf Palace）中的长廊，奢华的装饰极富洛可可情调。

左页／上 木石结构的朴素民居，致密的粗织地毯，桌上灿烂的盆花无一不展示出奥地利田园牧歌生活的精华所在。下 洛可可风格的会客大厅，由几组款式不同的沙发和扶手椅分隔出自然的功能区域，鲜艳的色彩和家具纤巧流丽的线条，让空间里弥漫着19世纪欧洲宫廷的奢靡气氛。本页／右上 优美的弧线勾勒出如同静物油画一般的视觉美感。左下 鎏金玳瑁镶饰的路易十四风格装饰桌是空间效果的主要塑造者，将其上不同风格造型的台灯和陈设品统一了起来。右下 阁楼改建的卧室，用土耳其风格的织物作为装饰的重点，让屋内显得温暖惬意。

本页／上 桌布和地毯都选用了大幅的繁花图案，让比较小的起居空间不觉局促反显温馨，随意摆放不可以配套的椅子各具特色，每一件都是主人精心的收藏。左下 别出心裁地用各种帽子来装饰窄小的过道，让略显沉闷的空间变得活泼起来。右页／左上 精致的图书室是家人朋友小聚聊天的地方，维多利亚式的书桌和织锦沙发是风格的要素。右上 温馨明媚的小餐厅，粉红是主要的色调，墙壁上精致的陈列龛，显出女主人细腻的心思。左下 东方风格是维也纳贵族喜爱的装饰元素，墙边的雕饰的橱柜镶嵌着玉石和贝壳，图案优美的手绘瓷器更增亮点。右下 原色的手工皮面椅子让人眼前一亮。

# BALTIC 波罗地海沿岸

对于波罗的海的记忆总是从海盗、英雄、波涛、云彩开始的。有多少电影和文学传说以这里为场景：突变的乌云，漫长的夏日，池塘边的木屋……波罗的海的故事就这样通过对独特地理环境和人文背景的描述，在广袤的时间、记忆的纬度和近水远山中展开。

波罗的海位于斯堪的纳维亚半岛和欧洲大陆之间，是半岛各国与大陆间重要的航海通道。42．2万平方公里的浩淼水域被丹麦、德国、芬兰、俄罗斯、波兰、爱沙尼亚、拉脱维亚、立陶宛、瑞典环绕着。波罗的海人利用大自然恩赐的一切材料——石头、黏土、木头和植物纤维来建筑自己的住宅。他们对自然的热爱贯穿在修建的整个过程中，波罗的海人偏爱天然的材料、图案形式、颜色，以及强调表现自然美的艺术风格，这些普通的民宅对整个北欧的建筑装饰都产生了影响。为了从开阔的天空中最大限度地获得阳光，他们把家建在山坡上，并使用了超宽的窗户来吸纳更多的阳光。房屋线条简练，布局大方，房前都有空地，石砌的庭院被各种鲜花和树木装点得格外美丽，这是野餐的好地方。在靠近水源的地方还建有桑拿室，如果没有桑拿室，波罗的海人的住宅就不算完备，人们在洗浴完毕后，可以就近在海水或湖水中清醒自己。

波罗的海人用大自然的颜色粉刷他们的家——绿色、棕色、白色或大自然调色板上的其他颜色，色彩组合是从自然的色度变化中领悟的。对大自然的热爱和崇拜与自身的节俭，以及对简单化的喜爱结合起来，产生了家庭装饰的折中主义。为了留住难以捉摸的太阳的光辉，他们甚至不惜用灰石和铁锈调制而成的黄色来粉刷他们的房屋。在这里，有很多房间是深红色的，这样的颜色在雪地中醒目，还能很好地保护木结构。

在这个树木茂盛的地方，人们最大限度地利用着自然资源。很多房间的墙壁、地板、天花都是木头做的，木地板是不上油漆的原木或是清漆的装饰面，强调木头本身的自然纹理，淡色的粉刷是为获得最大限度的反光。墙面上挂着多彩的油画，有时候不经意的搭配也有意想不到的效果。在很多18世纪的老宅中，墙壁上用油漆模仿其他材料的做法也很普遍，其中广为流传的方式是仿制窗帘的设计图案，这样使得费用降低不少。当然，壁纸也是常用的，那种把单幅的长风景连续贴满房间四周的墙壁很流行。图案的主题大多是植物，这些做法来自教堂。如今室内流行的趋势是不加装饰的亮色调，明亮的墙壁和不加窗帘的窗户把宝贵的阳光纳入室内，使得这种色调显得调和而不失简约。

对于波罗的海人来说，室内家具是简洁的，一年四季，不同的季节，更换不同的装饰就可以获得不同的效果。卧室中的羽绒被、枕头、窗帘，在夏季和冬季是不同的，在其他房间，小地毯、窗帘和挂毯也随着季节不同而更换，虽然感觉相似，但同一房间中很少有同一图案的两件纺织品。波罗的海人喜欢混合搭配风格，他们的哲学基础是只要美的东西，不管是什么风格，都可以混合在一起使用。

波罗的海人不断从世界其他地方寻找灵感，但也凭借自己的感觉和本土的材料，对其加以改进。他们以比其他民族更加坚定的毅力，结合自己的传统，把精湛的工艺外观和大批量生产结合在一起，他们相信日常生活中也有着美。波罗的海人能在历史上所有时期的家具中找到一种平衡感。家具传统上是嵌入墙壁或靠墙安放的。在历史上，法国和英国对波罗的海沿岸建筑和家具的影响都反映到了这里的室内装修风格上，并往往成为富裕人家家境的象征：帝国风格的沙发和英式的茶几相配，水晶吊灯和华丽的烛台，东方的地毯，这样的结合有着不寻常的魅力。同时，极简抽象的风格在当今的波罗的海非常流行，这是北欧传统的继承，这样的布置既使得空间简洁干净，又允许每一件家具散发出本身的美感，而不依靠室内其他物品来补充。传统乡土的材料和简约主义的结合，形成北欧最独特的装饰魅力。

手工艺和家庭的图案在波罗的海沿岸一代又一代地流传下来：挂毯、木雕、骨雕都是最富特色的工艺品。男性制作菜板、箱子、木头碗、厨房等其他设备，还雕刻动物等装饰品，而姑娘们则要为将来准备嫁妆：细亚麻布和挂毯。在婚礼上，所有的挂毯都要拿出来展览，挂在墙上，铺在桌椅上。这些在日常生活中建立起来的实用美对抗着当今的功能主义。

右页／左上 高岭土，这种材料是制作陶瓷制品的原料，被广泛应用在房屋的屋面等部位。右上 格但斯克维斯瓦河沿岸风光，该城有许多运河通过。左下 砖饰和山花形成美丽的纹理。右下 原来的度假地现在变成了一间餐厅，白色的粉刷在水边分外醒目，屋檐的雕花装饰增添了房屋的细部，整个房子看上去优雅大方。

左页／左上 这间房间的陈设与兵器有关，尽管屋面显得破旧，但室内依旧有一种富贵的威严，北欧人对自然材料的重视贯穿到各种空间。右上 突出白色和灰色的瑞典古斯塔夫风格的家具。左下 乡村的厨房是自由搭配的，墙面淡绿色的粉刷，盥洗槽却是现代而简洁的，与墙面和餐桌形成鲜明的对比。更有趣的是在盥洗台下面，主人用白红相间的棉布打褶作为裙边，在肌理和色彩上形成对比，煞是好看。右下 壁炉由砖砌筑，白色粉刷，与墙面木墙裙和壁纸结合，有一种别样的感觉。本页／左上 这是一件让人非常舒服的厨房，一切的布置井井有条，器具的摆放更有构图的意味。操作台放置在中央，非常便捷。右上 波罗的海沿岸的居民喜欢用粗犷的羊毛地毯来增加居室的温暖感。右下 瓷砖装饰的壁炉。

本页／左上 大量木板的使用，及乡村风格的家具，装饰着北欧风情的客厅。左下 冬天，人们喜欢挤在火炉边。壁炉架用古朴的陶器、漂流的木材、鹅卵石来装点。右下 这间阁楼像游牧人的帐篷，白色的基底使得房间并不觉得狭小，暴露的木梁和古老的化妆台相映成趣。右页／左上 航海的绘画做装饰是沿海居民的最爱。右上 房间主人的工作与航海有关，因此室内的陈设与其有关，地砖拼花颇有指南针的造型，在这里也有独特的味道。左下 有踏脚的餐桌可以避免地砖的寒冷感。右下 北欧独有的火炉往往是室内的中心，尽管白色的装饰略显寒意，但有火炉的存在，一切都足够温暖。

左页／餐厅是木制品的天地，整个搭配自然和谐。本页／左上 毛石的墙面，原木的凳子和桌子搭配，手工地毯，一切浑然天成。右上 旅行度假的小屋，墙饰也丝毫不马虎，砖石裸露的、粉刷光洁的相处一室，也十分富有情调。右下 这间厨房的壁柜是特色，使得餐具的放置杂乱无章最小化。

本页／左上 原木的地板是室内的特色，在一个浅色调的背景下，家具可以多样化，而室内并不觉得拥挤。左下 当地艺术家的作品粗犷而有质感。右下 入口小门厅，竖长的镜子方便出入整理仪容，包括雨伞、鞋刷等都是实用的放置。右页／左上 这是一间充满时间记忆的房间，广场砖的肌理跟进了室内，铜制的壁炉在这里呈现出一种久远的沧桑感。右上 典型的桑拿房间，全木的装修，不加任何粉饰。左下 墙面以原木拼接的构图作为背景，并悬挂着松枝的装饰品，方格的布艺沙发柔化了硬朗的空间，台灯的色彩和材料也是经过设计的，与沙发有一种肌理呼应。右下 这间木制的阁楼是艺术家夏季的天堂，一切都充满了自然粗犷的味道，宽大的窗户使得阳光充分地泻入。

左页／这间主色调为蓝色的起居室已有很长的年头了，有强烈的地域特色，粗糙的粉刷，开口的壁炉，地面铺设着毡毯，显示出乡村的自然、安详及粗犷。本页／左上 房间以大块的陶砖铺地，而墙面是冷色系，室内的家具都有些年头，室外的阳光很强，和室内的气氛形成对比。右上 几无装饰，书成为主角，这样的场景往往最耐人寻味。右下 深蓝色的墙裙和浅蓝色的墙面，并与室内墙面部分黄色调相呼应，显得非常和谐。粗糙的实木地板上铺设着蓝色为主调的碎布长毯，从入口一直延伸到尽端，目光则被一个黑色的沙发所吸引，设计感很强，但又仿佛自然而然。

# BELGIUM 比利时

比利时风格给人的是一次最甜蜜不过的旅行：路上是各式各样的巧克力店，薄荷的、奶油的、酒心的、坚果的……那么多的巧克力堆积成最华丽的等待，让你随意挑选，然后抱着它坐到运河边的长椅上，放一颗到嘴里，慢慢地，无言的美妙氤氲开来……

比利时，源自古克尔特语中的Belgium，寓意“勇敢、尚武”。它位于西欧的中心腹地，北接荷兰，东邻德国、卢森堡，南部与法国交界，西部则濒临北海，隔着多佛尔海峡与英国遥遥相望。比利时人口只有一千万，国土总面积大约3万多平方公里，地势由西向东逐步升高，境内多为舒缓的平原，最高的山峰也不到海拔300米。因为地处中高纬度，比利时属于典型的温带海洋性气候，四季鲜明，风光宜人。春天百花盛开；夏天晚上，八九点钟迎着凉爽的海风漫步街头，依然可以见到天边晚霞的余彩；秋天黄叶遍地，和煦的阳光穿过树林反射出斑斓的色块，仿佛塞尚的名画，而冬天萧索的短昼也别有一番韵味，是一个美丽的小国。

从中世纪起，比利时就因其地理位置而成为欧洲大陆南来北往的贸易中心，以繁华富庶而闻名于世，数不清的辉煌建筑和各类艺术珍品见证了它引以为豪的过去。而如今欧洲联盟、北大西洋公约组织都将总部设在这里，将近一千多个国际性的官方和非官方机构也都在比利时设立各自的办事处，比利时首都布鲁塞尔因此被称为欧洲的首都。安特卫普以世界上最大的钻石加工和贸易中心而声名远播，美丽的布鲁日则以16世纪的古迹和媲美威尼斯的水景而广受赞誉。

比利时的建筑之美，首见佛兰德斯风格。佛兰德斯的名字来自公元7世纪领有这块土地所有权的佛兰德斯公爵，它是比利时历史重要的文化源头。号称“佛兰德斯珍珠”的布鲁日就是围绕着公爵坚固的城堡而逐步建立起来的城市，在12、13世纪时成为西欧第一大贸易港口，15世纪以后因为通往北海的水路被淤泥堵塞而逐渐衰落，但也因此保留了非常完整的佛兰德斯古典风貌：宛如童话的红瓦白墙鳞次栉比依水而建，俏皮轻巧的山形斜屋顶上开出精致的老虎窗，门前屋后的栅栏上是爬山虎浓密的绿茵，因为纬度高，佛兰德斯风格总是毫不掩饰对阳光的热爱——窗户尽可能的大，最好是落地通透的，窗台上最重要的装饰是各色的鲜花，院子里芳草鲜美，总有朴拙的秋千架随风飘荡；市中心的广场由砾石铺就，宏伟的哥特风格教堂钟楼和尖塔在太阳的照射下闪出圣洁的光芒，凹凸不平的窄路一直延伸到小巷深处，古老的城墙、石桥，悠闲转动的风车倒映在运河幽暗的波光中，一派祥和宁静，仿佛时间一直停顿在中世纪的某个午后，从未移动。

比利时具有代表性的建筑装饰风格，还有文艺复兴运动后产生的，具有某种先后联系的巴洛克和洛可可风格及新艺术风格。巴洛克和洛可可风格在18世纪后期由法国传入比利时，带来了属于路易十五王朝的纤细、华丽、繁复的审美趣味。这一时期的比利时建筑多半有着细长小巧的柱式，显得轻盈柔和，在装饰上大量使用贝壳、涡形花纹和流丽的花草纹样，S形的圆润曲线代替了水平线、垂直线和直角，给人亲切舒适的感觉，与比利时注重自由和生活品位的民风非常吻合：精致的私邸代替了豪华的宫殿，温暖的木制镶壁板取代了略显冰冷的大理石，匠心独具的小装饰品让居家分外温暖惬意。到19世纪末期，著名的设计大师亨利·凡·德·维尔德（Henry Van de Velde）创造性地将高度抽象过的线条运用到建筑和装饰造型上，成为造型最重要的元素。这种抽象成功地将洛可可风格进行了现代化改造，并由此带起了一场风格革命，新艺术风格由此诞生并席卷世界。注重结构和技巧，简练而流畅的非对称性感性曲线是这一风格的重要特征，也让比利时的建筑成为艺术史上最早迈入现代风格的先驱。直到今天，安特卫普仍然是欧洲不可动摇的艺术时尚策源地，每每有惊艳创意，令世人倾慕折腰。

在细节陈设方面，手工钩制的花边是最富比利时特色的装饰品，从窗帘、餐布、杯垫到成套的寝具，细腻华美的蕾丝总能化平凡为神奇，带来最纯正的欧洲贵族品位。此外，手工编制的饰带、皮革制品、美丽的焊锡器皿、水晶灯、古朴的陶器和绘有宗教故事图案的瓷盘，都是比利时人最偏爱的风格元素。

右页／质朴的红砖、白墙和红瓦，是佛兰德斯风格建筑的经典元素，趣致的斜屋顶、可爱的烟囱、小巧的花园和精致的老虎窗，给人世外桃源般的错觉。

左页／上 白墙红瓦的佛兰德斯风格民居，庭院中有砾石铺设的小径，一派童话景色。下 比利时人爱好日光，即便是旧式的民居，依然有落地的长窗打破墙壁的封闭隔断，让苍翠的绿意和明媚的阳光活泼泼地照进室内。本页／右上 仿佛大锤随意敲打而出的门，后面却是别有洞天。左下 鲜艳的紫红色作为点缀，空间的纵深感呼之欲出。右下 清淡朴实的色彩，让居室充满春天的气息。

本页／上 阁楼结构上的倾斜线条为空间增加了有趣的装饰感。左下 现代风格的铸铁玻璃门，让内外空间联通，产生画框般的效果。右页／左上 沙发后的反光装饰墙让原本单一的色彩有了丰富的过渡层次，简洁但内涵深远。右上 用线条造型是比利时现代风格的拿手好戏，直线与直线的交错，直线与曲线的结合。左下 弧形门洞为纯白的空间带来了秩序和结构之美。右下 粗大的结构线条经过粉刷，成为极具装饰感的点睛之笔。

左页／洗手台、独立浴缸、坐便器，每件东西在这个空间里都宛如艺术品。本页／左上、右上 原木材质是比利时民居的常用元素，与白色的粉墙搭配，无论是家具、护墙板还是结构性装饰都非常悦目和谐。右下 轻巧的曲线造型扶手椅匠心独具。

本页／左上 阳光从窗外弥漫进整个空间，在木制地板上营造出一派温馨。右上 白色主调的厨房，在装饰方面却毫不放松，可爱的动物雕刻饰件和从大到小顺次排列的花环都让空间充满了生活的乐趣。左下 壁炉和墙饰呼应得恰到好处，宛若天成。右页／左上、右上 不加修饰的红砖地，搭配细致的木制家具，连同墙上优美的艺术品和肖像油画，让房间的风格变得优雅而内敛。左下 白色松木家具带出岁月的痕迹，生机盎然的盆栽植物让整个空间明朗起来。右下 曲线玲珑的高背椅子，属于华丽的法兰西风格，但素净的细麻靠垫又流露出不可错认的比利时味道。

左页／上 佛兰德斯风格的房子，阁楼是家人活动的重点区域之一，明亮的天窗和轻柔的白色中和了斜屋顶的压迫感，让空间变得舒适，是给孩子们讲故事的好地方。下 混合风格的家具摆放，是具有强烈个人气息的起居室，梁柱结构是独特的看点。本页／上 高级灰永远是时尚的主调，柔和而冷静的灰极富包容性，令视觉十分愉悦。右下 不事修饰的木柜和石板地面，给人以亲近的视觉效果。

# BHUTAN不丹

不丹人称自己追求的是〞全民的幸福〞，每一个人的，并且是身体、物质、心灵、情感上全然的幸福，那幸福或者就寄托在永不停息的转经轮上，一圈一圈，亘古仿佛一日，生命如此平和、宁静而美丽。

小小的不丹王国坐落在遥远的喜玛拉雅群山中，是个关山万里世外仙居般的美丽国度。不丹的名字，在古老的梵文里，是“西藏末端”的意思，而不丹人自己，则喜欢称自己为“南门檀香国”、“兰域”，又或是“神龙王国”。总而言之，都取的是圣洁神圣之意了。

不丹的历史悠久，根据考古发掘，在公元前2000年这里已经有菩提亚人和尼泊尔人生活栖息在旺曲河谷。最早的文字记载见于中国的《隋书·附国传》：附国之南有薄缘夷，予隋大业年间朝贡。可见隋唐时期不丹就是中国关系紧密的邻国了，至今藏语仍称不丹为薄缘。早期的不丹居民中有不少是公元7世纪之前移居而入的印度人，650年不丹为吐蕃吞并，所以之后不丹居民大多为迁居的藏人后裔。1616年(明万历四十四年)西藏高僧阿旺·纳姆前往不丹，建立了政教合一的集权统治，其后，不丹的政权就由轮回转世的宗教领袖和世俗国王共同执掌。19世纪之后，不丹先后受英国、尼泊尔、印度的部分管辖，直至1971年获得完全独立，成为君主立宪制的主权国家。

不丹人大部分笃信藏传佛教，少部分人信仰印度教和原始宗教，境内寺庙星罗密布，村村有寺院，家家有佛堂，全国有近两千座寺庙和一千多座佛塔，梵歌处处暮鼓晨钟，国家甚至专设僧官，协助国王管理国家大事，非常具有特色。正因为如此强烈的藏传佛教影响，使得不丹的传统建筑装饰风格完全围绕着宗教建筑而展开，类寺庙的建筑形制成为国王对于全体不丹人的明确要求，无论是学校、医院还是银行、住家，都必须严格按照规范的传统样式建造装饰。

城堡样式的“仲城”，或称为“宗”的建筑，是不丹最具代表意义的建筑样式，最初由西藏传入不丹，但后来却是不丹保存了最为完整的“仲城”文化。“仲城”多以山洞或岩石为基础，依其地势而兴建，可以攻防兼备。不丹人运用木工艺术，把它们修建得多采多姿，精致宏伟，亭台楼榭，芳草如茵，呈现出不丹传统建筑的艺术风格。不丹王国由二十个行政区组成，每一区都由一座中心的“仲城”来治理，而且这些二或三层的“仲城”，数量及建设面积巨大到足于容纳那一省的人口来躲避战争。最著名的“仲城”就是首都廷布的扎什曲宗（Tashi Chho Dzong，意为“天府”）。这座建于13世纪的建筑堡垒式的庭院里共有一百多间房屋，不丹国王办公室、赞都（国民议会）及国家最大的寺院都设在这里，可以说是不丹全国政治、宗教的最高权力机构所在地。廷布最初就是由扎西曲宗和附近几户农舍组成，直到1955年不丹国王定居于此，才在1962年正式定廷布为永久性首都。地势高耸的廷布冬季气候寒冷，但其他时间气候温和宜人。城市周围森林密布，空气清新。

在室内装饰方面，佛像唐卡和高僧画像，以及佛像雕塑则是最重要的构成元素。用工笔细描的唐卡，描绘僧侣修行场景和宗堡风光的画作经得起圆规的测量，而用金属、泥石、木料和糌粑、酥油、贝壳等作为材质，塑造出的各种佛、金刚、法王、度母形象则不可不谓之栩栩如生，精致的金、银、铜工艺更为此类雕像增添了艳丽的装饰，人们的虔诚之心也可从中略见一二。在色彩方面，白、黑、黄、红等原色的大色块成为主题，表达出明确的宗教含义：吉祥的白，驱邪的黑，护法的红，脱俗的黄等。不丹人尤其注重建筑物的外墙，描红绘绿色彩明艳，而在门框、门楣、窗框、窗楣、墙面、屋顶、房梁、柱头等细部也非常重视色彩装饰。室内家具较多地采用堆金、描金、起线和平画等各种技法，以各种宗教故事为主题的装饰手段，华丽非凡。

右页／左上、右上 不丹多山地和河流，建筑则和我国西藏同属一种类型。左下 隐藏在山中的民居建筑。右下 不丹首都廷布，又名“扎什曲宗”，位于西部旺河上游廷布谷地，海拔2500米。这里有十二条主要街道，都幽静清洁，街道两侧分布着商店、旅馆和电影院；居民住宅大多分散在旺河两侧，多为两三层的土砌楼房，底下用来饲养家禽、贮藏工具和粮食等杂物，上层是居室。住宅多描红绘绿，色彩鲜艳。

左页／上 这是不丹最神圣的佛教寺庙，被誉为世界十大超级寺庙之一的虎穴寺（Taktshang Goemba）。它坐落在帕罗（Paro）山谷1000米高的崖壁上，传说8世纪时莲花生上师曾骑着飞虎从西藏来此降妖服魔。虎穴寺建于1692年，曾遭火灾，1998年重建。下 不丹各城镇均设有宗派寺院，这种寺院就是当地的宗教和行政中心。这是建于1646年的帕罗宗（Paro Dzong），建于小山冈的山腰上，曾遭受地震及大火，经过重修才有今天的面貌。在此可眺望王宫（Ugyen Pelri Palace）。宗寺的行政塔楼比宗教塔楼高出6米，由中央的天井向上看十分雄伟，回廊上画了许多佛祖的生平故事，画工精细，令人叹绝。本页／上 从帕罗宗到尼泊尔首都加德满都的途中，能看到雄伟壮丽的珠穆朗玛峰。右下 帕罗宗的廊桥建筑。

本页／上 这是不丹境内第二古老的寺院——普那卡宗（Punakha Dzong），建于1636年。不丹人相信但凡两条河或两条路交汇之处，即是圣灵集中地。普那卡宗建于不丹的两条主要河流Po Chhu和Mo Chhu之间，水声淙淙，格外宁静，院中有一棵菩提树，古木参天，更添幽静。左下 不丹传统建筑的砌筑采用两种方法来提高建筑的稳定性。一是收分墙体，墙体下宽上窄，建筑物重心下移；二是墙体主要砌筑是生土和毛石，墙体很厚，可达两三米。右页／左上 布姆唐宗（Bumthang Dzong）的库杰（Kuje）寺，具典型的不丹传统建筑特色。其外墙色彩以白色为主，门框、门楣、窗框、窗楣、屋顶、过梁、柱头等同时调绘多种色彩，手法大胆细腻，表现效果简洁明快，通常使用的色彩有黑、红、黄等。右上 通萨宗（Trongsar Dzong）位处东西军事要道，耸立于海拔2200米的高山之上，于1648年依山势建成。下 帕罗宗的内部建筑，周围住着不少僧侣。

左页／这几处是不丹的寺院建筑细部，可见大量使用了铜雕、泥塑、石刻、木雕、经幡和彩绘等装饰手法，表现了传统建筑既有坚固粗犷的一面，也有精雕细刻、流光溢彩、富丽堂皇的一面。本页／左上 不丹手工艺艺人的工作场景。右上 门饰中的如意头、角云子、门框装饰都非常经典。右下 喇嘛们围绕寺院在做仪式。

本页／不丹普通人家的生活和工作场景。右页／不丹的许多建筑中，室内墙面上都装饰宗教题材的绘画，这是莲花生上师八变图。

# BRAZIL巴西

巴西有种近似蛊惑的魔力，香浓的咖啡、热情的桑巴、奔放的人群……巴西风格更是一场狂欢的盛宴——欧洲古典主义的优雅从容、前卫的现代主义的简洁高效、美洲原始淳朴的纹样和非洲热烈奔放的色彩，宛若天成的结合体，美丽多元又充满了生命力。

巴西位于南美大陆，幅员广阔，拥有安第斯山脉以东、亚马孙河流域直到大西洋沿岸的大片富饶土地，是世界上领土面积最大的国家之一，也是南美洲最大的国家。地处南半球的巴西一年四季正好和中国相反，不过，这里全境都是温暖湿润的热带雨林和热带高原气候，因此一年四季舒适宜人。

1500年左右，在茫茫大海上寻找印度的葡萄牙探险家无意间登陆了巴西。巴西Brazil这个名字来自当地特产的一种珍贵红木pau do brasil，它不但是上等木材原料，还可以提炼美丽的红色染料，深受葡萄牙人的喜爱，被大量地运回欧洲进行贸易，同时也被用来命名这片土地。与葡萄牙人一起来到巴西的，是葡萄牙语、天主教、雕塑、绘画、巴洛克建筑以及用不完的野心和创造力。随着一个又一个甘蔗和咖啡种植园的建立，葡萄牙人又从遥远的非洲运来黑人填充匮乏的劳动力。与黑人们一起在这里下船的是属于阿非利加灵魂的音乐及其浓重的色彩。

人种和血统的融合带动了文明的融合，也带来了美丽多元又充满生命力的巴西风格。如果要用一个词来描述巴西风格，大概不会有比"嘉年华"更合适的了，欧洲古典主义的优雅从容、前卫的现代主义的简洁高效、美洲原始淳朴的纹样、非洲热烈奔放的色彩，在此结合、融会、闪光……

葡萄牙人最早登陆建城的萨尔瓦多，是一座几乎可以用原汁原味来形容的欧洲风格港口城市，城中至今仍随处可见16、17世纪时的古典建筑——轻盈高挑的哥特式圣法兰西斯教堂、庄严华美的巴洛克风格圣母教堂，都是葡萄牙统治全盛时期的象征。普通的居家建筑则更是极具宗主国特色，一贯的浅粉彩色外墙点缀着青石铺就的古老街巷，宁静的海滩美丽安详，整座城市望去宛如中古欧洲，韵味独具。而大都市，如里约热内卢，更是得天独厚地聚集了从殖民时代到现代的各种建筑样式，早期的艾雷拉样式(herreriano)，巴洛克、洛可可风格，近代的新古典主义风格，就这么简单直白地比邻而居，庄严的教堂、堂皇的庄园、小巧别致的宅院和谐相处，建筑的混血之魅令整座城市美轮美奂。另外，具有超前现代感的新兴城市巴西利亚也是不得不提的，它的建筑风格融世界古今多种建筑艺术于一体，尤其汇聚了大量现代理性风格的建筑，有着"世界建筑艺术博物馆"的美称。其位于工人住宅区的木屋，结构简单前卫，内部设施又完全满足现代生活的需要，更是现代家居的典范之作。

较建筑而言，巴西的装饰风格更加多样而大胆，南美本地的印地安文化和非洲文化元素大量融入，产生了与欧洲文化等量甚至是更大的影响，尤其是海滨住宅的室内装饰更富有这样的情调。物种丰富的热带雨林为住宅提供了主要材料，木材被大量地运用：构架轩敞的主结构，风格质朴的桌椅、橱柜；各种藤蔓类和亚麻等材料也被用来编制成家具和摆设品。室内则偏爱选用纯正的蓝、绿，明亮的黄色以及鲜艳的红色，与木材本色、蓝天碧海和雪白的沙滩相映成趣；来自安第斯山区的几何纹样的手工织毯、朴拙的图腾符号，以及各种西非风格木雕，组成巴西特有的海滩风格，令人流连忘返。

右页／左上 多样而大胆的巴西装饰风格在瓷砖阶梯上得以完美的体现。右上 热情奔放的巴西装饰用色习惯使用大量的互补色，黄色墙体前的蓝色躺椅就是佐证。左下 黄色的门窗配以绿色的门窗套，让这栋白色的建筑显得格外有精神。右下 略显凌乱的巴西城市景色，折射出巴西人的不羁与乐观。

Brasil 500 Anos

左页／粗犷的木屋里配上色彩明快、样式简洁的家具，俨然便是个海滨快餐店了。本页／左上、右上 清爽木结构的洗浴休闲空间，贴近自然，舒适度指数一百。右下 架空采光的屋顶，阳光直射进来，坐在藤编的沙发里一定非常惬意。

本页／上　藤编的沙发懒人躺椅半旧不新，用床架改成的茶几别有一种趣意，是亚马孙流域人家的味道。左下　随意陈设的木头雕像，还穿上蓝色的低胸上衣，诙谐处体现出西非土著的遗韵。右页／左上、右上　轩敞的度假木屋，亮丽的鲜蓝色带来大海的气息。左下、右下　粗糙的原木梁柱看似简陋，但有鲜艳多彩的靠垫搭配缤纷的热带水果，空间就立刻舒适起来，正好享受阳光沙滩的美妙时光。

H.P.J.

左页 / 左上 墙上闪亮的金色装饰盘，让人想起淘金时代的疯狂和繁华。右上 床架用粗绳捆就，麻质的床褥显示出原始的风味。左下 单纯的红白配色和地上的羊毛毯子，明明白白的印地安风格。右下 家具都用热带特产的藤条编成，造型却十分前卫，奇特的组合。本页 / 左上 如同沙滩的纯白，也是巴西人喜爱的颜色。右上 绳编的折叠沙滩椅精致小巧，与现代感的简约装饰风格非常贴合，材料的天然质感也让简单到极致的室内空间显得温馨可人。右下 别致的吊床质朴天然，手工的通纱钩花帘子平添了几分妩媚之气。

本页／左上 巧妙的天顶采光让空间轻盈开阔，木头的梁柱、楼梯和栏杆形成独特的韵律感，搭配宽大的布艺沙发显得非常大气。右上 单人床以上佳的热带木材制成，纹理致密，色泽明亮，手工精美大方。左下 卧房的通风极佳，室内外仅以轻薄的纱幔隔断，热带的典型布局。右页／左上 农舍的穿堂，零零落落的草帽和小小的女奴雕像让人联想起种植园里燠热的阳光。右上 整块木头雕刻而出的别致长几，非常适合里约海滩边的盛宴。左下 纯朴而热烈的红色印花布艺是非洲风格的特征。右下 左右通透的房间，让按摩真正变成了与大自然的亲密接触。

# CAMBODIA 柬埔寨

柬埔寨历史上赫赫有名的君主苏利耶跋摩二世是吴哥古迹中最著名的建筑——吴哥寺（一译吴哥窟，又称小吴哥）的创建者。吴哥寺至今保存良好，被认为是全世界最大的宗教建筑，其建筑技术和雕刻艺术标志着吴哥艺术的顶峰。

柬埔寨位于中南半岛南部。东部和东南部同越南接壤，北部与老挝交界，西部和西北部与泰国毗邻，西南濒临暹罗湾。在这里，公元1世纪时即已出现了国家，我国史书称它为"扶南"，统辖地区大约在今湄公河三角洲和湄公河下游一带。原来的扶南王是女性，1世纪末或2世纪初被一名叫混填(Kaundinya)的外国王子征服，建立了柬埔寨历史上的第一个王朝。这个王朝后又被范氏王朝推翻。范氏扩张领土十分成功，统治曾经达到今柬埔寨和越南南部的广大地区，势力则到达今老挝、泰国境内以及马来半岛南端。4世纪中期，一个天竺（印度）人来到扶南当上了国王，史书称他为旃檀(Candana)。旃檀之后，又一位来自印度的婆罗门当了扶南王。如此，扶南不断印度化也便顺理成章了。旃檀还把伊朗的雕塑艺术带入了扶南。佛教、婆罗门教也于那时传入了这里。旃檀时，建筑更有很大发展，国王"居重阁"，并"起观阁，游戏之"，民房则建在规整的台基之上，"伐木起屋"；人们又好雕文刻镂，食器多以银为之，天神以铜为像。

6世纪中期，扶南北方的属国真腊兴起，灭扶南国。真腊的高棉人（吉蔑人）在今森河附近的三坡布雷卡建立新都城，到著名的阇耶跋摩一世(Jayavarman Ⅰ)统治时(655—681年)，真腊王国势力达于鼎盛，领土不仅包括今柬埔寨和老挝南部，还包括泰国西部广大地区。阇耶跋摩一世又建立了新都普兰陀罗补罗（Purandarapura），就在后来的吴哥附近。

802年，阇耶跋摩二世在后来吴哥城北面的摩诃因陀罗山（今荔枝山）建立新都摩诃因陀罗跋伐多(Mahendraparvata)，并在此正式即位和宣布独立。他建立了一种源于湿婆教的新信仰，被称为"提婆罗祟拜"或"天王教"。

历史学家把802年作为真腊摆脱爪哇统治恢复独立的一年，也是吴哥王朝开始的一年。这个王朝统治时期，扩大领土，兴修水利，大量建造寺庙，阇耶跋摩二世建造的古都诃里诃罗洛耶(Hariharalaya)附近的罗洛寺群就是吴哥时代早期的建筑物，标志着吴哥古典艺术的开端。到耶输跋摩一世(Yasovarman Ⅰ)时期（889—900年在位，一说他统治到910年），这位英明之主于890年迁都于今吴哥城地区，围绕地势较高的巴肯山(Bakheng)麓建造新城，称为耶输陀罗补罗（Yasodharapura）。都城筑有城墙和护城河。耶输跋摩一世在巴肯山上修建了巴肯寺，它有分层排列的一百多座大小塔，中间的塔内供奉着他的象征——婆林伽。这座城市为后来的吴哥城奠定了基础，史称第一吴哥城。他还是一位在宗教方面宽容大度的人，在各地建立了包括湿婆教、毗湿奴教和佛教等各教派在内的寺庙一百多座，其中最著名的是帕威夏寺（Preah Vihear Temple）。班迭斯雷寺（Banteay Srei）常被称为"女王宫"，以其精美的雕刻成为吴哥艺术中的一颗明珠。还有傲然矗立于丛林中的茶胶寺（Takeo Temple），它是第一座全部以砂岩修建的寺庙，其五座塔式（金刚宝座式）的布局被认为是吴哥寺的先驱，可惜没有完全建成。

1010年以后，吴哥王朝进入第二时期，最著名的"空中宫殿"就是在这个时期完成的，这是第一座围有城墙的王宫，并与先前的以木材建造王宫的传统不同，它是石结构的建筑。到1113年柬埔寨历史上赫赫有名的君主苏利耶跋摩二世(Suryavarman Ⅱ)登基后，这个王国成了中南半岛最强大的国家。苏利耶跋摩二世是吴哥古迹中最著名的建筑——吴哥寺(Angkor Wat，一译吴哥窟，又称小吴哥)的创建者。这座建筑在他统治期间不断在建造，一直到他1150年死时仍未完成，直到1201年才告竣工。这座寺庙与众不同，它的正面向西，这是因为苏利耶跋摩二世信仰毗湿奴，他为毗湿奴神建造了这座庙宇，同时也作为自己死后的陵墓。它至今保存良好，被认为是全世界最大的宗教建筑，其建筑技术和雕刻艺术标志着吴哥艺术的顶峰。柬埔寨的国旗上就有其图案。此外，班迭色玛寺（Banteay Samre）、托马依神庙（Thommanon）、周萨神庙（Chau Say）等寺庙也是在他在位时建造的。他被称为伟大的建筑家。在他之后，著名的阇耶跋摩七世(Jayavarman Ⅶ，1181—1215年在位)不仅拯救国家于危难，而且开疆拓土，建立了空前强大的吴哥帝国。他与以前的国王不同，信仰大乘佛教，重新规划建设了吴哥城（Angkor Thom，一译吴哥通，又称大吴哥），城平面为正方形，周长12公里，有五座城门，城门上方是四面佛（即观世音，或梵天）雕像。城的中央是著名的巴戎寺（Bayon），这是一座金字塔式佛教寺庙，建有大大小小五十四座塔，每座塔也都有四面佛雕像，据说那就是国王本人的面貌，面露微笑，被誉为"高棉的微笑"。巴戎寺稍北即为王宫。他还建造了许多其他著名佛教寺庙，如为母冥福建造的塔布隆寺（Ta Prohm），为父冥福建造的普拉坎寺（Prah Khan，又译圣剑寺），以及班迭克德寺（Banteay Kdei）、塔逊寺（Ta Som）等。13世纪末，随着小乘佛教传入柬埔寨并成为统治宗教，吴哥地区也就不再建造寺庙了。1431年后国王放弃吴哥，迁都金边，吴哥时代告终，至此始称柬埔寨。

右页／左上 吴哥城的南门（局部），塔顶为四面佛雕像，仅面部就有3米高。右上 在吴哥寺，连子窗得到了广泛运用，有具有部分开口功能的窗子和作为一个窗户形状的"盲窗"。透过连子窗看到的景色也是非常特别的。左下 巴戎寺的女神像德瓦塔，头上戴的花冠非常精美。充满迷人微笑的女神像，使人仿佛超越时空，踏入众神的世界里。右下 巴戎寺的四面佛，一说为观世音菩萨，或梵天。这种观世音菩萨造型的四面塔，不仅在巴戎寺，而且在圣剑寺、塔布隆寺、塔逊寺、班迭克德寺等多个地方的巴戎寺式的寺院都可以看到。

左页／左上 吴哥寺的第一回廊是一条壁画的长廊。寂静之中，鸟儿清脆的鸣叫引来阵阵回响，动人心魄。右上 寺庙是女神集中的妖艳世界。每尊女神像的纱衣、装饰品，甚至表情都有微妙的变化，发型及发式、纱裙的装饰，也都华丽而不失大胆前卫的设计。左下 在塔布隆寺中央殿堂附近，榕树的根上又缠绕了其他植物的根，如同毛细血管一般。其周围立着雕刻精美的女神像。右下 塔布隆寺，最能显示自然力量强大的地方。在建造过程中，对树木不进行加工，既不砍伐，也不人工栽植，使其保持原有的姿态。这样的状态能轻易地打动游人的心，如一处仙人居住的神秘遗址。本页／右上、左下 多少建筑师梦魂萦绕的圣地，吴哥的两大古迹——吴哥寺和巴戎寺，充分展现了高棉建筑艺术的魅力，二者缺一不可。图为巴戎寺的中心塔，雕刻有四面佛的石塔在巴戎寺中四处林立，作为佛教寺院，巴戎寺在高棉人独特的世界观中熠熠生辉。右下 吴哥寺中央五塔中的角塔。中央塔所在的主殿象征着世界的中心之山，众神居住的须弥山。

本页、右页／位于金边的王宫，始建于 1866 年。王宫最初为木质结构，之后于 1919 年在西索瓦国王年代，由法国建筑家重建成为今天的王宫。位于王宫中央位置造型稳重的加冕厅，高 59 米，顶部是一个佛像头，屋顶呈金色，让人印象深刻。

左页／左上 柬埔寨单人形高脚屋联排建造，寺庙建筑的颜色装饰鲜艳夺目。右上 佛教寺院里佛塔林立。左下 由于当时建筑技术的限制，所以很难造出巨大的建筑，因此吴哥寺采用将小的建筑单元连接在一起形成建筑群的方法。利用建筑布局和各种高度建筑物引起的视觉变化，有意让建筑瞬间从观者眼前消失，从而造成强烈的视觉冲击，制造出时空剧情交错的美。右下 塔布隆寺从西门进入时看到的景致。这里只看到两棵大树生在寺庙背后，很难料想到院内那建筑被树木侵蚀的景象。本页／左上 在这片肥沃富庶的土地上，植物都似着了魔般地生长伸展，花枝乱颤，斑斓耀眼。在这里，似乎只有这样素净的一个屋子，才能让我们跳跃的心得以释然，安然入睡。右上 乡野里的高脚屋农舍，没有太多的装饰，原始的材料、原始的色彩，只有一扇扇小窗点缀了些许颜色。右下 现代的佛教寺院，更接近现代的民居。

本页／左上 较为考究的房屋室内，竹木仍然被作为主要建材。这里也采用地砖铺地。左下 房屋回廊，放置躺椅用于纳凉，甚至不忘布置三两陶罐，两束茅草，野味十足。右下 出于遮阳、避雨、通风、防潮、隔热等需求，大屋顶的民居适宜柬埔寨的湿热气候。立面形式开敞通透、简洁完整。右页／现代寺院内景，反映出宗教在如今的柬埔寨的重要地位。

左页／柬埔寨葱郁乡野中的农舍。大多数人家有民居的院落，院落除了主屋外，还有厨房、谷仓、牲畜棚，或小菜地。本页／左上 双人形高脚屋，屋顶大多覆瓦或茅草、棕榈叶。右上 山地高脚屋，平面呈长方形，分上下两层，下层架空，有些民族在下层圈养畜禽。右下 颇具现代风格的民居和街景。

本页／左上 不大的院落，被布置得井井有条。左下、右下 高脚屋因为所处地区的不同，房屋被架高的高度会有所变化。当然房屋制造技术的提高也使得高度得以提升，一层空间的效用也增强了。右页／金边市的街景，保留了一些法式建筑，大小店铺密密排开，街道上摩托车比较流行。

2H-5091

ANGKOR PALM
ANGKOR PALM

左页、本页／柬埔寨典型的水上浮居，成为一道独特的风景，也体现出民居的纯朴风情。

# CAMERON喀麦隆

"你想在一次旅行中就游遍非洲大陆吗？那就到喀麦隆来吧！它就是整个非洲的缩影。"这个用多种语言同时向全球推广的旅游口号，生动地表达出喀麦隆人对自己国家山川景色和人文历史的自豪与骄傲。

喀麦隆位于非洲中西部腹地，西南濒临大西洋几内亚湾，300多公里长的海岸线绵延曲折，东部邻国是中非、刚果，南边与加蓬和赤道几内亚相连，北部是乍得，西部则与尼日利亚接壤。因为地处赤道雨林，喀麦隆终年湿热，降水丰沛，地形复杂多样，东部有水岸平原，东南则有遍布沼泽和湿地的山地高原，中西部火山披雪，瀑布飞溅，海水碧蓝，沙滩纯白，落日金红，既有茂密浓郁的原始雨林，星罗棋布的河流水网，也有苍凉雄浑的黄沙大漠，长颈鹿、斑马、狮子、大象、犀牛和火烈鸟在草原湖泊边悠闲漫步。得益于地处西非与东非的过渡地带，喀麦隆基本上拥有任何非洲的标志性风光。

奇妙的喀麦隆历史悠久，最远可以追溯到旧石器时代的原始人群，他们是巴卡部落，在今天喀麦隆的北部地区聚村而居。公元1世纪，居住在喀麦隆高原的班图人开始向外扩张，班图语系的部落逐渐强盛。8—9世纪，以赤陶雕塑和冶铁术闻名的萨奥文化成为这一地区的主流。后来又有柏柏尔人和阿拉伯人的游牧部族相继迁入，从13世纪到19世纪形成了一系列中小王国，先后有卡涅姆王国、曼达拉王国、阿达马瓦王国、巴蒙王国等，他们以狩猎和采集为生，平静的岁月一直持续到葡萄牙殖民者的入侵。

1472年，葡萄牙人来到喀麦隆沿海的武里河（Wouri）口，发现河中有许多螃蟹，于是就给这河起名叫喀麦隆，葡语"螃蟹之河"的意思。随后，荷兰、英国、法国、德国的殖民者纷至沓来，他们在沿海地区建立商站，从事奴隶、橡胶和象牙的买卖。19世纪60年代，德国人取得了喀麦隆全境的控制权。第一次世界大战德国战败，1919年喀麦隆被划分成东、西两部分，由法、英两国分别托管。第二次世界大战后喀麦隆爆发民族运动，终于在1960年建国，成为一个独立的国家。

长久曲折的历史和丽质天生的自然美景造就了喀麦隆。关于非洲那点事，在这里可以被逐一枚举：漫长悠远、动人又无情的尼罗河，月光下温柔如少女胴体的撒哈拉沙漠，白雪覆盖下透着神秘气息的乞力马扎罗山，奔腾呼啸来自天上的喀麦隆大瀑布，冰川时期幸存下来的古老雨林；腰间喷火的喀麦隆火山，林贝海边的黑色沙滩，尼奥斯山区的"杀人湖泊"，北部卡普西基地区的月球景观，南部丛林中矮小的卑格米人，举世无双的拉利贝拉岩石教堂（Rock-hewn Churches of Lalibela），浪漫的爱情之树海椰子……信手拈来，都是一样魅惑迷人，几乎是可以逼人落泪的美丽。

如同最典型的非洲，喀麦隆人最普遍的民居是由茅草、树枝和毛皮搭成的小屋，朴素的用材与大自然天成一体。沿海地区则是结构简单的小平房，用石块垒成，外墙粉刷成单纯的白色，再用鲜艳的纯色勾勒出明快的线条和块状装饰，内部以兽骨、乌木雕刻，以色彩斑斓的手工刺绣的织毯为装饰，例如方族的人像，巴农族的面具，巴米雷克族的串珠，笛卡尔族的青铜器，用从东部沼泽地捕获的绮丽蝴蝶双翼制成的蝴蝶画，还有用鳄鱼、蜥蜴和蛇的皮制作的皮具，充满狩猎风格的景点元素，浓烈的白、黄、红、黑、绿的几何纹样，组合出让人难忘的非洲标志。

右页／左上、右上 用泥土垒筑而成的墙壁，适应当地湿热的气候，是可以呼吸的墙壁。左下、右下 热带特色的房子，其装饰也原始、质朴。

PALAIS ROYAL
BAFOUSSAM

左页／一色的三角尖顶式屋顶是当地的特色。作为财富的象征，酋长用占有这种锥形房屋的数量来表达自己的富有，同时这种锥形的屋顶在现代文明的冲击下有了新的表现形式，茅草的屋面换成了铁皮的屋面，瓦楞板代替了原来竹片的围合。本页／普通民居一般是圆形的黏土墙带着锥形的草帽，屋面草帽的材料是酒椰树叶子。黏土墙也有意形成特殊的构造便于攀爬，令雨季时对屋面的维修更加方便。

本页／左上 在草原及干旱地区，由于缺乏木料，木材品种稀少，雕刻者只好使用大草原细长树干的木料，且多为刺槐木料。左下 墙体大多被细长的竹片包围着，竹片用酒椰树纤维制作的绳索缠绕捆扎，竹片上雕刻着图案，大面积形成一种细密的肌理，这些几何形状的图案肌理有图腾和辟邪的作用。右下 当地的尖顶茅草房。右页／左上、右上 这些地区的雕像呈细长形，并用整块木料雕成，四肢从不与身体分开，身体被雕成圆柱形。下 锥形的茅草屋顶被有雕刻的木柱支撑着，这些细长的带有图腾意味的雕刻简约而概括。雕刻者善于简化作品的形状，使其几乎变成抽象的——因为宗教禁止制作人像。

本页／左上 罐子和缸是家中最常用的器物，不同形态和尺寸的容器成为家中最醒目的装饰物。右上 墙面的装饰画代替了原来的图腾，虽然新的建筑材料让当地人的居住有了新的内涵，但仍保留了建筑的形态和样式。左下 天光下的吊床很舒适。右页／抽象的人物雕刻各个都咧着大嘴微笑着，喻示这里的人们都很友善、热情，是个纯朴的部落。

# CANADA 加拿大

多元化、折中主义，务实而又开放，再加上大自然培育起来的朴素和爽朗，孕育了加拿大特有的建筑和装饰风格，它集中地体现出典型的加拿大气质——多元，开放，实用而庄重、典雅，那绝对是一种独树一帜的魅力。

加拿大地处北美洲，是世界第二大国。北美洲北部的土地，除阿拉斯加半岛和格陵兰岛外，均为加拿大领土。东临大西洋，西濒太平洋，南部与美国接壤，北靠北冰洋，西北紧邻阿拉斯加，东北隔巴芬湾与格陵兰岛相望，漫长的海岸线达24万多公里。国土东部为丘陵地带，南部的大湖和圣劳伦斯地区，地势平坦，西部为科迪勒拉山区，北部为北极群岛，中部则为平原区，地貌丰富，景色宜人。加拿大属大陆性温带针叶林气候，整体气候温和但稍微偏冷，不过白雪皑皑美丽悠长的冬天也正是加拿大最迷人的季节。

加拿大风格实际上是一种混合风格，非常难以定义。从大西洋到太平洋，从加美边界到北极冰圈，在这样辽阔的范围内，最早的建筑样式大约可以追溯到几万年前因纽特人打造的冰屋，或是西岸“黑达”族人建起的松木长屋，此类建筑如今依然可以见到，甚至被作为“活化石”而备受保护。撇开古老的原住民建筑不提，加拿大的建筑风格，是在17世纪以后随着欧洲大量移民而逐步树立起来的。不过，不同于欧洲各国传统建筑艺术风格脉络清晰的发展演变，加拿大差不多是在同一时期接纳了多种已经相当成熟的建筑风格：向古希腊罗马文明致敬的古典风格；反映宗教力量的哥特风格；从意大利发源的文艺复兴风格和包豪斯引领的、注重结构和新技术应用的现代风格。这些建筑样式，以及它们之间的融合和影响，形成了现在加拿大的建筑艺术特色，可以从渥太华、蒙特利尔、多伦多和温哥华这几个主要的城市中窥得一斑。

首都渥太华，保留了大量19世纪的古典风格建筑，绿铜屋顶的国会大厦是典型的欧洲宫殿式城堡，主楼中央的和平塔富丽而又庄重，内部均由雕刻精美的大理石装修而成。大街小巷随处可见古色古香的公共建筑和教堂，玲珑趣致的咖啡店餐馆，流连其中颇有几分时光倒流的幻觉。法语区的蒙特利尔被称为“小巴黎”，城中有大量哥特风格的教堂，尖塔林立，森严华美，北美地区规模最大的教堂——圣母宫更是美轮美奂，因此蒙特利尔还有“尖塔之城”的美誉。位于安大略湖边的多伦多，在印地安语里是“会面之地”的意思，城中各种建筑风格杂呈却毫不突兀，与湖光山色相映成趣，正合“会面”之意。温哥华则是另一种典型，这个“太平洋之门”的城市因为殖民路线的缘故，历史并不长久，也因此成为现代风格最好的诠释地。

在普通民居方面，加拿大最具有特色的是其造型质朴、装饰优美的木结构房舍。大部分国土为森林覆盖的加拿大，盛产各类杉木、枫木和松木，木结构房屋因此成为居住的首选。在加拿大几乎不会看到雷同的民居设计，这些木房子都是在预制的基础上按照主人的喜好随意搭建，它们大多拥有可爱的尖坡顶，外墙使用红色的薄砖，粉彩的油漆，屋顶喜采用较大面积的明瓦采光，或以沥青屋顶瓦盖铺设，巧妙地将功能性、环保性融为一体。多样的木材纹理和材质让房子仿佛拥有了各自不同的生命和呼吸，如同孩子们妙手偶得的积木游戏，显示出热爱生活的加拿大人无穷无尽的创意。此外，庭院设计也是加拿大人最重视的一环，无论是前花园、后花园、中庭花园或是下沉式花园，总是力求最大限度地发挥出房子与环境在行动、视觉、景观等方面的融通。

加拿大人这种关注建筑与自然和谐关系的风格法则，特别注重建筑与环境之间界限的突破，将自然界中的景观、植物、阳光、风和水，甚至声音、冷热温湿都考虑在内，以期达成空间与空间、功能与人之间的对话与沟通。这种偏爱，除了表现在对木质结构的坚持之外，同时也体现在加拿大人的室内家居装饰和陈设上，质朴、原始，带有岁月气息与自然触感，充满手工印记的材料和装饰手法是最受欢迎的。清新、明朗的线条，温和的大地色和自然的纯彩色是加拿大风格的符号，这会使房间显得通透、宽畅、明亮，色彩丰富，家具造型简洁舒适，但却总是能在细部找到不乏优雅的装饰，做工精致，富于强烈的个性，体现出以人为本、以自然为本的审美取向。而在陈设品方面，古朴稚拙的印地安人图腾头像和编制品，北方因纽特人的粗犷的手工艺品，来自欧洲各地的传统艺术品，来自东亚的各种木竹雕刻，标志着殖民时代光荣的航海主题装饰品，都是非常地道的加拿大风格标志。

右页／左上、右上 高大笔直的杉木林间掩映着小巧的度假小屋，正是闲暇时的好去处。左下、右下 加拿大各地的普通民居及其院落，都是造型质朴、装饰优美的木结构房舍，与大自然完美相融。

EMERALD
LAKE
LODGE &
CONFERENCE CENTRE

EMERALD LAKE

左页、本页／与大自然的接触是件快乐的事情，无论是庭院里的茶聚还是长廊下的午餐，都是加拿大人的最爱。

本页／左上 装饰着雄鹿头骨的餐厅，无疑是体验丛林生活的好去处，精致的标准欧式餐桌则确保了用餐的舒适，一举两得。下 阁楼上的壁炉倒不多见，披荆斩棘的父辈们就是这样围炉夜话的吧。右页／左上 农场谷草里搭建的阁楼卧室，致密的木板似乎还散发着木材的清香，是个回忆童年岁月的好地方。右上 不同造型和材质的沙发组合将空间巧妙地分隔成相对独立的会客空间。左下、右下 造型奇趣的木质家具，是加拿大家居的特色。

左页／上 有限的空间因为色彩而生动起来，带有典型的南欧血统。下 花鸟纹样的墙纸让房间显得很东方，类似图案的装饰屏风、藤艺沙发和茶几上陈设的小象都是印度文化的痕迹。本页／左上 极具人情味道的卧室，琳琅的镜框反映出主人的偏好。右上 阳光充足的温馨小起居室，午后在此会友是再好不过的了。右下 偏高的床具是北美乡村家居的特点，回廊外的树影更显静谧。

本页／上 不加修饰的原木结构度假屋，壁炉让长达半年的加拿大冬季不再寒冷。左下 独特木艺墙面和天花板，体现出加拿大人对木材的偏爱和独具匠心的运用。右页／左上 粗犷的原木和嶙峋的鹿角是狩猎的符号，也是主人最值得骄傲的收藏。右上 伫立在屋子中间的质朴印地安雕刻木柱成为装饰眼，很好地中和了绘画屏风、丝绸桌布和法式扶手椅带来的浮华感觉。下 经典的乔治风格卧室，但鲜艳繁复的床具、靠垫和地毯显然是取自东方的情调。

# CHILE智利

曾有这样的传说：上帝创世的时候，一切都完成了，但却剩下了一片高山、一片湖泊、一片沙漠、一片森林，于是上帝把它们沿着南美洲大陆的边缘细细粘上，才有了如今火山林立、冰川瑰丽、无限风光的"天涯之国"智利。

智利位于遥远的南美大陆，从中国望去，既是从天涯到海角的悠悠长路，也是从严冬到盛夏的漫漫时光。智利西临太平洋，东部以绵延高耸的安第斯山脉为界，与阿根廷为邻，北部与秘鲁、玻利维亚接壤，南部太平洋与大西洋交汇处的合恩角，是地球上人类居住的最南端，与南极洲遥望可见。作为世界上最为狭长的国家，智利南北相距4352公里，东西最狭窄处宽仅96公里，从安第斯山脉向西，高原急转成为谷地，再延展到复活节岛、火地岛、惠灵顿岛等众多著名的沿海岛屿，北部有全世界最干燥的荒漠沙丘，被戏称为最像火星的地方，中部却阳光灿烂碧海蓝天，极似地中海休闲圣地，南部则山林葱郁牛羊遍野，气候温润物产富饶。

"CHILE"一词，源自印地安克丘亚语的音译，意思是"寒冷"。传说西班牙人在16世纪初跨海登陆智利南部的时候，正是隆冬时节，因为总是听见土著克丘亚人互道"奇里"，就以为这个地方名叫"奇里"，于是称此地为"CHILE"，智利由此得名。

智利城市建筑风格，以首都圣地亚哥最为突出。远处有白雪皑皑的安第斯山脉，近处有碧波粼粼的马波乔河（Rio Mapocho）潺潺流过，一年四季绿树成荫鲜花似锦。圣地亚哥城最初只是圣卢西亚山上的一座炮台和山下用泥砖和草木粗略搭建的几间临时住宅，但在随后大规模的铜矿开采，让城市迅速兴旺起来，大批涌入的西班牙人带来了欧洲成熟的新古典主义风格：解放广场、宪法广场、巴格达诺广场成为社交功能中心区，葱郁的树木将繁华的街区与广场分隔开来，老人孩子悠闲地小坐、玩耍，完全是欧洲小城的味道。天主教堂、市政厅、国家图书馆、历史博物馆、美术馆、智利大学、国民学院井然伫立，为城市勾划出优雅堂皇而规范有序的建筑格局，其中尤其白色的拉莫内达宫（La Moneda Palace），是西班牙人留下的最大、也是最美丽的古典建筑之一。而大街小巷间，山道坡顶上则处处点缀着斜屋顶、木头铁皮的朴素住宅，它们被漆成五彩缤纷各样鲜艳好看的饱和色，是典型的西班牙地中海装饰风格。还有圣卢西亚山顶上著名的"空中花园"：圣洁肃穆的古希腊雅典式白石门廊，布局匀称端庄、雕刻细腻的"石泉"水法，精心栽种的奇花异草和古朴趣致的壁画相映成趣，无愧为圣地亚哥城标志性的建筑群落。

同样美丽的还有"海上葡萄园——维尼亚德马尔"，智利著名的海港城市，三面环山一面临海，城市依山而建，花木扶疏海清沙幼，西班牙风格的地中海式庭院，朴素的白墙，艳丽的花饰，稚拙的陶器，散发出不可抵挡的魅力。而城中最华丽的大宅则是古典风格的豪华赌场，每当夜幕降临华灯初上，风情无限。而获评联合国世界文化遗产称号的瓦尔帕莱索（Valparaíso）城，因着大航海时代开辟的麦哲伦环球航线而兴盛，又因着巴拿马运河的开通而衰落，却恰好在流逝的岁月里完整地保留下了美妙的建筑遗泽，是属于海员们的审美和记忆。众多优美的古典建筑，被粉刷成自然饱满的彩色，为方便山地出行的缆车至今仍然可以正常运行，曾经活泼欲滴的生命力也被奇迹般地凝固在建筑里面，令人击节赞赏。

除了大城市，最值得关注的智利建筑形式在奇洛埃岛（Isla de Chiloé）上。奇洛埃是智利最大的岛屿，居民多是西班牙北部加里西亚地区移民的后代。这里气候温和宜人，降雨充沛，广袤的森林和肥沃的土地吸引了大量的早期殖民者进入定居。因为盛产木材，木头建筑文化便在奇洛埃有了奇妙而充满想象力的发展：教堂。西班牙人把天主教带进了奇洛埃岛，教堂随之而建。奇洛埃的教堂多为长方形结构，鞍形屋顶，外墙和内部两排木柱支撑着天花板的木椽，内部可见美丽的穹顶。除了地基之外，全用木头构架而成，朝街的外立面有各样丰富的装饰。每一所教堂都有自己独特的样貌，很有看点。

装饰方面，智利风格中最具辨识度的就是铜器了。因为探明储量位居世界第一，智利是不折不扣的铜矿之国，与之伴随而来的是智利人超卓的制铜技艺和毫不掩饰的对铜器装饰的偏好。从栩栩如生的人物铜像，到各色铜制雕塑、摆件、灯具、器皿，其上还精工细刻着智利人文、历史、自然、宗教、传说等图案和故事，都是智利人家居环境装饰最爱的元素。此外，皮件、羊毛、陶器等，也是智利风格的代表元素之一，展现出精美高超的手工技艺和极佳的艺术品位。

右页／静谧的湖水、辽阔的海洋、默默的群山、明媚的阳光，是智利式的"地中海"风光，如此清新的国土真堪称是上帝的杰作。

左页／上 简单的几何线条是智利现代设计师的手笔，与优美宁静的自然风光相互交融，和谐统一。左下、右下 梦幻般的碧蓝冰川，波光潋滟的峡湾镜湖，正是天涯之国智利最动人心魄的美景。本页／右上 设计简单的半露天圆形泳池，顶篷是最自然不过的材质和廓形，令人心旷神怡。下 古老的安第斯山脉亘古屹立，无论岁月如何更迭，每一天的景色都是那么静默迷人。

本页／左上、右上 各式的木椅，但都流露出些微的航海风格，即便在室内也能联想起不远处碧蓝的海洋。左下 古老的树桩一样是非凡的艺术品，沉默得足够让人震撼。右页／左上 豪华的宫廷风格，来自久远的大航海时代。右上 午后的长窗，湖面的微风穿过绿树许许而来，说不出的宁静幽远。下 床头的灯光营造出温馨的卧室场景。

左页／上 植物成为空间设计的重点元素，巧妙的借景让无论室内室外的花草树木都成为空间有机的组成部分，勃勃有生气。下 美妙的小吧台是放松身心的好地方，一杯卡洛琳娜葡萄酒曾经滋养出聂鲁达不朽的诗句。本页／右上 线条纤细、色彩艳丽的高腿椅子成为空间装饰的重点，与毛皮地毯和帆船模型一同打造出迷人的氛围。左下、右下 大面积的白色墙面显露出主人对希腊风格的偏好，而红绿等浓重色彩，条纹和方格的细部点缀则是纯正的印地安味道。

本页／左上、右上 高大漂亮的马厩，锃亮的鞍具，帅气的牧人，无不传递出原野和生命的活力。左下 轩敞的门廊，镶拼的地板，落地的长窗，缓缓转动的吊扇，来自16世纪骄傲的征服者。右页／左上 奇妙的亮蓝色轮廓线为室内空间构画出美妙的氛围，模糊了室内和室外、现实和虚拟的界线。右上 做工精美的雕刻木床和细致的碎花床品都显示出安达鲁西亚的审美风格。左下 复古的西班牙殖民风格，低垂的吊扇和精致的木窗传递出旧时代的些许回忆。右下 窗边的吊床沐浴着阳光，在上面读一本书应该是最惬意不过的事情了。

左页／左上 这样的景色有种不真实的美感，坐一天也不会厌烦。右上 水晶灯、丝绒沙发、对称的帘帷，十足的宫廷气质，显露出主人不同寻常的身份。左下 起居空间摆设如白沙和碧海，仿佛有微咸的海风略过鼻端。右下 窗外壮丽的山光水色让人身心焕然，简洁的室内布置显出摩登的现代感。本页／右上 趣致的浴室，斑斓的彩色融合在一片淡淡宁静的水蓝中，是欧洲风格和印地安审美的完美结合。左下 推开门就是冷冽幽深的峡湾，长长的木栈仿佛通往水天尽头，幽静而又神秘。 右下 简朴的厨房因为几个古拙的陶罐和美丽的窗户而充满艺术的气息，户外的美景仿佛静物油画一样呈现。

本页／左上、右上 温馨的起居空间，造型别致纯出自然的灯具是视觉的亮点。左下 室内到室外的转换非常自然，墙上用充满回忆的老照片作装饰，岁月如梭。右页／浓绿的林木深处别有洞天，精美的喷泉和恣意生长的绿树自然交织，斑驳的墙体搭配石砌的小道和水法，度假小屋掩映在其间，美不胜收。

# CHINA中国

中国风格意味着精致玄妙的图腾纹样、华丽繁复的精雕细刻以及瑰丽而浓郁的色彩……然而，在丰盛华丽的表象下，中国风格实际上是一份经由数千年的悠久历史所沉淀而出的自在优雅，且具有与现代设计理念不谋而合的精神内核——平衡、规则与和谐。

中国位于亚洲东部和中部，太平洋西岸，是一个背陆面海、海陆兼备的国家。中国是世界四大文明古国之一，有着悠久的历史，劳动人民用自己的血汗和智慧创造了辉煌的中国建筑文明和装饰文化。

中国的古建筑是世界上历史最悠久、体系最完整的建筑体系，从单体建筑到院落组合、城市规划、园林布置等，在世界建筑史中都处于领先地位。中国建筑独一无二地体现了"天人合一"的建筑思想，以中国文化为中心，以汉族文化为主体，主要形式特征有：多以群体组合的形式构成丰富的空间序列，如以十字轴线展开的坛庙建筑，以纵轴为主、横轴为辅的民居和宫殿建筑，以曲折轴线展开的园林建筑；单体建筑造型有一定的规格程式，如殿、亭等都由台基、屋身和屋顶组成，同时各部分之间都有一定的比例；木结构的梁架组合形式所形成的体量巨大的屋顶，与坡顶、正脊和翘起飞檐的柔美曲线，使屋顶成为中国建筑最突出的形式特色；室内空间处理灵活多变，常用板壁、木隔扇、帐幔、屏风、博古架等隔出大小不一、富有变化的空间，产生迂回、含蓄的空间意象；注重建筑构件的色彩和装饰彩绘的表现性，并以此标示等级与功能的差异等。中国地大物博，在建筑上也按地域的不同出现了很多的样式，如北方的宫殿、王府、四合院，南方的园林、私邸等。近代，发生了前所未有变革的中国在建筑方面也呈现出新与旧、中与西复杂交织的特殊面貌。20世纪以来，西方建筑在中国各大城市的租界大量出现，至20世纪二三十年代，中国建筑开始向"摩登建筑"方向转化。当代，现代建筑和居民住宅遍及全国。

然而，随着"欧陆风"、"北美风"等西方建筑风格被演绎到极致，一些具有探索和创新精神的房地产商和中国建筑师开始尝试如何在现代化的住宅中回归本土的建筑文化——提取中国古典建筑规划精华，浓缩并总结出中国传统建筑最优美的符号，同时吸收成熟的西方式样建筑的空间优化原理，采用现代化的营造技术和建筑材料作支持，将传统与现代完美地结合在同一个建筑中。北京的"运河岸上的院子"、"观唐"、"皇家别墅"，成都的"清华坊"、"芙蓉古城"，上海的"九间堂"、"康桥水乡"等建筑住宅项目，都是对新时代中国居住建筑的尝试和实践，并取得了良好的反响。

古代的中国设计师已经懂得把古老的中国哲学和美学理念运用到建筑和室内设计领域，他们创造了一门独特的学问——风水。贯穿于整个中国文化的哲学思想——道家和儒家都提倡简朴的生活原则，强调平衡、规律和协调性，明确指出了简单与和谐对于日常生活的重要意义。在这种思想指导下，中国人习惯以"风水学"来安排家居生活的各个方面，以求物品的摆设可以使生活达到最好的平衡状态。风水强调居住环境里各个元素之间的相互协调，以带来安宁和好运。例如，恰当的灯光设计可以安抚心灵，而水和植物的摆布可以反映出人们对自然的向往，获得天人合一的完美平衡等。

而在室内装饰方面，中国种类繁多、丰富多彩的艺术形式也得到了充分的表现与运用。如源于生活的雕刻、漆画、陶瓷、泥塑、蜡染、剪纸等纯朴的艺术样式，既反映民族文化的精髓，又成为室内最亮丽的装饰。特别是中国古代传统家具，更深深影响了世界家具及室内装饰的发展。无论是笨拙神秘的商周家具、浪漫神奇的矮型家具（春秋战国秦汉时期），抑或婉雅秀逸的渐高家具（魏晋南北朝时期）、华丽润妍的高低家具（隋唐五代时期）、简洁隽秀的高型家具（宋元时期），还是古雅精美的明式家具、雍容华贵的清式家具……都以富有美感的永恒魅力吸引着无数人的钟爱和追求。由于受民族特点、风俗习惯、地理气候、制作技巧等不同环境的影响，中国古代传统家具走着与西方家具迥然不同的道路，形成一种工艺精湛、不轻易装饰、耐人寻味的东方家具体系，在世界家具发展史上独树一帜，具有东方艺术风格特点。

中国风格的室内装饰，融合了中国字画、瓷塑、明清式家具、中国传统木装修造型及古典型灯饰等，以其综合的艺术色彩，体现出中国的文化艺术氛围。家具布置上则多采用传统和对称法。地上铺一块手织地毯，墙面挂几幅中国山水画和对联，案上摆一些珍玩盆景，再陈设几样唐三彩或瓷器，室内空间隔断采用传统残角的木装修或屏风等。而新一代有创意的中国风格的设计师，更是试图从中国几千年文化传统和人文历史中，导引出一种新的具有现代意识的装饰风格。这种风格以静带动、由幽见深、由曲达直地糅合了中国传统思想和现代装饰形式。

在丰盛华丽的表象下，中国风格是一份经由数千年的悠久历史所沉淀而出的自在优雅，具有与现代设计理念不谋而合的精神内核——平衡、规则与和谐。漫长的数千年岁月流逝，这样一种古典的、宁静致远的处世和养生哲学，却日益显现出其对纷繁复杂的现代人及其生活非凡的影响力和指导意义。

右页／左上 充满诗意的中院全景，宛如在画中一般。右上 静谧的庭院，微颤的池水倒映着湛蓝的天空，间或飘过的云与随风摆动的树丫才不让人将其误认为是一幅画。左下 青砖围墙和威武的门神，骨子里透出的是一种东方文化所独有的飘逸洒脱和内在的人文精神。右下 娇小的院子中有一方水池，红色的小鱼悠闲地游来游去，成为了一道中心景观。

左页／ 聚餐厅中，竹、木、粗布、青花瓷，还有柔和的灯光，令整体气氛充满了乡村的自然气息。本页／右上 卫生间的装饰也是石与木的结合。左下 后屋底楼的浴室，透过玻璃可以看到天井中的美景，可以舒舒服服洗个日光浴！右下 卫生间狭小，但功能齐备。

本页／上 主人的二楼书房和小型休闲区全景。左下 这个别致的中国式壁炉非常实用，同周边自然天成的环境也十分协调。右页／左上 聚餐区旁古朴的洗脸台。右上 随意的阅读区。左下 民间工艺与现代画的对话。右下 木楼梯旁的装饰画很有情趣。

左页／左上 灶台旁的小型四方餐桌。右上 由灶台间通往聚餐厅的长长走廊，精致的窗格，鲜艳的布料，还有天然的木和砖，传递着浓郁的江南水乡风情。下 在主人的眼里，这些装饰品都是些不乏功能性的“艺术处理”，简洁而实用，美态天成。本页／上 花园天井的绿意泻入室内。右下 二楼的小型休闲区，一派悠闲的江南乡村风情。

左页／左上 进门处的民间灶台。右上 空调这个现代化家用电器用特制的木筐包覆。左下 位于后屋二楼的主人卧室，通过改造充满了空间的变化。右下 位于阁楼的小型阅读区。本页／右上 吉庆的喜堂热烈而中规中矩。高堂在座，宾客满堂，小登科的喜悦心情油然而生。左下 中式的隔间，外屋的门框上挂着大朵的红绸花，里屋是新人的卧室，满屋的喜庆将窗纸都染成了旖旎的粉红色。右下 扎着红绸的提盒里应该装着桂圆、花生、枣子、莲心等干果，代表着“早生贵子，永结同心”。

本页／左上 箱柜都是新妇的陪嫁，装载着昔日少女对未来的憧憬与想象。右上 众多的床褥也是新妇的陪嫁，雕花床具灵秀中透出庄重。左下 木雕屏风隔开客座与楼梯，几枝翠竹郁郁挺立。右页／清式的红木家具因大红“喜”字的点缀而喜庆满溢。古朴的梳妆台前是不是也曾有过“张敞画眉”的闺中情趣呢？

# CROATIA 克罗地亚

克罗地亚有着纯白的沙滩、碧蓝的海水、翠绿的岛屿、悠闲的渔村、宁静的湖泊、飞溅的瀑布，还有墙垣斑驳、红瓦尖顶的老城，亚得里亚海沿岸近4000公里的海滩，一千多个小岛……每一处转角回眸，都是如诗如画的美丽景色，让人沉醉不肯稍离。

面积只有56000多平方公里的克罗克亚是位于欧洲中南部的袖珍小国，北邻斯洛文尼亚和匈牙利，东面和南面与塞尔维亚、波黑接壤，地处巴尔干半岛的西北部，亚得里亚海东岸，隔着海与意大利遥遥相望。虽然以独立国家的身份立足于世还不到二十年，但克罗地亚的历史却是可以用源远流长来形容的。公元6—7世纪，古代斯拉夫人移居巴尔干半岛，在8世纪建立起了早期的国家，10世纪克罗地亚王国已经非常强盛，但随后即处于匈牙利国王的统治之下，16世纪又归于哈布斯堡王朝，一直到奥匈帝国垮台。1918年，克罗地亚和半岛上其他的民族联合成立塞尔维亚－克罗地亚－斯洛文尼亚王国，1929年改称南斯拉夫王国，第二次世界大战后成为南斯拉夫的六个共和国之一，直到1991年宣布独立。

克罗地亚国土上的早期文明痕迹，是来自海上的古希腊和古罗马风格。公元前3世纪，希腊人率先在维斯岛（Vis）上建起了卓哥尔城（Trogir），那些巍峨的城堡和卫墙让人轻易就联想到属于雅典的光荣。古罗马时期的建筑在这里就更是俯拾皆是了：普拉（Pula）的罗马圆形露天竞技场和奥古斯都神殿，建于8世纪的尼恩礼拜堂，建于9世纪的扎克尔大教堂，大量至今仍能使用的建于12世纪前后的城堡拱门、市政厅，以及公共广场、引水系统等，无不显示出古典主义所钟爱的对称线条和简朴大气的格局。不过，在克罗地亚，罗马风格也更多地展示出东罗马拜占庭的样式。

13世纪后，哥特风格成为克罗地亚宗教建筑的主要样式。位于萨格勒布市的圣马克大教堂，线条陡直，尖顶拱券，搭配明亮的窗格和玲珑细致的雕刻，飞升的尖塔，感觉好似冲上了云霄，可以直接跟上帝作零距离接触，成为欧洲最具代表性的哥特教堂之一。而另一座圣雅各布大教堂则是克罗地亚哥特风格又一非凡的艺术成就，它全部用石头建造，半圆形部分和拱顶完全用精确雕凿的巨石堆砌建成，无泥瓦工序，这在欧洲19世纪以前的建筑物中是绝无仅有的，它的建筑材料和石头都很独特，不可复制，也是哥特风格向文艺复兴风格转型的经典之作。

在随后的15—18世纪，文艺复兴时代来临，建城于7世纪的杜布罗夫尼克（Dubrovnik）此时成为艺术和文学的中心，被誉为“斯拉夫人的雅典”。它哥特式的城堡和文艺复兴样式的城墙成为建筑史上的一个绮丽瑰宝：建在一块突出于海面的巨大岩石的城堡是用厚重的花岗岩砌成，墙外有护城河环绕，东面是陆地，临海的城墙上修有许多角楼和炮楼，城内完好地保存着14世纪的药房、教堂、修道院、古老而华丽的大公宫及壮观的钟楼，沿着山坡有一排排明快的红瓦小房，街道甚至连街灯的式样也是中世纪的。每到中午12时和晚6时，城堡内三十六间教堂的钟声齐鸣，钟声回荡在古城内外，仿佛亘古不变的上帝的召唤。克罗地亚的首都萨格勒布，同样深受哈布斯堡王朝的影响，留下了最为华贵而美丽的巴洛克风格城市风貌：有着彩色屋顶的圣马克大教堂，被誉为“最东方的欧洲教堂”圣叶卡特琳娜教堂，还有被称为浪漫主义园林代表作的马克西米尔公园，以及众多的博物馆、艺术馆、剧院、教堂和花园，连同拥挤的街道和绿树环绕的广场，名副其实是欧洲大陆的巴洛克博物馆。

右页／左上 拉布（Rab）岛上有许多文艺复兴风格的建筑。右上 克罗地亚最西部的波雷奇市（Poreč）的优美建筑，位于亚得里亚海东岸。左下 历史名城特罗吉尔（Trogir）建于公元前3世纪，位于达尔马提亚的中心。城中直角街道的模式可追溯到古希腊时期，后来的统治者又用许多精美的公共场所以及住宅和防御工事对其进行了修饰。右下 杜布罗夫尼克倚山傍海，林木茂盛，是具有中世纪风貌的古城。这些古建筑具有罗马风格、哥特风格、文艺复兴风格和巴洛克风格，风格迥异，又相处和谐。

左页／左上 伊斯特拉（Istria）半岛西南的著名港口城市普拉，始建于公元前2世纪，19世纪时曾是奥匈帝国军港，1918年后属意大利，1947年划归南斯拉夫的克罗地亚。图示为古罗马和拜占庭时期的露天竞技场、拱门、庙宇、教堂等古代建筑遗迹。右上 茨雷斯(Cres)岛的现代建筑，这里还是希腊神话中金羊毛故事的发生地。左下 红瓦白墙建筑是克罗地亚代表性的城市住宅式样。图中的建筑群位于达尔马提亚地区中部的西贝尼克（Sibenik）市。右下 杜布罗夫尼克旧城，位于风景绮丽、气候宜人的达尔马提亚海岸南部石灰岩半岛上。本页／左上 风光如画的维斯岛，白沙碧浪的世外仙山，萧伯纳笔下的“地上天堂”。右上 波雷奇是一个阳光明媚、温暖如春的小城镇，拥有许多著名的文化遗迹，包括建于6世纪的尤弗拉西斯大教堂（Euphrasian Basilica）和罗马风格的房屋等。这里的宗教建筑群是基督徒于4世纪初建造的，它们是此类形式中保存得最完整的，融合了古罗马与拜占庭风格。右下 萨格勒布地区建有许多中世纪的城堡，这是著名的特拉考斯坎（Trakošćan）城堡，建于13世纪。

ZAGREBAČKA BANKA
kristal

左页／左上 克罗地亚东部地区贾科沃（Djakovo）市著名的圣彼得大教堂，建于1866—1882年。右上 首都萨格勒布市耶拉契奇（Ban Josip Jelačica）总督广场，始建于17世纪。左下 蓝天下层层叠叠明亮鲜艳的红瓦是克罗地亚老城的特色，记录下过往千年的岁月。右下 赫瓦尔（Hvar）岛上匀称优美的巴洛克风格大教堂，与周边的民居产生强烈的对比效果。本页／左上 木质的隔墙、白色的纯棉织物，是许多克罗地亚人的最爱。右上 一千多年前，克罗地亚相当长的时间曾是罗马帝国和东罗马帝国的殖民地，卧室中床的柱子仍依稀透出了帝国时代的辉煌。右下 蓝绿色系的墙、家具和装饰画，表现出舒适宁静的家庭氛围。

本页／上 看似随意摆放的镜框，却让客厅显得极具艺术气息。左下 乡村风格的餐厅，但使用了许多非常有当代设计感的家具。右页／左上 书橱常可作为客厅或走廊区域的实用家具之一。右上、左下、右下 客厅的壁炉附近是克罗地亚人家中的核心区域，主人常会用许多心思来装饰。而怀旧情绪是家庭陈设灵感的来源。

左页／左上 餐厅里排列整齐的镜框，表现了克罗地亚众多优美的景色。右上 卧室用古董级的家具来装饰，更会让人感到岁月流逝的无情。左下 天花板用木条来装饰，已成为表现欧洲古典风格的基本模式。右下 餐厅或客厅中的装饰柜，常能成为家中的焦点家具。本页／右上 阳光明媚的日子里，在这样的空间里午餐是最惬意不过的享受。 左下 独具个性的手工艺品让小小的客厅充满了家的味道。右下 克罗地亚的旧建筑保护得相当完好，许多人仍生活在两三个世纪前的场景中。

# CUBA古巴

自1492年哥伦布驾船发现新大陆后，古巴就沦为了西班牙的殖民地。几百年里，征服与反抗，掠夺与开拓，交融与传承，成为古巴社会与文化的主线，形成了古巴独特而复杂的视觉生活画面。

古巴位于碧波万顷的加勒比海西北部、墨西哥湾入口处，由数以千计的岛屿组成，其中面积最大的古巴岛，长1250公里，最宽处145公里，最窄处仅32公里。因地形狭长，形如鳄鱼，且植被茂盛，植物种类繁多，素有“加勒比海的绿色鳄鱼”之称。

自从哥伦布踏上这片土地，殖民者在几百年的时间里建起了座座新城，期间法国人、英国人，甚至美国人均蜂拥而至，欧洲的元素成为这里的主导，北美甚至非洲的各种风潮也在这里流行起来，文艺复兴式、巴洛克、洛可可、哥特复兴式，法国路易十五时期和英国乔治时期的风格等，都同期影响和传播到这里。在哈瓦那和圣地亚哥，各个时期的风格建筑都可以找到。

位于古巴岛西北部的首都哈瓦那，扼守着墨西哥湾通往大西洋的门户，是一座拥有众多历史文化遗存的滨海名城。这里的住宅、教堂、狭窄的街道、小广场、咖啡屋、剧院、喷泉池、城堡和要塞，无一不是石砌而成。市区西部的老城区，保留了许多殖民时期的城堡和遗迹，比较出名的有哈瓦那最古老的要塞皇家军队城堡、位于海湾运河口的莫罗城堡（El Morro）和拉蓬塔城堡（La Punta），以及建于高地之上控制全城的卡瓦尼亚圣卡洛斯要塞（Fortaleza de San Carlos de La Cabana）等。这些殖民时期的城堡和遗迹已被列入世界文化遗产名录。而古城圣地亚哥是西班牙殖民者在古巴最先建立的七座城市之一，它众多的历史建筑使它享有“建筑博物馆”的美称。

漫步古城，形态各异的大厦与老屋让人流连忘返。帕拉第奥（Palladio）式的建筑立面形成优雅的韵律，古巴人再把热带民居独有的百叶窗嵌入其中，那宝蓝色的窗棂成为鲜明的地域特征。在庭院中，连续的拱券柱廊围合起来，既是形式感的考虑，同时在室内外形成一种过渡，更是适应热带气候的处理。半高的双开门多雕刻有精美的图案，凉风从门扉间穿过，让室内保持着通风的效果。庭院中央通常都有巨大圆形的花坛或水池，傍晚时分，槟榔树和芒果树散发出沁人的芬芳，是人们休憩的好地方。

古巴的室内装饰首先应该是殖民风格和当地风格的结合，从古巴人室内墙面的装饰粉刷就可以体现出来。阿兹特克装饰纹样有着鲜艳的色彩和粗犷的纹理，和欧洲优雅纤细的洛可可装饰图案结合在一起，形成连贯的装饰带，丰富着墙面的肌理，复合成一种独特的视觉效果。作为美洲的特色，大面积强烈的有情感倾向的颜色也常被用在室内，作为顶面、门窗或墙面的面漆，比如宝蓝色的窗门和白色的墙面形成对比，配合着五彩的玻璃窗棂，勾勒出了加勒比海独有的浓郁风情。西班牙风格的瓷砖是室内经常使用的装饰元素，这些加入当地纹样的瓷砖一般用作铺地和墙裙，翠绿或宝蓝的瓷砖墙面和赭色的瓷砖地面是常用的色彩组合，重复的图案构成一种繁复的美丽。同时，大理石也是地面常用的材料之一，深色和浅色的搭配是不错的选择。

纯正的欧洲样式在古巴也很常见，欧洲宫廷和贵族的装饰风格是上流社会的首选，洛可可风格的墙面装饰和巴洛克样式的家具、白色的大理石胸像、中式风格的瓷瓶、动物首级标本、大幅的人物场景油画，和硕大的水晶吊灯搭配在一起，亦有回归贵族生活的奢华。尽管地处热带，壁炉也是室内不可缺少的装饰元素，虽然不具有功能性，但强烈的形式感是显示主人身份地位的象征。与西班牙文化传承相关的另一因素即摩尔风格，尤其摩洛哥北非样式的拱券具有繁杂而细密的装饰效果，显示着古巴同那里千丝万缕的文化联系。

家具是最能反映古巴装饰风格的物件之一，自从殖民者踏上这片土地，欧洲本土的舶来品就开始装点着新美洲人的生活。从最开始的从宗主国的引进和效仿，到逐渐为当地所消化和吸收，古巴的家具一方面保持了欧洲古典家具精良而高贵的原汁原味：齐彭代尔式（Chippendale）、路易十四时期的家具等，都可以在这里找到范例，同时对于当地的材料、手工艺、构造技术、土著装饰元素和本土设计的应用，也创造出只属于古巴的独一无二的新样式；来自国外的工匠也引进了许多新的有创造力的工艺来进行家具革新，让古巴的家具在整个中美洲独树一帜。

右页／各式形态的内廊，作为适应热带气候的建筑形式，极富哥特风格的韵致，这样的廊道围合而成院落，在绿植的簇拥下，显得格外静谧雅致，连续的拱券让整体空间有一种高贵的气质。

左页／左上 城堡是古巴建筑遗产的重要组成部分，石头砌筑显得非常结实和稳固。右上 教堂通过一个缓坡作为引导，室外空间显得开阔。下 外立面巴洛克的装饰非常典型。本页／左上 内院一角，拼花玻璃门与胸像形成对景。右上 墙面外窗，形态简洁而优雅，深绿色和白色的墙面有一种强烈的对比。右下 铁门内的庭院让人充满想象。

Caribbean Elegance

左页／左上、右上 热带水果也是古巴室内装饰的有用布景，不同的摆设让室内流露出居家的温馨。左下 宏伟的柱廊让建筑显得雄伟而壮观，胸像列柱更赋予空间一种人文的气息。右下 室内一角，中式的瓷瓶和条凳有一种冲突和对比。本页／左上 石头建筑的细部，斑驳而有历史感。右上 有特色的室内一角，衣服的随意摆放显示出居家的自由感。右下 白色的木质外廊有绝佳的海景，是休息观赏风景的好地方。

本页／上 地面装饰是这间房间中最显著的特色，家具和地面有一种色彩和肌理上的呼应。左下 粉红色赋予这间房间以热烈的情感，这也是加勒比海的特色之一。右页／左上 典型的古巴室内装饰，拱门、地面和墙面的处理都很有当地的特色。右上 瓷砖铺设的地面和墙裙是古巴室内装饰中的重要元素，看似繁复却有强烈的地域特色。左下 绿色的墙涂料和瓷砖有色彩上的联系，显得整个空间温馨而清爽。右下 外廊是古巴建筑中常见的构成部件，白色的立柱显得非常有装饰感。

左页／左上 图中的角柜是空间陈设的重点。尽管地面和墙面相对朴素，但整体空间并不单调。右上 家具是这里的主角，极富细节的工艺使得空间显得非常高贵。左下 以精巧繁复的镜框作为中心，两边展开对称布置，构图均衡。右下 斑驳和粗糙的木门和精致的马赛克地面有一种肌理上的对比，让人对此空间的印象更加深刻。本页／右上 双层的窗户是按照热带气候制作的，蓝色的涂料粉刷也很有地域特点。左下 富有装饰感的墙面做法，有一种希腊和罗马风格的回归。右下 热带风格的家具尺度适宜，是休闲与生活的好工具。

本页／上 拱门、家具、色调，一切都很古巴。左下 房间一角，墙面和家具均有很强的装饰意味。右页／左上 室内细部，不同风格的处理显示出古巴装饰的多样性。右上 当地的材料、手工艺、构造技术、土著装饰元素和本土的设计的应用，创造出只属于当地的独一无二的新样式。左下 墙面的壁画是这个空间的特色，反映出古巴人的劳作生息。右下 雕工精致的边柜体现古巴工匠不凡的手艺。

左页／左上 带有百叶窗的内廊隔断了热空气，并形成一个舒适的共享空间。右上 室内色彩的统一使得空间有一种完整感。下 蓝色和红色的对比形成室内强烈的感情属性。本页／这套老宅中，蓝色是贯穿的主题，各式的吊灯和木构架组合，透露出粗犷中的精致。

# CZECH 捷克

诗人曾说，布拉格是一块块石头组成的交响乐，那么最合适聆听的时间就一定是春天。每年5月，当德沃夏克的b小调大提琴协奏曲混合着迷人的花香飘荡在老城广场的上空，漫步在湿润的鹅卵碎石铺就的街道上，仿佛转头就能邂逅有着迷人绿眼睛的捷克美女。布拉格属于春天，正是捷克的镜像。

捷克位于欧洲大陆的中部，是一个小巧美丽的内陆国家，北面与波兰接壤，东部与斯洛伐克为邻，西南两边是德国和奥地利，东部的摩拉瓦河－奥得河走廊，自古以来就是北欧与南欧之间的通商要道。

公元623年建立的萨莫（Samo）公国是捷克连贯性历史的起源，考古证明当时这里已经成为东、南、西三方的商业贸易中心。随后大摩拉维亚帝国成立，确立了整个地区的一体化统治。但10世纪时，帝国崩溃，捷克人随即建立了捷克王国，普雷米斯尔（Premysl）家族的统治在起起伏伏中一直持续到14世纪，甚至将波兰和匈牙利并入版图，成为中欧最强大的国家。1310年捷克王国的政权转到卢森堡王朝的手中，1346年即位的查理四世是王国至今最富盛名的统治者，他于1355年成为神圣罗马帝国皇帝而让捷克的统治版图再度扩张。1526年哈布斯堡王朝成为捷克的统治者长达四百多年，直到1918年奥匈帝国瓦解，捷克斯洛伐克共和国诞生，持续到1993年又一次分为捷克和斯洛伐克两个独立国家。

作为捷克最古老也是最主要的城市，布拉格建城超过千年，城内罗马式、哥特式、文艺复兴式、巴洛克式、洛可可式、新古典主义的各色建筑保存完好，鳞次栉比；窄窄的中古街道，闪闪发光的宫殿和教堂，笔直高耸的尖塔，黄金巷里五颜六色的小屋仿佛活生生的童话世界，鹅卵石砌成的老城广场上有古老的机械大钟，整点时基督与十二使徒的雕像就列队旋转，时间在这里仿佛被魔法凝固成了一个个音符，当魔法棒举起，随时就会有旋律飞扬而出，奏出一曲关于捷克一切过往的乐章。

布拉格的源头，存在于它的罗马风建筑中，建于10世纪前后的圣伊日教堂、维谢格拉德（Visegrad）的圣马丁圆顶厅、老城区的圣十字圆顶厅和商铺，都有着古拙大方的圆筒外形和浑厚的圆顶。哥特风格则是城市中世纪的岁月纪念，早期的圣安内什卡修道院、犹太教堂（Staronova synagoga）简朴修长的线条带来教徒虔诚的信心。伯利恒教堂（Betlemska Kaple）、老城议政厅(Staromestska radnice)都是哥特鼎盛时期的代表作，其中最著名的则是华丽威严的圣维特大教堂(Katedrala sv. Vita)，它位于布拉格城堡内，1344年在罗马风建筑的基础上开始改建，最后竟然直到近六百年之后的1929年才真正完工。它拥有三个壮观的钟楼，主楼高达97米，教堂内外布满精美的雕刻、绘画和彩色玻璃，气韵飞升圣洁华美。另一处不得不提的哥特式教堂，是举世无双的人骨教堂（Kostelík Vech savtych a kostnicí），这里的四万多副人骨被精心地堆积成了烛台、祭坛、圣杯、门楣、拱门、吊灯、十字架、王冠、垂带等。到了哥特晚期，捷克则以火药门、石屋为典型，装饰风格已经逐渐显现出丰满生动的文艺复兴风格特色。

布拉格的16世纪被完美地保存在布拉格城堡内，贝尔韦德尔宫（Belveder）被认为是阿尔卑斯山北部地区最美丽的文艺复兴建筑。稍后的巴洛克时代丰姿绰约，美轮美奂的雕塑、喷泉和精致的园林，演绎出布拉格的黄金岁月，巴洛克风格也因此成为18世纪后期捷克宗教和民间建筑最受欢迎的风格样式，圣米古拉什教堂、大主教宫殿和遍布城区、郊外的众多贵族城堡花园就是最佳的证明。19世纪之后，古典主义、拿破仑一世风格、新哥特风格等先后在布拉格留下了各自的痕迹，清真寺的尖塔、罗马的凯旋门、中国的亭子等各种异域元素也都出现在公园里，使城市呈现出别样的迷人风光。

右页／左上 布拉格老城中心广场的街景。该中心建于11—18世纪之间，拥有布拉格城堡、圣维特大教堂、查理桥以及诸多美不胜数的教堂和宫殿等绚丽壮观的遗迹。右上 具有高耸塔楼的克鲁姆罗夫（Krumlov）城堡。左下 布拉格卡尔什特因（Karlštejn）城堡。这是一座巨大的哥特式城堡，由神圣罗马帝国皇帝查理四世建于1348年，是保管王权标记以及波希米亚加冕王冠、圣物和其他皇家财宝的地方。右下 建于14世纪中叶的古城特尔奇（Telc）城中心街道。

本页／左上 鸟瞰雷色城区。右上 捷克乡村的普通民居局部。左下 位于伏尔塔瓦河畔的克鲁姆罗夫市，城市始建于约13世纪，在波希米亚南部的舒马瓦山岳和布兰斯基森林之间，随蜿蜒的河流在两岸发展，布局十分紧密。其建筑带有哥特式、文艺复兴式以及巴洛克式的风格，在五个多世纪以来未曾受到大的破坏，因此而成为欧洲中部中世纪古城的杰出典范。右页／左上 著名的火药门近景。右上 位于查理广场上的新市政厅。左下 美丽的捷克建筑，远处是圣彼得暨圣保罗东正教教堂。右下 旧新犹太会馆。

左页／左上 别出心裁的齿轮状空间隔断，使得白色的主调有了活泼的感觉。右上 天花板、吊灯和床架不同的弧线勾勒出节奏独特的视觉效果。左下 虽然空间简单，但轻柔的纱帐和雪白的床品用细腻的纹理质地营造出了温馨的感觉。右下 随意却又有序的线条组合，让房间不经意间就有了自己的风格。本页／上 可爱的卧室，地上铺设着斑斓的波希米亚风格织毯，手工刺绣的靠垫和床幔传递出浪漫的气息。右下 明亮的长窗是这个厨房最吸引人的所在。

本页／左上、右上 画作、墙壁的独特质感、线条纤巧的椅子和茶几，共同组合出静物油画一样的景框。左下 层叠的楼梯弧线在阳光的照耀下显出丰富的调性，空间也突然有了不寻常的美感。
右页／轻柔温馨的淡绿和亚麻色带出浓浓的田园气息，朴拙的木质桌椅，古旧的铸铁家具，敦实的扶手沙发都是家的味道。

左页／左上、右上 热烈的橙黄和玫红，小小的起居空间就有了画廊的味道，是印象派前期的色彩。左下 太过舒适的前厅，狗儿也懒得睡着了。右下 粗犷的石材内饰，让空间具有浓郁的中世纪风情。本页／右上 款式简洁的壁炉，与温暖的木质地板和花纹艳丽的地毯一起，让空间里仿佛有暖流涌动。下 壁炉前的闲聊时光最是惬意，而款式各异的沙发和靠椅是装饰的重点。

本页／上 刻意保留的有些斑驳的墙面，因着精心选择的色彩和曲线流丽的家具产生奇妙的和谐感，仿佛岁月流转的沧桑和温暖，是有故事的地方。左下 小小的起居角落，适合密友小聚。右页／厚重的空间和材质选择，搭配采光性极佳的落地宽窗，有奇妙的平衡。底蕴深厚的世家风格，低调而奢华。

# DENMARK 丹麦

从文艺复兴到新古典主义，再到20世纪30年代以后的国际风格样式公寓，从悉尼歌剧院到巴黎新凯旋门，丹麦设计师始终执风气之先，而目前风靡世界的北欧风格也正是起源于丹麦。

丹麦位于欧洲北部，西濒北海，东北方向隔着斯卡格拉克海峡（Skagerrak）与挪威、瑞典两国遥遥相望，南部则与德国接壤。丹麦本土由日德兰半岛的大部分和西兰岛、菲英岛、洛兰岛、波恩荷尔姆岛等四百零六个岛屿和法罗群岛、格陵兰岛两个自治领组成。其地理位置正夹在北海和波罗的海之间，掌握着波罗的海入北海和大西洋的咽喉要冲，是沿岸各国出入大西洋的门户，又是联系欧洲大陆和斯堪的纳维亚半岛的唯一通道，因此丹麦有时也被人们形象地称为“日德兰桥”。

两千年前，丹麦人被罗马人视为“北方的蛮族”；一千年前，他们是欧洲大陆谈之色变的“维京海盗”。但是丹麦的艺术风格却承继了欧洲的传统底蕴，展现出异乎寻常的纯美气质，成为“童话王国”的最佳注脚，虽历经岁月变迁沧海桑田，依然魅力独具。丹麦的古典建筑，主要开始于公元11世纪，随着基督教的传播，罗马风格和稍后的哥特风格的宗教建筑从欧洲大陆进入日德兰地区，它们与斯堪的那维亚本土的早期木结构建筑范式融合，采用石灰石、花岗岩等材质，形成简单、敦厚而精致的艺术风格，主要表现在目前仍大量留存在城镇和乡间的社区教堂、修道院等建筑中，如东部的维堡主教堂、赫尔辛格修道院等。

作为历史悠久的古老王国，丹麦最美的建筑无疑是众多的王室城堡，它们多数集中在首都哥本哈根。丹麦传统盛产卓有创意的设计师，而其中首屈一指的领袖人物当数国王克里斯蒂安四世。这位1588—1648年在位的国王，倾其毕生为哥本哈根规划了城市发展蓝图。在他的授意下，优美文雅充满荷兰文艺复兴气质的菲德烈斯堡宫和罗森堡宫，与蓝天碧湖交相映衬的天文瞭望台圆塔，耸立在市中心的带有龙尾盘绕状尖顶、世界上最早的证券交易所，为哥本哈根描绘出了最初的天际线。阿玛连堡宫（Amalienborg Slot）则至今都是丹麦王室的驻地，这座宫殿由四座一模一样的宫殿合并而成，它们相互环绕，中间形成了一个八角形广场。广场西端的“大理石教堂”是丹麦为数极少的几个圆顶巴洛克风格教堂之一，巨大的圆顶直径约30米，上面绘有耶稣的十二个使徒画像，华丽端严，极具王室风范。

20世纪后，丹麦最伟大的古典风格建筑则首推管风琴教堂，这座教堂是为了纪念19世纪著名的神学家和赞美诗作家哥戎维（Nikolaj Frederik Severin Grundtvig）而兴建的。教堂的设计者为大师尹森（Georg Jensen），他为之耗时十九年，并最终由儿子考尔（Kaare Jensen）和孙子伊斯本（Esben Jensen）继承其业才得完成。教堂得名是因为其外形酷似一架巨大的管风琴。作为丹麦设计的典范，管风琴教堂简洁大方，别致典雅。教堂内部非常朴素，没有常见的巴洛克、洛可可或雕像壁画装饰，仅使用了共六百万块特别烧制的黄砖砌出外墙及不同造型的顶棚、支柱和窗框等，但构思之奇妙，令人耳目一新，叹为观止。

除了宗教建筑和王室建筑，许多大规模的公共和民用建筑也是丹麦建筑艺术的精品。始建于15世纪的哥本哈根市政厅，以精细的内部叙事雕刻和天文钟楼闻名于世。钟楼高达107米，它不仅是供人们鸟瞰全市风光美景的瞭望塔，也是一座世界时钟，不仅走时极其准确，而且能计算出太空星球的位置，告诉人们年、月、日和星期几、星座的运行、太阳时、中欧和恒星时等，蔚为奇观。

被誉为“北方巴黎”的哥本哈根是一座宁静美丽的古老海滨城市，从最初的小渔村发展至今，始终保持着国王克里斯蒂安四世高尚的审美品位：鲜花满地绿草如茵，河道蜿蜒湖水如镜，港口白帆点点，红瓦红墙的小房子簇拥着尖顶的教堂和坚固的城堡，花岗岩石的街道铺陈出千年一贯的气场，正是轻易就能让人沉醉迷失的童话世界。

受益于16世纪哥本哈根皇家美术学院的深厚遗泽，丹麦的现代设计同样成就斐然。从文艺复兴到新古典主义，再到20世纪30年代以后的国际风格样式公寓，丹麦设计师始终执风气之先，而目前风靡世界的北欧风格也正起源于丹麦。丹麦设计师首创地提出了功能、材料和外观的高度统一，纯白的混凝土外立面，大块的玻璃采光，以及带有“微笑感”的家具和装饰线条，搭配室内具北欧传统风格的琥珀、银饰、陶器、玻璃制品、宗教故事木雕人像，自然色彩和鲜花装饰，成就的是明快、简洁、恬静、和谐、人性化的丹麦现代风格。

右页／经典的童话风格红瓦红墙民居，纯美朴拙的外墙装饰和门窗，勾勒出丹麦人天马行空般自由开放的心灵空间。

本页／石材、原木等自然材质也是丹麦人钟爱的建筑材料，敦实斑驳的墙体是过往千年沧桑的见证；层次丰富的斜屋顶结构，丹麦人的屋子总有别出心裁的妙处。右页／手工制作的窗栏护板，是北欧常见的建筑格式，明亮的蓝绿透露出主人天真的情怀。

Stadt Café · Feinbäckerei

左页／晴空下宁静伫立的城堡，是秋日艳阳最美丽的图画。本页／左上 特别的采光设计来自不规则的门框处理，让狭小的过厅有了丰富的变化和空间层次感。右上 传统样式的厨房家具，在拉手、椅背、桌腿等局部都有很具装饰性的细节。右下 小巧的会客空间因为柔和的自然色和带有“微笑感”的流畅直线而显得舒适宜人。

本页／上 极具存在感的皮质沙发与裸木让客厅成为典型的男人俱乐部，很有几分北欧蛮人风格。左下 壁炉是北欧地区漫漫冬夜最温暖的所在，不可或缺。右页／左上、右上 完全以原木拼接为设计思路的民居，粗犷的梁柱和趣致的家具及墙面镶拼，打造出早期的北欧狩猎风格。左下 圆弧形的结构和大幅的落地长窗让空间显得非常生动而具穿透力。右下 木材本身的曲度被巧妙地利用起来，使略显单一的原木风格有了起伏和旋律感。

左页／未经打磨的石块和木板壁予人硬朗的质感，搭配充满温馨的蓬松印花棉寝具，仿佛小红帽的居所。本页／上 光润细腻的大理石和粗糙的木材形成奇异的矛盾美感。右下 丛林味道的起居室，总让人想起日德兰平原上茂密的榉树林。

左页／左上 木材原色与绿色搭配出经典的乡村风格。右上 舒适的主卧房，寝具独特的纹样展现出主人对丛林风格的理解。左下 厨房保留原始风格元素的同时，凸显出人性化的功能特色。右下 宽大的实木长桌是全家人相聚倾谈的好地方。本页／右上 明亮宽敞的凸窗将户外迷人的森林景色引入室内。下 白墙搭配刻意未加修饰的梁柱结构，营造出独特的装饰线条，成为室内空间的视觉焦点。

# EGYPT埃及

埃及人总是能够处变不惊地埋首耕作收获、静观日升星落，仿佛多少种变迁在尼罗河面前也不过是一季的潮涨潮落。要细究其中的缘由，恐怕只能归于埃及人坚守的精神信仰——生生世世循环不息。

埃及位于非洲大陆的北端，领土还包括亚洲的西奈半岛，并通过苏伊士运河与欧洲相连。虽然地处要冲，却绝非山清水秀的伊甸园。埃及的东面是阿拉伯沙漠，南边是努比亚沙漠，西面则是利比亚沙漠，本该是不毛之地的宿命却因为从南部埃塞俄比亚高原奔腾而来的尼罗河而完全改变。尽管五千年来历经沧桑轮回，埃及人一直相信，诸神在赐予他们尼罗河的同时，也宣示了关于生命兴衰的预言：太阳每天清晨从河的东岸升起，照耀世间万物，夜晚在河的西岸落下，光临冥界，引导灵魂穿越死亡之国，再次重回人间。为了宣示对于来世笃信而坚定的向往，法老们在尼罗河东岸建造神殿敬奉象征生命源头的太阳神，又在西岸兴建金字塔，存放自己死后的身躯，并且精雕细绘永生之舟接引不死的灵魂重回永恒的生命。被赋予精神重托的古埃及建筑创造出人类建筑史上最可夸耀的奇迹——金字塔、神庙和方尖碑，它们无一例外地宏大、沉默，亘古不移。

金字塔充分展示了古埃及人使用大型石材的娴熟技巧、高超的数学水平和自然淳朴的审美原则。这个用巨石为至高无上的法老建造的灵寝，拥有简单稳定的角锥形线条，粗犷的雕刻，美丽的彩绘和神秘的文字图案，不需要任何粘合物，只依靠精确的计算即创造出稳定的几何结构，数千年来伫立在尼罗河畔，仿佛凡人与神明定下的永生之约，正安静而从容地走入下个千年。神庙作为人们向太阳神敬献的最具诚意的贡品，是古埃及风格的又一次巡礼：由两座对称的斜壁巨塔组成的塔门，大量优美立柱组成的巍峨大厅以及高耸、狭窄的神殿。埃及式立柱弧度优美，柱身装饰着纸草样式的线条，柱头图案则多用纸草、莲花和棕榈树叶造型，有的含苞，有的盛开，在细节变化中展现出庄严的序列感。而分层挑高的天花板也是埃及神庙首创的建筑特色，阳光和空气可以从侧面进入大厅，起到自然的照明效果。他们将神殿设计成纵深幽暗，几乎不见一丝光线，更是天才地营造出了神秘敬畏的宗教气氛。方尖碑是纪念性建筑物的代表，必须用整块花岗岩雕琢而成，用以炫耀权力或铭记胜利。其外形方柱尖顶，非常高大，四壁镌刻着象形文字，自下而上逐渐缩小，顶端以金铜或金银合金包裹，在晴朗的天气里能够发出如同太阳一样炫目的光芒，令人不由自主地屈膝膜拜。这些建筑和装饰手法在公元前4世纪左右开始逐步传入希腊和罗马，其对后世西欧的影响巨大，延续至今，在教堂和世俗建筑中仍随处可见，比如雅典的帕特农神庙、罗马的万神殿、巴黎的卢浮宫、华盛顿的纪念碑……

埃及因亚历山大城而无限地接近欧洲，不仅仅是因为其地理位置。这个被世人称为“地中海新娘”的城市，有温润潮湿的轻风，有高大摇曳的棕榈树，面海的别墅都有草木扶疏的花园，穷街长巷的尽头突然就会闪烁出荡漾着七彩的波光……亚历山大大帝给予了它最初的蓝图和光荣的名字，忠心耿耿的希腊设计师为他一砖一瓦地兴建了整座城池，托勒密、安东尼奥和克娄帕特拉，在长长的岁月里耐心地描绘着所有关于智慧和浪漫的想象，终于，一柱一石都刻上了无法错认的、埃及式的地中海风格：雪花石建造的罗马剧场在月光下发出柔和明亮的光芒，孤独高耸的庞贝柱骄傲地指向苍穹，中世纪建造的奎特贝城堡接替传说中的灯塔守护着美丽的海港，端严的拱门流露出堂皇华美的欧陆气派，告慰着那个长眠于此的年轻君王一统欧亚非的愿望。坐落于西奈半岛上的圣卡特琳修道院是另一份值得记取的留念：十八座形式各异的拜占庭式教堂。错落有致的圆顶成为辨识的重点，希腊十字式的四券式建筑型制让教堂空间高大而丰富，飞扶壁、拱顶、半穹庐层层推进，在穹顶处达到高潮，由小片大理石和彩色玻璃镶嵌而成的壁画更体现了典型的拜占庭风格中最为人称道的灿烂夺目的装饰特色，让人可以轻易回想起东罗马帝国在埃及近六百年的统治，也曾经是那么的意气风发，神采飞扬。

开罗，则是埃及阿拉伯化的开端，延续至今仍未结束。骏马弯刀呼啸而来的马背民族在公元7世纪成为埃及的统治者。他们在古都孟菲斯附近建造了一座新城，命名为开罗，意为征服者，以此宣告对这片土地从物质到精神的绝对掌控力，开罗因此注定成为一座彻头彻尾的伊斯兰城市：城中处处可见宽阔宁静的宫廷院落，列柱的廊殿环绕中正方形的清真礼拜堂，高耸的穹隆庄重肃穆，独特的开孔在整齐中又富于变化，尖拱、马蹄拱或多叶拱让建筑物平添奇特的韵律感。外墙多为沙石的土色，与雄浑的大漠风光相映生辉，内部则以精美的马赛克镶拼，和靡丽多彩的纺织品装饰共同彰显富裕奢华的后宫风格，独特的几何、植物纹样和阿拉伯文字图案是其中最具辨识性的装饰手法。夕阳西下时眺望穆罕默德·阿里清真寺巍峨的圆顶，凡俗的熙攘立刻如风过沙丘，不留痕迹。

右页／左上 穆罕默德·阿里的宫殿，位于亚历山大城的海滨，设计师显然充分考虑了地中海的风格特色。右上 大金字塔脚下的度假别墅，是款待王公政要的最佳选择。左下 海边的别宫，仿古代灯塔而建的观景楼是整个设计的亮点。右下 穆罕默德·阿里清真寺，建于1830—1848年，位于开罗。其西式的长窗设计更利于采光，已经融合了近代欧式建筑的特色。

本页／左上 独特的混合材料小楼，红砖、陶瓷和水泥营造出清新的时髦感。左下 层次丰富的石制拱门来自19世纪中期的乡村别墅。右下 优美柱身雕刻着纸草的纹样，夕阳自窗格间斜斜射入，宁静的长廊仿佛不是凡间的景象。右页／迷人的细部雕刻，显然受到来自南亚印度的风格影响，大象和佛陀都成为表现的主题。

DAIRA
MOHAMED.AMIN.WALI.

DECLINAZIONE
LATITUDINE
LINEA DEGLI EQUINOZI

左页／左上、右上、左下 不同的纹饰表明建筑物的特别功能，长方形的是来自陵墓的阿拉伯铭文，椭圆形的说明这里曾经是家族事务的议事厅，廊柱上的特别标志显示此处是特别的客房。右下 墙上的壁画据说隐喻着重生和未来的轨迹，颇有几分神秘之感。本页／左上 典型的阿拉伯式天花装饰，富裕而繁琐的纹饰。右上 来自东方的佛教体裁浮雕，姿势妩媚，意态撩人。右下 彩绘玻璃的长窗，镂刻着精致的罗马神话故事。

左页／几何纹样的马赛克镶拼装饰的墙面、地面，昭示出明确的阿拉伯血统，这是仿清真寺净所设计的居所。本页／右上 轩敞的中厅，金碧辉煌的吊灯搭配敦厚的圆形矮凳，后宫风格一览无余。左下 法国驻埃及的大使馆，是一座混合风格的建筑物，罗马式的廊柱，土耳其的瓷砖和雕花的木门叠加出一种跨越时空的气氛。右下 吊灯、铜器和海马造型的壁饰令整个空间更显别致。

本页／左上 专门为寻找一千零一夜感觉的游客们设计的大厅，浓郁的阿拉伯风味必定不会让人失望。右上 来自土耳其的瓷砖铺设出美丽的不对称图案，对地面和墙面装饰的重视正是阿拉伯风格的特色。左下 大角度的穹庐顶，巧妙的中层隔断调和了严峻的纵深感，空间多了几分居家的温馨。右页／上 华丽的大理石镶拼地面，美丽的蓝色瓷砖上装饰着《古兰经》的纹样，挑高的楼厅使空间更加开阔，非常适合稍显繁琐的内部装饰。左下 土耳其风格的书房，家具使用了名贵的镶嵌工艺，织锦地毯显示华贵的气质。 右下 私密的祈祷室，装饰着精美的纹饰瓷砖和大理石镶拼。

انا فتحنا لك فتحا مبينا

左页／起居室的家具搭配体现出一种矛盾的协调，梳妆台和休闲椅的细节设计有着鲜明的阿拉伯风味。本页／右上 以绿色为主题的音乐沙龙，折支牡丹纹样的地毯和座椅锦套显然来自遥远的东方。左下、右下 别致的墙面装饰设计，可以看出从意大利到阿拉伯复杂的灵感来源。

# ENGLAND英国

英国虽然从未被列入过文明古国，但这绝不妨碍它成为世界上最具存在感的国度之一，英国人总是说：英国之有历史，正如撒哈拉之有沙粒。

英国是一个岛国，历史上，大不列颠岛、爱尔兰岛和附近众多的大小岛屿都曾经属于它的统治范围，在1921年12月爱尔兰南部二十六个郡成立自由邦后，英国在爱尔兰岛的领土缩小至东北部，国名也因此改称为“大不列颠及北爱尔兰联合王国”。英国东南部濒北海，隔着英吉利海峡与欧洲大陆若即若离，离相距最近的法国只有33公里的海底隧道，北部与冰岛也是一水之邻，西部则与爱尔兰接壤，越过浩瀚的大西洋，北美大陆便遥遥在望了。

若论英国的历史，的确可以上溯到相当久远的史前时代。这里曾经发现过公元前25万年左右的早期猿人遗迹，公元前2000年左右建成的巨石阵则是这块土地拥有辉煌远古文明的标志物。通常认为，英国人最早的祖先是在公元前700年来自中欧大陆的克尔特人（Celtic），不列颠的名称来自克尔特语，意为“杂多色彩”，后来部分克尔特人移居欧洲大陆，又将本土尊为大不列颠，这个称呼于是被后人一直沿用了下来。公元前55年恺撒率军进入不列颠，此后罗马人在这片土地上也一度大兴土木。历时二十多年，于公元960年建成的威斯敏斯特大教堂，即为最重要的建筑之一。在建成后的几百年间，这座教堂仍不断被重建扩建，直至成为英格兰哥特建筑的典范。它以其直逼苍穹、不断飞升的形象记录下英格兰最为纷繁复杂，甚至是血腥残酷的中世纪黑暗时代。建筑内部那些仿佛从地狱蔓延生长而出的美丽线条盘旋而上，攀爬着陡峭的扶壁和尖顶，美轮美奂的彩色玻璃则描画出令人震颤的《圣经》故事……黑暗、华丽、森严并且仰而弥高，英格兰的中世纪，正是哥特的一统天下。

15世纪始，英格兰出现了一种地道的本土建筑风格：都铎风格（Tudor style）。都铎风格的得名，来自于都铎王朝。1534年都铎王朝的亨利八世因婚姻问题与罗马教廷决裂。自然而然的，原先盛行的建筑风格也在一夜之间遭到了遗弃，代之而起的是一种哥特垂直式（Gothic Perpendicular）和帕拉迪奥式（Palladian）混合的新风格。都铎风格保留了哥特风格的塔楼，但在基本构图中强调中间突出，两边对称，有突出的交叉骨架山墙，陡峭的双面坡顶，喜爱使用美丽狭长的凸窗和复杂的装饰性线脚，尤其喜爱使用纯装饰性而非结构性的抹灰木架，漆成深色的木材和淡色的墙面，形成强烈的对比，非常别致，而砖石砌成的烟囱也是其标志性特征。都铎风格不仅在贵族中受到欢迎，也随之在英格兰民间推广开来，这种别致的露明木（骨）结构的民居与乡村景色非常协调，成为英国人最常用的世俗建筑样式。

文艺复兴运动在16世纪后期开始影响英国，英格兰的建筑风格不可避免地受到了冲击。17、18世纪在英格兰最具代表性的是乔治风格（Georgian style）建筑。古典主义的对称、均衡和注重细部装饰的特点在这种风格中都得到了不遗余力的贯彻和实行：建筑物的正面设计为古典风格的门廊，大厅居中，屋檐上也多有齿饰，窗户强调上下成对，分隔成列，中央对称，非常重视大门的设计，常有长方形雕花图案，门梁上装饰有竖向排列的长方形花纹。侧山墙，中央山墙，双折线屋顶和四坡屋顶都很常见，喜爱使用精致的预制飞檐和屋顶的花边雕饰，室内以白色石膏带来更多雕塑效果的内部装饰。这种充满人文气息的建筑风格产生之后，对于欧洲其他地区，以及北美等英国殖民地的影响都至为深远。

当时间进入19世纪中期维多利亚女王当政时代，英国成为高速扩张的资本主义国家，社会变革促使英国的建筑再一次变化，推陈出新，大量新型的公共建筑开始出现，人们习惯上将之称为维多利亚风格（Victoria style）。维多利亚风格事实上是多种风格的混合体，包括意大利风格中的平屋顶、飞檐、有角的凸窗和科林斯式门廊；斯蒂克－伊斯特拉克风格（Stick–Eastlake）中常用的方形凸窗、平屋顶和自由式装饰，和安妮女王风格的三角形屋顶，都被以一种自然的折衷主义手法巧妙地混合起来，成为建筑的组成部分。坚固宏大的体制，浓墨重彩或纤巧华丽的装饰点缀出当时的繁华和富裕，成为维多利亚时代日不落帝国的纪念碑。而其后出现的新古典主义和浪漫主义也都可以看作是维多利亚风格的进一步提升、分化和折衷。

至19世纪末20世纪初，英国则成为工艺美术运动的策源地，以莫里斯（William Morris)为代表的艺术家仿佛一夜之间改变了帝国固有的审美，令人向往传统的手工与自然之间的协调，英国因而成为现代主义设计和装饰的发源地之一。随着其后新艺术运动和装饰运动的此起彼伏，英国人在装饰设计界的不朽地位从此稳固不可令人稍有置疑。

右页／左上 外表略显简陋的乡村房屋，石头成为主要的材质，却完美地展现出质朴之美，与屋前屋后翠绿的草地和山林构成一幅静谧的图画。右上 典型的英格兰风格红砖民宅，远景是巍峨高耸的哥特式教堂，四角的塔楼传递出来自中世纪的气息。左下、右下 斑驳的墙面，斜坡的屋顶，浑厚的石质烟囱和款式多样的窗格，英格兰风格的民宅总是那么低调地沉默着，只有偶尔射进屋中的阳光和窗台上摇曳的小小盆栽才透露出这个民族独特的生活趣味。

MARKET PLACE

THE SHIP
SHIP

左页／上 乔治风格的乡村住宅，精致的园艺也是英格兰风格不可分割的组成部分。左下 看似朴拙的村镇，说不定便是哪个大文豪曾经的居留之所。右下 折衷主义的建筑手法，保留了乔治风格中优美的线脚和窗户设计细节。本页／街道两边的建筑，显然是多个年代累积的遗存，却有着惊人的和谐之感。

本页／左上 颇具心思的门廊设计，让庭院的景色更为集中，午后在露天喝个下午茶，就是最英格兰式的生活享受了。下 绿树掩映的旧宅，是典型的英格兰乡间景色。右页／历经沧桑的小城，传自15世纪的都铎式房屋依然是白墙木梁，朴素地美丽着。

HIGH STREET
POST OFFICE
STONE FABRICS

The Carpenters Arms
The Carpenters Arms
Car Park at Rear
NIGHTS
STEVE
THURS 9-0
SUNS 4-0-815
SAT 10
TERRIFIC
VOICE OF
WAYNE
TULSA

左页／左上、右上 狭长宁静的街道边是工业革命后出现的新型联排建筑，虽然造型简单，但是美丽的凸窗设计依然体现出都铎风格的痕迹。下 小巧别致的植物和花草装饰，是英格兰风格随处可见的点睛妙笔。本页／样式多变的凸窗让室内外空间有了最自然的过渡。

本页／左上 色彩浓重到有点忧郁的程度，和英格兰的历史一样，意味深长。左下 多样堆砌的墙面装饰和繁花图案的织物材料，让小小的会客空间丰富而亲切，有种陷落于其中的感觉。右下 排列成圆环状的佩剑成为墙面最别致的装饰，骑士情结在英格兰代表着某种永恒不变的风度。右页／左上 华丽而款式各异的镜框是居室装饰的重点，浪漫的曲线是浪漫主义的特征。右上 长条餐桌出奇的朴素，并没有太多的装饰，复杂的椅背设计才是亮点所在。下 壁炉对于多雨的英格兰是不可或缺的生活必须，在炉边舒适的高背椅上读一本书，或是促膝畅谈，应该是不亦乐乎的吧。

UFFOLK
URED
ACON

左页／明显带有东方风格的小摆设和织物，是主人游历世界后最心仪的藏品。本页／左上 明亮大胆的橙色和红色，搭配木质家具沉稳的深色，让空间显示出递进的层次感。右上 室内的扶壁结构是纯装饰性的，却让房间有了自然的间隔，功能空间一目了然。右下 门框上精美的牙饰是乔治风格的典型特征。

本页／左上 温馨小巧的卧室，错落摆放的装饰画让墙面有了丰富的视觉感。右上 带有床架的大床，精致的木艺简直让人目不转睛，古典有时也就是尊贵享受的代名词。左下 古典风格的卧室，在陈设中处处体现出对称均衡的审美趣味。右页／上 维多利亚风格的起居室，靡丽纤巧的女性气质显露无遗。左下、右下 宫廷式的帘幔设计，搭配图案繁琐的纺织品，让整个空间都包裹在一种柔软华丽的氛围里，是每个女孩梦想中的私人天地。

# FINLAND芬兰

得天独厚的地理气候条件和起伏更迭的历史背景，造就了芬兰独具特色的艺术风格，让它同时具有了北欧的纯朴、西欧的古典、东欧的华美和现代的功能性等多重气质，这样的气质尤其在建筑、室内、家具以及家居用品的设计领域表现突出。

芬兰地处欧洲西北部的斯堪的纳维亚半岛，有近四分之一的国土在北极圈内。气候特征分明、风光秀丽的芬兰是欧洲森林覆盖率最大的国家，并拥有星罗棋布的湖泊，有“千湖之国”的美誉。最早来芬兰定居的居民是北方的游牧土著萨米人（Sami，又称拉普兰人Lapland），公元12世纪开始，芬兰则先后遭瑞典、俄国侵略而成为它们的属地，直至1917年俄国十月革命之后才终于成为一个独立的主权国家。

得天独厚的地理气候条件和起伏更迭的历史背景造就了芬兰独具特色的艺术风格，让它同时具有了北欧的纯朴、西欧的古典、东欧的华美和现代的功能性等多重气质，这样的气质尤其在建筑、室内、家具以及家居用品的设计领域表现突出。

芬兰首都赫尔辛基拥有欧洲最美、最古、最新的建筑艺术，因为每年有五个月这里为白雪覆盖，城中建筑又大多取材于浅色的花岗岩，因而呈现出明快的乳白和淡黄色调。这座洁白美丽的城市从海上便能远远望见，于是被人称为“北欧白都”。城市中的建筑虽然色调统一，但风格各异，随处可见意大利或俄罗斯样式的堂皇大厦。市中心议会广场建于1852年的大教堂为典型的新古典主义风格，结构精美，气势庄严，顶端带淡绿色圆拱的钟楼高出海平面80多米，即便在大海上也能一眼看见，是芬兰建筑艺术的精华。此外，滨海大道公园旁一系列文艺复兴样式的建筑、民族浪漫主义风格的国家博物馆及赫尔辛基火车站，均是芬兰代表性的建筑。最特别的岩石教堂，整座建筑完全从一整块岩石中挖掘建造而成，其内墙清晰保存着岩石的本色，并有天籁般奇佳的音响效果，令人叹为观止。

关于芬兰建筑，有个人是不能忽略的——设计师阿尔瓦·阿尔托(Alvar Aalto)。作为现代主义风格的中坚人物，阿尔托被公认为20世纪世界最伟大的设计师之一。在他一生的五百多项设计作品中，有约四百项是专为芬兰而做的。他的设计轻灵、简洁、现代，以不同材质的组合，利用自然地形，融合优美景色，传递鲜明的民族个性和芬兰人特有的山水亲缘，创造了一种独特的，风格纯朴、功能完备的现代建筑风格。其代表作芬兰大厦是一座多功能建筑，造型似一架巨大的白色钢琴静静地靠在湖边，湖水中倒映出线条流畅的琴身，宛如一幅优美的风景画，被誉为芬兰现代建筑史上的明珠。

曾有人这样形容芬兰的居住空间：芬兰人都住在树林里，只有旅游者住在镇子上。这或许稍显夸张，却也非常形象。在这个地广人稀、丛林密布的国家里，懂得享受生活的人都把家安在树林里。自远古时代开始，芬兰人便习惯亲近山水，从萨米人的锥形帐篷到拉普兰乡间的简易木屋，再到设计精良的现代化乡间住宅，阿尔托为芬兰的民宅树立起一种明确的风格——朴实稳重的外观，以不同的材质划分功能空间，平面灵活，使用方便；用距离和空间的通透感联系室内外环境，空间处理自由活泼且有动势，使人感到空间不仅是简单地相互流通，而且在不断延伸、增长和变化；结构构件巧妙地兼为装饰品，达到美观、实用和功能的完全统一，淋漓尽致地展现出芬兰人寄情山水的生活态度。

芬兰风格的鲜明特点是对于木材的偏好，各种桦木、松木被大量地运用为室内装饰的主要材料。同为芬兰特产的铜制品则被习惯地用于结构连接和画龙点睛的点缀。在色彩方面，清浅的原木色、黑白色、大地色则是芬兰风格的标志性色调。在家具方面，20世纪芬兰涌现的一批以阿尔托为首的现代主义设计大师为其本土风格带来一系列线条清晰流畅、结构创新、符合人体工学的全新作品，尤其是阿尔托在上世纪30年代设计的以可弯曲胶合板制作的家具系列以及塑料和钢木家具系列等作品，奠定了芬兰室内装饰风格简约自然、极具现代感的主要特色。在其他陈设和家居装饰用品方面，以流水曲线为灵感的玻璃制品系列，萨米土著风格的原木雕刻、陶器、挂毯、皮草制品、刀具等，也都是非常典型的芬兰风格元素符号。

右页／芬兰风格的鲜明特点是对于木材的偏好，各种桦木、松木被大量地运用为房屋的主要材料。

左页／左上 简约风格的工作室，顶部的采光设计别出心裁。右上 明亮宽敞的起居室，温暖的原木色调搭配造型简约的弯曲板式家具，十足的芬兰特色。下 厚重的原木天地，是否让人想起快乐的狩猎季节？本页／上 尖尖的斜屋顶、凝重的石头墙，猎人的森林小屋充满了粗犷原始的味道。右下 起居室的落地长窗将美丽幽静的湖景延入室内，这样的黄昏一定非常惬意。

本页／风格协调的卧房、起居间和客房，绿色植物和特别的灯光设计是亮点所在，明亮柔和的淡黄色让居室分外温馨可人。右页／左上、右上 稚拙造型的椅子和长沙发，单纯的粉色调墙壁，童话风格呼之欲出。下 纯洁而又精致的卧室。

左页／造型简约，具有杰出的功能型特点，芬兰的钢木和塑胶家具设计长期以来引领着国际现代设计的发展方向。艺术品和家具设计配合得天衣无缝，芬兰式的幽默感表露无疑。 陶器、玻璃器皿、金属制品都是芬兰引以为豪的手工艺品，只需些许几件，便足以画龙点睛。本页／右上 通透的空间感模糊了室内外的界限，湖光山色尽入眼帘，正是芬兰人时常挂在嘴边的山水亲缘。左下 刷成浅淡粉绿色的木质墙壁，是古老的北欧室内装饰手法。右下 线条流丽的桌椅组合，是西欧移民带来的风味。

本页／左上 古典造型的家具搭配乡村风味的墙纸，宁静的小屋很像是孕育文豪的地方。右上 黑白搭配是芬兰人喜爱的对比色调，让面积狭长的厨房显出一份从容和清朗气质。左下 芬兰盛产各种优质木材，居所多以木板作为主体构架。右页／左上、右上 木质的结构性内饰是芬兰风格的特色，不同线条的搭配组合营造出一种奇妙的韵律感和视觉序列效果。左下 在阳光充沛的树林里吃一顿美味的早餐，古朴的木头亭子是最好的选择。右下 块面和色彩的浓烈组合，木头别墅里的厨房设计感一样惊人的现代。

# FRANCE 法国

风格之于法国，似乎是与血脉和呼吸共容的一种存在，它遍布于广场教堂，散落在宫殿园林。其实不必去细细追究它的渊源和流派，所有的都可以用"法国式"来一言蔽之，又或者用路易十四风格、拿破仑风格、玛丽王后风格、杜白丽夫人风格去称呼那些我们熟悉的艺术典范，也同样精确。

法兰西的名字，由法兰克语而来，意为"勇敢的、自由的"。法国地处欧洲大陆的西端，国土呈六边形，三面临水：在西北部隔英吉利海峡和多佛尔海峡与英国相望，这里与英国的最窄距离仅33公里，是连接英国和欧洲大陆的最短海道。西部紧靠大西洋比斯开湾，东南部则濒临地中海；三面为陆地，与比利时、卢森堡、德国、瑞士、意大利、摩纳哥、西班牙等八个国家接壤。从展开的世界地图可以看出，法国正好处于世界陆地的中心地带，曾有地理学家以"世界上最少与世隔绝，最不闭塞"的国家来形容它，实在是贴切非常。

如果说建筑和装饰通常被认为是记录历史的最好书卷，那么在法国，无数的教堂、广场、纪念碑、大道所记录下的，正是近千年来法兰西人关于宗教、王权、社会、生活和艺术的所有思考和审美趣味——欧洲风格的集大成者。第一个必须被提及的，是哥特风格。到11世纪下半叶，法国人用超乎想象的创造力，建造出了这种具有高耸的尖塔式屋顶、塔楼和钟楼的建筑形式，大量地利用尖券、尖拱和飞扶壁让内部空间高远而单纯，以大片的彩色玻璃配合精细的雕刻作为主要的内部装饰手法。哥特风格最初被运用在教堂上，仿佛无限上升的线条淋漓尽致地体现出天主的威严，而建筑本身则俨然成为世人通向天堂的道路。伫立在巴黎的发祥地塞纳河西岱岛上的巴黎圣母院，是法国哥特建筑最为人称道的代表作，这座巨石建筑始建于1163年，历时一百八十二年方才建成，在欧洲建筑史上具有划时代的意义。此后在欧洲和美洲的所有哥特式教堂上均可找到巴黎圣母院的痕迹和影响。除了教堂之外，哥特风格同样被大量用于世俗建筑，与教堂的结构和形式略有不同，多数的哥特式住宅为木框架，紧贴狭窄的街道两旁，山墙面街；二层开始出挑以扩大空间，一层为作坊或店铺，木框架外露，形成漂亮的图案装饰。

13世纪以后，受"发现意大利"的影响，文艺复兴运动进入法国，人们普遍崇尚古代希腊、罗马文化，帝王们更是热衷于以同样气度恢弘的殿堂为自己的王朝添彩。于是在建筑方面，古罗马的广场、凯旋门和记功柱等纪念性建筑成为效法的榜样，古典主义风格也因此成为建筑装饰风格的主流。1671年在巴黎设立的建筑学院更是为这种风格建立了成熟的规划设计体系，并在此后近两百年里成为欧洲建筑的不二法典。古典主义风格的特色是造型严谨，结构对称，大量运用古典柱式，以及华丽奢靡的内部装饰，巴黎市内和近郊大批至今为人津津乐道的宫廷园林和纪念性的广场建筑群落都是这个风格的体现，其中尤以卢浮宫、凡尔赛宫、星形广场、巴黎荣军院等为典型代表。星形广场的设计是典型的巴洛克风格，以古罗马式的浮雕拱门为中心，十二条大道呈辐射状分布开去，树木、喷泉、雕像、栅栏门、桥、凯旋门和建筑物各居其位，排列有序，极尽夸耀却气度雍容，古典主义的精神内核一览无余。

而路易十四所建的凡尔赛宫，被称为欧洲最宏大、最豪华的宫殿，以东西为轴，南北对称，形制端严，五百多个大小厅室按序列排布，以大量精美的雕刻、挂毯和巨幅油画装饰，附属的园林也别具一格，花草树木均被精心修剪呈悦目整齐的几何形，众多的喷水池、喷泉和雕像点缀其间，优雅隆重的王室气派令人不禁为之心折。随着古典主义被运用到顶峰之后，庄严和典雅已经不能满足法国王室无止境的求新求变，于是法兰西人又创造出日后广受欢迎的巴洛克和洛可可风格。鉴于建筑形制已经发挥到稳定的极致，巴洛克和洛可可风格更多将特点表现在室内装饰手法的变化上，改变了过去坚持的华丽和对称感，转向更为细腻妩媚、纤巧浓艳的女性气质。尤其洛可可风格喜爱明快的色彩和过于精致繁琐的设计，家具样式也趋向纤细灵动，采用不对称的弧线和S形线条，贝壳、漩涡、缠绵卷曲的大卷草舒花作为图案装饰墙壁，天花和墙面多以弧面相连，金色和嫩绿、粉红、玫瑰等温柔的浅色调以及织锦、镶嵌、漆器等细节被大量地使用，营造出靡丽奢华的宫廷趣味，凡尔赛宫如梦似幻的镜厅可算是洛可可风格最恰当的诠释者了。

此外，折衷主义风格也是法国人首推并且发扬光大的一种建筑装饰风格，它不为经典范式所束缚，讲求比例均衡和形式纯美，无论古希腊罗马、拜占庭、中世纪、文艺复兴和东方情调的元素均可以被灵活采用。其代表作巴黎歌剧院，作为法兰西第二帝国的重要纪念物，剧院立面是意大利晚期巴洛克建筑风格，其繁琐的雕饰是洛可可的特色，优雅的柱式则体现出对古典希腊风格的致敬。另一个代表作巴黎圣心大教堂，则以高耸的穹顶和厚实的墙身和谐地呈现出拜占庭和罗曼建筑的双重特色。

右页／景色秀丽的宁静小镇，充满了悠闲与惬意。

左页／乡村小屋的生活让人向往，这里，有的是阳光、绿意和蓝天，还有法国式的休闲和浪漫。
本页／右上 法国南部有不少小城仍保留着罗马帝国时代的风格，如方尖碑和环形广场。左下 主体是17世纪建造的带有文艺复兴风格的建筑，边上是更早时建造的教堂塔楼，两者完美地结合在一起。右下 格局规整的大宅，精心修剪的几何形花园和喷泉雕塑，正是贵族宅邸应有的气派。

左页／左上、右上 窗外的绿植与斑驳的墙体都在诉说着历史。下 朴素的教堂，外墙装饰着年代久远的雕像。本页／窗子被主人各具巧思地装饰起来，明亮的色彩，精致的雕刻，美丽的栅格，搭配上生趣盎然的花草，法国就是这么平凡着、艺术着。

华丽的洛可可风格会客厅，温柔的浅粉和淡绿色让空间显出女性的气质，大幅的织锦墙纸是东方风格的花鸟图案。

本页／左上 壁炉的框架以绘有鲜花图案的瓷砖装饰，圆弧形的线条和天花板的线条相互呼应。左下 翠绿的瓷砖镶拼是房间的装饰重点，地面和墙面的呼应恰到好处，也吻合浴室的功能需求。右下 大理石浴缸予人温润的触感，橱柜和天花板上精致的描金纹样令这个浴室极尽奢华。右页／左上 纯白的墙面为各色镜框提供了最好的舞台，古董大床和镜框的深色线条让房间显得端庄优雅。右上 空间虽小，但布局紧凑，巧妙的色彩搭配让人眼前一亮。左下 可爱的蓝色起居室，大胆的色彩反映出主人的偏好，镜子和窗户的设计让房间显得气韵流动。右下 明亮生动的现代派绘画作品让房间顿时有了强烈的艺术气息，家具的搭配也恰到好处。

EARLY GEORGIAN
Degas
Manet
THE GREAT HOUSES OF PARIS
PIANOS
From Van Eyck to Bruegel
Bedrooms
BIG HOME
BIG CHALLENGE

左页／温暖的红色书房，半嵌入式的沙发摆放让人有难言的舒适感觉。本页／左上 线条简练的座椅，体现出设计师的慧心巧思。右上 古典的布艺搭配深具现代感的家具设计，味道很法国。右下 精心布置的楼梯间，小块的手工地毯让居室瞬间充满家庭的感觉。

本页／左上 悦目的米色让房间显得沉稳大气，而椭圆形的气窗却带来些许可爱。左下 宫廷式四柱床，华盖、窗帘和床具都经过悉心搭配，温馨可人。右下 红黑白的极端搭配总是显得非常悦目。右页／左上 对纺织品的使用繁而不乱，淡绿和深蓝的组合别出新意。右上 裸露的木框架线条有几分朴拙的美感，与当中细腻的大理石胸像形成有趣的对比。左下 马的雕塑为原本略显沉闷的房间带来了生气。右下 在这样的窗前写作或者阅读，都会是一种宁静和快乐吧。

HOGAN

Aux Landes d' Autrefois
ANTIQUITES

左页／专用的图书室是不可或缺的功能空间，无论是传统的橱柜式，还是开放式，书本盈垛都是那么的令人愉悦，当然舒适的扶手椅和小书桌也都得各就其位。本页／左上、右上 复杂的宫廷样式帘幔成为装饰的要点，女孩子的睡房和私人浴室原该这么的矜贵。右下 路易十五风格的中型会客室，几组略有变化的扶手椅和沙发将房间划分为相对独立的功能区，而秀丽的织花地毯又让整个房间都充满了温馨的气氛。

# FRENCH POLYNESIE 法属波利尼西亚

法属波里尼西亚真正为世人所知晓，是始于16世纪中期的大航海时代，稍嫌古板的英国人实在找不到恰当的词语去描绘这乍现眼前的美景，只好以平铺直叙的"海上仙岛"来姑且称之；浪漫的法兰西人则立刻惊叹此处是"高尚的野蛮人和维纳斯般的女人一起居住的天堂"，并卓有远见地立刻宣告了法王对这个天堂的所有权。

波里尼西亚意指"许多的岛"，位于南纬17度、西经149度附近辽阔浩瀚的南太平洋深处，在新西兰的东北方，与夏威夷隔着赤道南北相望，几乎是对称的。波里尼西亚由近一百二十个小岛构成的五大群岛所组成：社会群岛、土阿莫土群岛、摩尔盖兹群岛、奥斯塔勒群岛和冈比埃尔群岛，全部的陆地面积只有4000多平方公里，但领海面积却高达500万平方公里，差不多是整个欧洲的大小，因此天性乐观的波里尼西亚人常常这样夸耀：我们和欧洲一样大。

1767年英国航海家瓦利斯（Samuel Wallis，1728—1795）上尉首度登上大溪地岛，次年法国航海家布甘维尔（Louis-Antoine, Comte de Bougainville，1729—1811）紧随而至。1832年法国人划定夏威夷、新西兰和复活节岛为顶点的大三角地带，以"波里尼西亚"命名之，并于1842年宣布其为法国保护地，在与英国人、西班牙人、葡萄牙人和荷兰人进行了一番混乱的归属权争夺后，1880年波里尼西亚的主要部分正式成为法国殖民地，1957年被确认为法国的海外领地，更名为法属波里尼西亚。

在法兰西人长达四百多年的殖民历史里，与其在非洲、美洲、亚洲等地残酷的掠夺和统治相比，波里尼西亚大约可以算是其中最温柔的一个章节，也许是因为这里的一切实在太过吻合他们对于伊甸园的所有梦想了：气温最高不过30摄氏度，最低不过20摄氏度，海水温度常年保持在26摄氏度左右，四季温暖湿润、鲜花盛放；丰腴的火山地质让岛上山清水秀、绿草如茵，山谷林地间有大片的棕榈树、椰子树、芒果树、面包树、鳄梨树、露兜树、香蕉树、木瓜树，连空气中都始终弥漫着芬芳清甜的水果香气；岛上是深黛色的山峰、澄澈如水晶般的泻湖、涓涓流淌的小溪，海是如此的多变，从雪白的细沙滩到微蓝、浅蓝、绿松石、孔雀蓝，再到祖母绿，橙红艳丽的珊瑚、五彩斑斓的热带鱼悠闲地穿梭来去……乐天知命的波里尼西亚人体态健美，皮肤中有着阳光和土地的色泽，男性简单率意，女子温柔多情，或驾着木舟出海，或披上草裙起舞，或安静地望着大海遐思，这都是他们最真实的生活——仿佛亚当和夏娃，生命中全是俗世中人难以企及的平和与喜悦。

聪明的法国人没有尝试去改变这一份来自上帝的创造，因为回归伊甸园本来就是人类最终的梦想。他们谨慎地让自己一步步融入这个美丽宁静的天堂，从最初几乎要呼喊窒息的狂喜，到完全倾心的投入和沉醉，用一百多年的时间终于完成了这段旅程。与对其他殖民地的打造不同，法国人从未将那些属于法兰西标志性的建筑范式和理念搬到这里。他们几乎是本能地放弃了高耸威严的哥特、华丽宏大的巴洛克、纤靡柔媚的洛可可，甚至是古希腊罗马的简单庄严也都全被抛诸脑后，代之以完全自然谦卑的融入。

法属波里尼西亚风格的灵感就是来自神的恩赐，因为没有任何材质、线条和色彩可以匹敌自然的美景，只能无限地接近，如同高更的画笔。如果一定要总结，那么这里标志性的元素就是淡金色的稻草屋顶。稻草是波里尼西亚人非常钟爱的物材，不但用它来编制舞裙，也用以作为建筑材料：无论是海边小屋的顶棚、山谷大宅的檐饰，还是轩敞长廊或厅堂的隔断墙，以及屋内各样奇趣的陈设品，都随处可用。房屋的结构也简化到极致，高度决不超过两层楼，通常都是一层。一切复杂的外部雕刻装饰都被摒弃了，最有法兰西印记的元素就是高大的四坡屋顶或侧山墙屋顶，纯白的外立面、具有排列感的廊柱和长窗，以及专为尽享美景而设的三百六十度围廊，以及廊下无风自摆的躺椅。

在室内，法属波里尼西亚风格则更多地表现为一种浓烈的艺术气息，完全天成毫无雕饰感。家具陈设毫无意外是法式浪漫华丽的简约版，保留了对纯白色的喜好，和遥远前世故土的丝缕记忆，当地的自然材质和浓烈色彩在装饰上占有更多的比重，淳朴的木材、贝壳、水果和鲜花成为主题元素，人们非常注意空间的通透感和采光度，以确保人与环境的亲密联系。每当瑰丽的朝阳升起照耀在山谷海岸，棕榈摇曳、椰果金黄、海风轻袭，那些可爱的镀锡茅草屋顶便闪烁出明亮圣洁的光芒，为我们传递出所有关于"爱和幸福"的信息，这也是建筑和装饰的最高境界。

右页／明媚南国阳光下的大宅，朴素宽大四坡斜屋顶和素白的回廊，显示出法兰西的传统风格，而整齐高大的棕榈树和精心修剪的草坪也是其血统的明证。

左页／左上、右上、左下 经典的法式白墙和长窗，简单的两层楼休假别墅，在鲜花、绿树和蓝天白云的簇拥下分外美丽。右下 掩映在热带花树中的小楼有种遗世独立的美好，是否这就是亚当夏娃的居所呢？本页／左上 庭院内细致的水景和花艺营造出私密的休闲空间。右上 独特的结构让两端的房间都有了非常开阔的视野，正是法属波里尼西亚风格的惯用手法，沿着外墙蔓延而上的花木更是平添了几分浪漫的氛围，将室外景观完美引入室内。右下 轩敞的大厅直通海滨，撒满阳光的纯白内饰与细致如雪的沙滩毫无间隙，而高贵的蓝色法式宫廷扶手椅正是点睛之笔，与远处的大海蓝天相映成趣。

本页／左上、左下 非常贵族化的居所，看似同当地土著的建筑格格不入，但很鲜明地反映了法国文化的影响，对于这块不出世的沃土不啻为最入世的标记。右下 色彩搭配灵感来自于斑斓的珊瑚和细白的海沙，格外清新。右页／左上、右上 低调华丽的硬木床架，是来自主人遥远故土的纪念。左下 沉重古朴的木箱，是否当年远渡重洋而来的遗泽？右下 细致考究的读书室，家具都是经典的法兰西款式，但窗外明媚的阳光和草地却昭示出波里尼西亚的独特气息。

RUM

左页／左上 雪白的寝具和不事雕琢的白墙营造出朴素舒适的质感，诠释自然之美的真谛。右上 虽然已经简化，但依然可以从餐厅的座椅优美的线条上看出法兰西的印记，玻璃材质的餐桌和器皿让空间增添了一些奇特的节奏和韵律感。左下、右下 起居室舒适、便利的家具摆设体现了典型的波利尼西亚特色：天堂般的自然和情调。从中我们也可以看到浓郁的法兰西式的慵懒和享乐主义情趣。本页／上 舰船模型和海图勾勒出一个航海探险家的胸襟，但既然已经来到了波里尼西亚，还是静下心来，在舒适的摇椅上眺望一下迷人的海景，享受一下花香海风吧。右下 墙上大幅的装饰毯描绘出本岛妩媚的风情，藤编的休闲长椅散发出浓郁的南国韵味。

左页／草屋顶和色彩艳丽的软饰都十足体现了奔放、原初的生活格调，对于阳光充沛的波利尼西亚来说，无疑是非常应景的。本页／上 仿若原始人般的图画或许正是高更艺术灵感的来源之一。在这里，竹子编排的墙壁通透着阳光和空气，心情也必定是阳光而欣悦的。右下 吊扇、摇椅，时间仿佛一下子缓慢了许多。

# PROVENCE 普罗旺斯

普罗旺斯代表了一种极致的乡村之美：天赐的灿烂阳光、蓝天白云、鸟语花香，说不尽的自然风光。而普罗旺斯的居家风格在这样的美景浸润下，也展现出一股活泼泼的明媚生气，简朴而高尚，极富艺术底蕴，却又与田园风光浑然一体，毫无矫饰，宛若天成。

整齐的葡萄园和调味草种植园翠绿如织，金黄的向日葵和淡紫的熏衣草迎风绽放，古朴稚拙的石屋星罗棋布点缀其中……这就是普罗旺斯，法国南部由地中海逐渐延伸到内陆的神奇之地。在这片温润的丘陵山区，每当微风轻轻拂过，淡淡的辛辣香混合着阳光味道的青草芬芳，交织成令人难忘的浪漫气息。

普罗旺斯地区多的是小城，且每一个都拥有悠久的历史。罗马人在这里留下许多独特风格的遗迹，包括完整的古城池、竞技场、圆拱门、喷泉，或是颓圮的石柱、失散的马赛克壁饰，还有中世纪的修道院。以当地大理石砌成的方形修道院有一种独特之美，白色的廊柱、圆拱还原了宗教最朴素简约的风貌。在奥朗日，罗马时代的圆形露天剧场仍日日上演着新戏；塞尚的故乡埃克斯是罗马时期普罗旺斯的古都，如今也是普罗旺斯的学术和艺术中心，古罗马遗迹、中世纪、哥特式和文艺复兴风格建筑随处可见；在南普罗旺斯的阿尔，古罗马的建筑和时尚艺术和谐相处。

普罗旺斯以盛产香草、调味料、蔬菜水果、橄榄油、海鲜和葡萄酒闻名。作为世人梦想中的童话之地，普罗旺斯代表了一种极致的乡村之美：天赐的灿烂阳光、蓝天白云、鸟语花香，说不尽的自然风光。艳丽的色彩蛊惑了艺术家创作的灵感，那些被塞尚、梵高、莫奈、毕加索们一遍遍描绘过的山岗、向日葵、村落和街道，更给普罗旺斯增添了无穷魅力。普罗旺斯的居家风格在这样的美景浸润下，展现出一股活泼泼的明媚生气，简朴而高尚，极富艺术底蕴，却又与田园风光浑然一体，毫无矫饰，宛若天成。

普罗旺斯的房屋建筑非常古朴雅致，红瓦和石墙是最常见的外观，有的房子甚至就是沿山壁开凿的石窟，仿佛自中世纪矗立至今。延续古老的建筑方式，普罗旺斯的房子很少用柱子支撑，喜用木材和水泥构建高挑的拱形天花，清爽的线条明白无误地衬托出质朴的乡村原味。半开放的空间设计也是普罗旺斯风格的一大特色。为了更好地享用上帝赐予的每日近十五个小时的明媚阳光，这里的房子几乎都有可以直接与大自然接触的部分。壁炉则是普罗旺斯式住宅的另一个焦点，它是室内活动的中心。当寒冷的冬天到来，围炉夜话，点上一支忘草香，品着自酿的葡萄美酒，是普罗旺斯人绝不可少的生活必需。

尽管外观朴素，但普罗旺斯风格从来不缺乏精致的装饰细节。源自天然的大地色系是普罗旺斯的主调，室内完全成为黄色、红色、蓝色等活泼的纯彩色的天下。对明亮色彩的偏好让普罗旺斯的房屋很少会有白色的墙面，它们大多被涂抹成绚丽的画作，橙黄、亮橘、赭红色都很常见，而带着大海气息的蓝色更是当地人的最爱，用以装饰家庭相框或是手工陶艺，风味独具。

各种地砖和马赛克也是普罗旺斯风格的记号之一。在地面装饰方面，以图案艳丽的瓷砖为主，传统的手工铺设方式营造出毫不雕饰的乡村味道。马赛克的运用则更加广泛，不仅在厨房或浴室中，就连房屋的外墙和家具也常用马赛克镶拼作画龙点睛的装饰，而纯以马赛克拼花制成的餐桌更是普罗旺斯的特产。锻铁工艺也在普罗旺斯被广泛地使用在楼梯、门窗、桌椅、床具、灯饰和其他家具或装饰细节上，集中体现出华丽的法国贵族气质。普罗旺斯典型的家具搭配是融合古典的优雅与乡村质朴双重特质的悠闲风格，注重实用性和美观度，又有很强的搭配性，柔美舒展的线条和洗白处理是最突出的特征：灵感来自法国宫廷的细节造型和纹饰经过当地工匠的重新诠释，线条更加大气和开放，而洗白处理除了使家具流露出高贵隽永的质感，更能与碧海晴天的自然气质相得益彰。通透的纱帘、浮雕效果的床罩和刺绣的餐巾组合是普罗旺斯家庭中不可或缺的日用装饰品。令人惊艳不已的古老印花工艺和传统图案，特别是最受欢迎的花卉和植物图案，被大量使用在室内软装上，力求让普罗旺斯充满阳光、草原、花朵的迷人风采在家中同样盛放。此外，手工烧绘的陶制器皿也是普罗旺斯值得骄傲的特色出品，简单纯朴的造型、柔和自然的配色，以及充满个性的手绘图案，使之成为塑造普罗旺斯风格的典型标识。

这块盛开着向日葵和熏衣草的美丽山谷有着多姿多彩的文化传统，罗马人、西班牙人、阿拉伯人都在这里留下了他们的痕迹。岁月流逝，现在的普罗旺斯将古今风尚完美地融合，形成一种独特的地中海式乡村风格：悠闲、恬静，却又风情万种。

右页／左上 外表稚拙、朴素粗放的城堡式房屋是流传自中世纪的遗迹。右上 蓝色的椅子与蓝色的门窗让这个庭院显得异常幽静。左下 阿维尼翁的一处花园，躺椅旁的小猫正在悠闲地享受着午后时光。右下 用石头和木材建成的农舍，在它的门窗四周都涂刷了乳白色的石灰水。

左页／古朴的农庄前盛开着一片片淡紫的薰衣草，是普罗旺斯最迷人的景致。本页／左上、右上 可爱的蓝色卧室，地上铺设着土红色的古董瓷砖。台灯罩和桌布都是纯手工制品，衣橱隐在墙壁里面，以蓝白格子布略加装饰。右下 客人卧室，同样的蓝色基调给人以稳定的感觉，木制的家具带有浓重的乡村风味。

本页／左上 石窟屋是普罗旺斯的一大特色，地面、墙壁和屋顶俱由石块砌成，一贯的原始和山野风格让人有时光倒流的错觉。下 低低的天花和巨大的壁炉构成了舒适的餐后休息区，红白蓝三色的沙发显示了当地人对色彩的偏好。右页／上 带着清爽田野气息的厨房，天花板上装饰着各种植物干花，手编的柳条篮子和琳琅满目的坛坛罐罐唤起童年时对于老祖母的温馨回忆。下 普罗旺斯式的起居空间，天花板的梁柱构成了美丽的图案，麻质的沙发套与石头墙面和地板显得非常和谐。

左页／上 主人卧室，暖暖的壁炉把冬季寒冷的山风挡在了室外，白色的装修保留了冬日特有的情调。屋里陈设的是喜欢旅游的主人四处收罗的宝贝藏品。左下 半开放的空间是当地民居的又一特色。不作任何细加工的楼梯甚至用生锈的铁钉做装饰，一切仿若天成。右下 钢框和玻璃组合成的天花，令石砌的室内自然光照强烈，绿植自岩壁内长出，这个空间因而更显生气。本页／上 浴室的一角，有贴心的麻质休息软榻。右下 以原石凿刻而出的水槽，粗糙而富于质感，和裸露的石梁、立柱相映成趣。

本页／上 舒适的卧室，大地色的瓷砖、厚重的木梁和纯白的棉质织物营造出独属普罗旺斯的味道。左下 极简风格的浴室，浴缸由整块大石头雕刻而出。右页／上 简单的单人床被改成了客厅里的休息椅，旁边的铁艺椅子是旧货市场里淘来的好东西。下 由干草仓改建而成的卧室一角，墙边的软椅是主人旧衣服奇思妙想的产物。

# GERMANY德国

德国建筑前期以吸收融合为主，将欧洲各个时期的主流风格纳入日耳曼人简洁大气的审美趣味中；后期以理性思维提出具有划时代意义的现代包豪斯设计概念，引领了20世纪后全新的建筑法则。两者之间以第一次世界大战为界，泾渭分明，共同组成了德国建筑装饰艺术独树一帜的风格样式。

德国位于欧洲大陆中央的心腹之地，周围有九个邻国：往东有波兰、捷克，南面是奥地利和瑞士，西边顺序与荷兰、比利时、卢森堡和法国接壤，往北则是丹麦，同时濒临北海和波罗的海。作为东西欧之间，以及斯堪的纳维亚半岛与地中海之间的交通枢纽，德国从古至今一直是名副其实的“欧洲走廊”，而德国的历史变迁，也大都因这特殊的地理位置而起。

在德国的古典时代，教堂、宫殿和城堡是最具成就的建筑。公元13世纪之前，罗马风格对德国建筑的影响最大，其间流行的罗曼式，外观轮廓分明，坚实厚重，大量地采用了古罗马式的券拱结构，但牢固的砖石墙，窄小的窗口，桶形的拱顶以及高大的塔楼又分明展现出日耳曼人质朴的尚武精神，与华丽耀眼的罗马人迥然不同。沃尔姆斯大教堂（Dom Worms）和施佩耶尔（Speyer）的纪念教堂是其中最典型的代表。

从13到16世纪，德国进入哥特风格为代表的中世纪。哥特风格起源其实在法国，巴黎圣丹尼修道院（Cathédrale Saint-Denis）的院长苏格（Suger）提出“光、高、数”的宗教建筑理想，建筑师据此创造出垂直高耸的尖塔廊形，门窗均加大并向上突出，尖券和飞扶壁被大量地使用，造成强烈的上升动感，仿佛火焰直冲天际。此外，优美瑰丽的彩色玻璃画、三维立体的圆雕和高浮雕作为哥特风格不可分割的组成部分，营造出似真似幻的天堂美景，令人不由自主地屈膝膜拜，宗教建筑在形与意的结合上突破了罗马风格沉稳保守的定势，进入全新的时代。

因为哥特风格以完全与古罗马建筑法式相悖的形象出现，所以当时的人们用略带贬义的哥特（罗马人对日耳曼族部落的称呼）一词为之命名，寓意“野蛮和粗野”，以区别之前的古典时代，以及后来的文艺复兴时代所代表的“欧洲正统文明”。哥特风格的名字与德国的渊源始于误解的偶然，但也难说是德国人擅长的理性突破所带来的必然。或许正因如此，德国才拥有目前世界上最完美的哥特教堂——始建于1248年的科隆大教堂。该教堂耗时近六百年方才完成，正面有高达160米的两座尖塔，如宝剑直插云霄，控制着建筑构图的中心，无数的小尖塔簇拥其后，整座建筑物由黑色的磨光石块砌成，细部雕琢着富于流动感的透空花纹，教堂内部等高的多柱中厅和侧厅，不用飞扶壁，完全依靠侧厅外墙瘦高的长窗采光，展现出德国哥特风格独特的形制特点。

16世纪以后，文艺复兴式、巴洛克、洛可可、新古典主义等各种艺术风格都在德国建筑史上留下了自己的痕迹。讲究比例和条理性、对称构图的文艺复兴式非常适合德国人沉稳的审美趣味，因此在音乐厅、市政厅、富人宅邸等世俗建筑中很受欢迎。教堂和宫殿则更多倾向于华丽堂皇的巴洛克风格，德国建筑师手中的巴洛克建筑外观简洁雅致，造型柔和平坦少见装饰，内部则极尽奢华精致，以此形成强烈的视觉对比，班贝格（Bamberg）郊区的十四圣徒朝圣教堂和罗赫尔（Rocher）的修道院教堂是其中的翘楚之作，勃兰登堡门典型的仿希腊柱式则完美地诠释了德意志人对于古典主义的理解。

与宗教建筑和宫廷建筑不同，德国古典民居却在相当长的时间展现出不受外来影响的统一风格，延续至今。德国民居被称为半木结构（Fachwerk-Bau），因为有着与英国都铎风格相近的露明木（骨）装饰手法，又被人们称为“绷带”风格。其形体较为自由，底层通常采用砖石奠基，楼层使用木质构架，墙面用草泥或砖镶嵌，木架外露作为装饰。屋顶为陡峭的双面坡顶，开老虎窗，上面戴着高高的尖顶和花饰。临街的房子下层为商号或作坊，上层为住宅，常以山墙为正面，挑出轻巧的木窗、阳台或壁龛，顺序排列，形成锯齿样的街景，极具特色，是德国小城的典型风貌。

进入20世纪，在德国的魏玛，包豪斯风格出现了。包豪斯是德语Bauhaus的译音，由德语Hausbau（房屋建筑）一词倒置而成，代表了现代工业设计的全新理念。建筑设计大师格罗皮乌斯（Walter Gropius）踏着一战的废墟带领德国走上了现代建筑的巅峰：针对生活功能、大工业生产和经济效益的共同要求，包豪斯以规则的，可复制的直线、曲线、正方、长方、球形、圆锥、圆柱等简单几何图形组合出变化丰富的建筑形式。按照功能的需要，以灵活的平面布局，多轴线、多方向地构造错落有致的建筑外观。以材料本身的质地和色彩体现建筑物的美感和力度，以技术性的创新改变建筑的结构方式，创造出全新的视觉感受。不对称的布局，简洁整齐的外立面，没有挑檐的平屋顶，大面积的玻璃窗和幕墙，完全不用装饰线脚，利用规范的几何次序，以及楼梯、灯具和五金构件本身的形状和色彩取得装饰效果。不模仿任何古典范式，力求使每一个线条都融入功能的整体，形成自然的、容易批量生产，但仍然富于个性的建筑风格。包豪斯风格一经诞生，就远远超出了建筑设计的范畴，迅速影响了人类生活的各个层面，成为现代化和国际化的标志，同时，也再一次证明了德国人理性思维和实用哲学的强大力量。

右页／幽静的街道两旁是韵味十足的建筑，非常日耳曼风情。

本页／左上 浪漫的卧室，典型的现代设计手法，但细节处，如吊灯、台钟等，却流露出古典的韵味。结合在一起，自然又丰富。右上 雕花的桌子和榻都是古董级的珍藏，同墙面的摄影作品之鲜活灵动一起，营造一室的审美品位。左下 具有古典气质的床罩和水晶吊灯让整个卧室显得优雅极了。右页／这是一处古老的民居，有着露木的装饰手法，形体较为自由，简单且优雅的铁艺楼梯扶手为老房子增添了一份流动的感觉；德国式的勤奋或许可以从工作台改用的餐桌略见一斑。

左页／左上 石灰岩大理石制成的台盆如艺术品般“站立”在玄武岩台面上，拥有一股独特的气质。右上 一个独特的金属坐卧两用长椅替代了原来的沙发，加上座垫与靠枕的配合，整个区域显得别致而舒适。左下 宽条纹墙饰同洁白的浴缸间的协调十分富有日耳曼精神，不妥协，不繁琐。右下 一个19世纪的餐具橱将厨房区域分隔成烹饪和就餐两个部分。餐厨区域的墙面运用传统工艺的手法上色，墙面上部的玫瑰红和墙面下部的深绿色结合，让整个房子看起来清新又古典。本页／左上 具有古典乡村风格的餐厅，充满了怀旧与清新之气。右上、右下 乡村别墅厨房设备很是齐全，那些锅碗瓢盆，既是用具，也是最天然的装饰品。在这里炮制美味晚餐，心情一定很不错吧？日耳曼的乡村生活原来这样富有情调。

本页／左上 将建筑元素拱门运用到室内来，令空间更具层次和趣味。纯白的空间中，多种风格的饰品让居室表情丰富。左下 简洁纯净的居室，植物和动物是最生动的装饰。右下 进门处的墙面，具有实用功能的同时还充满了美感，真是一举两得。右页／上 现代感十足的卧室，背景墙的别致装饰令人瞩目。下 纯白的空间中，蓝灰色的座椅成为视觉的平衡，在令整体空间富有张力的同时，也更提升了室内的纯净气质。

左页／从客厅望向开放式的厨房，富有生气的装饰让整个空间充满了清新之感，而大幅的照片则让这个家更具有亲和力和感染力。本页／左上 精细的铁艺床透着轻盈和优雅，白色的床品又是那样纯洁，一派浪漫的景象。右上 透过窗户，阳光轻轻泻入，一派闲适，一派纯净。右下 家中的休闲区，虽然陈设简单，却因为严谨、对称的设计而拥有与众不同的效果。

本页／上 即便是阁楼，在德国人的设计下，其布局也颇具气势，敞亮的空间内，来一场快乐的周末聚会吧！左下 华丽的金色大浴缸，更像是一件珍贵的艺术品。右页／左上 有时候，仅仅是一束花、一盆盆栽，就能让整个居室都生机勃勃。右上 相对独立的餐区设计简洁，恰当的摆设和饰物虽然不多，却营造出清新且富有情趣的就餐氛围。下 很明显，客厅内的一切家具和摆设都是德国式精心、认真的效果，在统一的简洁形式下，一切显得错落有致，充满了层次感。

HOYNINGEN-HUENE
JOEL-PETER WITKIN
2

左页／左上 休息区内，座椅和沙发的款式很特别，其面料都由丝绸和天鹅绒拼合而成，加上古老的波斯地毯，一丝不苟的布局正是德国的标贴。右上 宁静的休息区，透着一种低调的优雅。下 餐桌的摆放很特别，每一个用餐的人都不局限于空间的设置而能看到餐厅外的美丽景致。本页／上 丝绒的沙发和做工精致的古典书桌，在以金属柱支撑的现代居室空间里，显得格外富有魅力。右下 这个用餐区的设计虽然比较简洁，但是无论用色还是装饰，都完全遵循自然的主题，让人置身其间，放松又惬意。

本页／左上 裸露的房梁和几物装饰的墙面都循着简朴的思路，只是老式的花式吊灯和铁架沙发诉说着时光的流逝。下 亚麻布的红色沙发让客厅的气氛非常活跃，配合墙面独特的质感和色彩，非常大气。右页／这个客厅的特点是对称，以壁炉为中心，向两边展开，整个空间充满了营造后的戏剧感。

matisse
Perugino il divin pittore
Botticelli e Filippino
BYZANTIUM
Duccio

# GREECE 希腊

漫长起伏的沧桑岁月、光辉灿烂的古代文明，孕育出希腊美轮美奂的建筑景观：优雅堂皇的古典风格，神圣庄严的拜占庭风格，朴拙纯美的地中海民居，希腊的建筑就是一场目不暇给的盛宴……

希腊位于巴尔干半岛南端，山峰秀美，岛屿棋布，海岸峻直利落，一色纯白，与这个神话之国的圣洁气质契合无间。它为典型的地中海气候，非常适宜植物生长，这里有世界上最丰富的植物品种，漫步山间谷地，到处是青翠可爱的柠檬和葡萄种植园，当丰收季节到来，一片姹紫橙黄，仿佛画境。

希腊悠久的历史，可上溯至三千多年前进入伯罗奔尼撒半岛的海伦人，他们建立起了克里特岛米诺斯文化。到公元前800年左右，希腊开始出现奴隶制城邦国家，公元前5世纪达到鼎盛，在哲学、政治、科学、戏剧、音乐、建筑等领域均留下了后人难以企及的高度成就，此后更借助于亚历山大大帝的传奇征战，将大半个世界带入了辉煌的希腊化时代。但是，从罗马帝国时代到19世纪的近两千年里，希腊一直为异族所统治，罗马人、东哥特人、威尼斯人、土耳其人轮流主宰着这片土地。1832年，希腊终于宣布独立并成立希腊王国，但主权又在两次世界大战中重新沦陷，直到1974年成立希腊共和国，进入现代时期。

漫长起伏的沧桑岁月、光辉灿烂的古代文明，孕育出希腊美轮美奂的建筑景观：优雅堂皇的古典风格，神圣庄严的拜占庭风格，朴拙纯美的地中海民居，希腊的建筑就是一场目不暇给的盛宴。

作为欧洲建筑学的奠基者，古希腊人创造出对称、和谐的布局，以多立克柱、爱奥尼亚柱、科林斯柱构架出简洁、轻盈、优美的经典形制。雅典卫城中的帕特侬神殿（Parthenon）、艾瑞克提翁神殿（Erechtheion）、山门（Propylaia）、胜利女神殿（Temple of Athena Nike）、酒神剧场（Theater of Dionysus）、阿提库斯音乐场（Odeum of Herodes Atticus）和卫城博物馆，便是这种建筑风格完美而集中的展示地，古典气质的典雅、雍容和神圣在此得到了最形象的注释。

拜占庭风格在中世纪后的千年里稳定地垄断了希腊的宗教建筑。曾经神祇多多的希腊人最终选择了东正教作为全民的唯一信仰，于是穹顶和拱廊遍布雅典的大街小巷，成为宗教和世俗建筑的重要标记。但是与其他信仰东正教的国家不同，地中海式的气候、崇尚自然之美的古典文明烙印都让希腊的拜占庭风格建筑相对小巧、轻盈，装饰简单朴素，色彩纯白，与湛蓝的海水和洁白的岩岸相互映衬，显得宁静安详。

希腊的普通民居有种近乎于不真实的美丽。与宏伟的神殿截然不同，其房屋的结构极为简单，只是些朴拙的立方体的组合，平顶、直墙，多用当地特产的灰岩材料，再漫不经心地抹上白灰浆就算完工了，门窗则用实心木板制成，尺寸小而结实，表面甚至不做任何抛光处理，却执拗地漆上明亮的蓝色。从著名的锡拉岛山顶放眼望去，只有蓝、白两色，一栋栋小房子随着山势盘旋错落，映衬着同样清澈的海水和天空，仿佛童话世界般纯洁可爱。

希腊风格的突出特点，是师法自然的纯朴之美与比例和谐的逻辑之美相结合，在建筑上如此，在装饰手法上也一样。希腊人的室内布局喜用穿凿连绵的灰墙、拱门和回廊相互呼应，营造出具延伸效果的透视感。高低错落间邻居的阳台就成了自家的屋顶，自家的石梯又成了另一位街坊的荫凉，别有一番情趣。希腊人钟爱地中海阳光下单纯明亮的自然色彩，纯白、海蓝是标志性的符号，而饱和度极高的黄、绿、红等纯色也常被用作点缀。与之形成对比，家具用品多采用低彩度的自然陶土色，线条圆浑，辗转随意，绝无雕饰的痕迹。在装饰细节方面，象征美的扇贝，象征光荣的月桂，象征力量的狮子，象征尊贵的鹰等，都是典型的希腊风格纹样；混着贝壳、细沙的墙面，赤陶、石板或小鹅卵石铺就的地面，拼贴马赛克，金银器皿，锻铁制品，大理石雕像，素雅的小细花条纹格子织物等都是希腊风格中最具识别度的元素；此外，随意栽种在陶罐中的九重葛、天竺葵等也是希腊风格中不可缺少的点睛之笔。

右页／左上 亮白的修道院设计繁杂，中央的钟楼却极为简单，清冽的钟声伴随着僧侣苦修的生活。右上 紧闭的蓝漆木门挡去了烈日的曝晒，加上晕出的天蓝色光，无不令院子备感清凉。左下 外立面的白墙上，随意地点缀着蓝漆的木门和窗。右下 自屋顶的平台眺望，不毛的丘壑、开阔的海洋都尽收眼底。

左页／左上、右上 白灰涂抹的墙壁斑驳随意，应该是主人假期的休闲之作，看似粗糙的线条块面却有些自然的美感，搭配绚丽的红色织物靠垫，十足的希腊风情。左下 镜子是装饰的重点，反射效果让素净的白墙变得很有设计感。右下 拜占庭风格的卧室设计，有修道院的结构特点，而清爽的红白搭配又让房间显得温馨可爱。本页／左上 对比强烈的床具组合，纯白与浓丽大花分外诱惑，让人渴望就此睡个好觉。右上 虽然空间较小，但是纯白与玫红的对比搭配依然令卧室显得清爽通透，铁艺椅子体现了希腊高超的传统手工艺技巧。右下 粗糙的砖墙门框成为室内别致的装饰亮点。

本页／左上 宽敞的前门与石板的门槛也都刷成了海蓝色。左下 主人卧室内的所有木制品均被漆成明亮的天蓝色。地面铺满光滑的鹅卵石，不规则的排列产生极美的纹理，让人忍不住想踩踏一番。右下 阳光照耀下，墙壁也被窗户映上了温柔的蓝色，作为装饰的宗教题材绘画作品为房间平添了几分自省的味道。右页／左上 餐厅具有强烈的海滨风情，玻璃和金属餐桌用品同样是希腊人的特产。右上 矮柜的栅隔式开门为朴素的家具款式带来了看点。左下、右下 蓝白搭配是希腊的标志色彩，再搭配以沉稳的黑色作为点缀，层次感更显丰富。

左页／左上 轻纱圆形床幔、细木家具、织花地毯，营造十足的欧洲风味，只是纯净的白色透露出些许希腊的独特气质。右上 大胆的混搭设计，简约的现代沙发，浓艳的波斯地毯，纤细的欧洲古典家具，主人必是个周游四海的希腊船长吧。左下 修道院风格的小屋，家具和门窗都以粗木制成，在这里净思或许是个不错的选择。右下 线条流丽的铸铁大床是卧室的焦点元素。本页／左上 朴拙的陶罐和手工涂抹的白灰墙有种特别自然随意的美丽。右上 多样的布艺将原本质朴简单的房间布置得丰富多彩。右下 惬意的私人起居角落，墙面的拱形"盲窗"装饰带有拜占庭风格的特征。

本页／左上、右上 柔和自然的色系充满现代时尚品位，希腊风格并不仅仅有古典传统。左下 床头的宝瓶形壁龛非常独特，大红的色调似乎借鉴自波斯的装饰风格。右页／左上 青白相间的瓷器是装饰重点，靠垫的纹样也与之相呼应。右上 鲜嫩的绿色让略嫌逼仄的空间顿时明亮了起来，小碎花的桌布让餐厅格外温馨。左下 造型粗犷的木头梯子与其下的餐桌组合出奇妙的三角空间。右下 吧台光滑明亮的造型与房间整体的粗犷风格形成趣致的对比美感。

左页／左上 低矮的拱廊有几分中世纪的神秘味道，大理石镶拼的地板又为空间找回了现代舒适感。右上 序列感很强的马蹄形拱门展示出希腊人对逻辑美的情有独钟，也让房间显得宽敞明亮。下 房间格局是朴素的希腊民居，软榻、地毯和挂毯的装饰风格却显然源自波斯。本页／左上 开阔的阳台内随意地摆放着沙发椅与茶几，墙上由阿里克斯•梅洛纳（Alex Mylona）制作的金属雕塑更陪衬出午后的闲暇。右上 精巧的厨房以传统式样的餐盘架为特色，白色大理石面的旧咖啡桌边，木制的矮柜与沙发完美结合。右下 狭小的楼上卧室，因有四柱床搭配轻柔的白色床幔，而显得温情浪漫。

# HUNGARY 匈牙利

匈牙利拥有丰富的温泉资源，虽然是个没有出海口的内陆国，但是其每一寸土地下都有温润的泉水涌流，几乎随便打个洞都可以发现泉眼，仿佛一个"漂浮在温泉海洋上的国家"。正如茜茜公主赞叹的那样，这个国家山川美丽，人民善良。

今天的匈牙利，盘踞在欧洲中心的喀尔巴阡盆地，西临奥地利，北靠斯洛伐克，东接乌克兰、罗马尼亚，南部与南斯拉夫、克罗地亚、塞尔维亚、黑山、斯洛文尼亚为邻，多瑙河和蒂萨河穿流而过，境内大部分地区是舒缓的平原和丘陵。

匈牙利有据可考的历史始于罗马帝国时期，当时它是罗马人的潘诺尼亚行省（Pannonia）。之后便是混乱的传说，有人认为匈牙利的名字来源于阿提拉（Attila）建立的强大却昙花一现的匈奴王国，也有人认为来自突厥的欧诺古尔人（Onogurs）建立的最初王国，其后日耳曼人、阿瓦尔人、斯拉夫人各部落、摩拉维亚人都先后染指这块土地，最后是马札尔人结束了这一段纷争的历史。公元1000年，大公伊什特万一世（István Ⅰ）接受天主教，并由教宗加冕成为匈牙利第一位国王。

匈牙利在欧洲建筑史上有着卓然的地位，被誉为"东欧巴黎"和"多瑙河明珠"的布达佩斯是匈牙利最值得骄傲的建筑艺术中心。布达佩斯坐落在多瑙河中游两岸，早先是两座隔河相望的城市，右岸是布达，左岸是佩斯，日久天长就被人们合并称为布达佩斯。布达佩斯建城始于公元89年，罗马帝国在多瑙河畔设立了阿奎库城堡（Contra Aquincum）作为潘诺尼亚行省的省会，居民主要是克尔特人。罗马人在布达建造了宏伟的总督宫殿和城市雏形。蒙古人的入侵一度摧毁了布达城，匈牙利国王贝洛四世（Béla Ⅳ）又在1247年重建，随后在国王马蒂亚斯（Matthias）统治时期兴盛一时，涌现出许多文艺复兴风格的华美建筑，1526年土耳其人的统治又带来了奥斯曼土耳其风格，而到18世纪的哈布斯堡时代，大量的巴洛克风格和新古典主义风格建筑拔地而起。堆叠的历史塑造出布达佩斯迷人的城市风貌。

布达佩斯城市布局别具匠心，建在右岸岩石上的布达的皇宫和渔人堡与建在左岸平原上的佩斯议会大厦等公共建筑依着多瑙河错落相映，为高地设计的街道网在城市广场最终交汇，城堡道路依稀可见罗马人留下的水道、兵营和土耳其人留下的浴室，与自然河景协调统一。最突出的是中世纪的哥特风格，无论教堂、宫殿、排屋都是轻盈飞升的气势，营造出圣洁美妙的氛围，而19世纪玛丽亚•特蕾莎皇后（Maria-Thérèsa d' Autriche）带来的巴洛克风格花园，又处处展示出宏伟华丽的圆顶和匀称堂皇的装饰手法。城市标志物链子桥，又称伊丽莎白大桥，建于1839年，是连接布达和佩斯的永久性建筑，是匈牙利人民献给茜茜公主（Sissi）的礼物。它雕塑精美，结构精致，是匈牙利人的骄傲。这种独特的混合风格在著名的马伽什教堂（Matthias Church）上有着最集中的体现。被大作家雨果形容为"石头交响乐"的这座大教堂，始建于14世纪，最初设计结构是哥特风格，却一直没有完工，曾经被土耳其人赋予了某些奥斯曼风格细节，又随着巴洛克风格的风靡一时，增添了不少对称的弧形线条和装饰图案，最终在19世纪晚期竣工，由著名建筑师基本还原了哥特的廓形，但却已经不是纯粹哥特对称的布局，钟楼到了教堂的一角，饱满曼妙的修饰细节少了凝重，多了生动，成为独属于匈牙利的哥特了。

除了优雅的古典风格之外，在布达佩斯到处可见的还有一种特殊的建筑风格：匈牙利新艺术风格。20世纪初匈牙利的几位建筑师将传统的匈牙利民族图案和东方的装饰元素和当时盛行的新艺术风格混合后使用在城市的建筑物上，最容易的辨识点就是拥有匈牙利民间图案的瓷釉面砖装饰着建筑的外表，而且类似的图案可以在建筑物的内部找到。

右页／左上 匈牙利著名景区巴拉顿湖（Balaton）西侧凯斯特海伊市（Keszthely）的费斯特第彻宫（Festetics Palace），1745年开始建造，巴洛克风格。它过去是费斯特第彻家族居住的地方，目前则是匈牙利藏书最多最丰富的图书馆之一。右上 位于匈牙利西部的沙瓦堡（Sárvár），建于1550—1560年。左下 被称为"小凡尔赛宫"的埃斯特勒哈兹（Eszterháza）庄园，是匈牙利最大的贵族庄园，始建于1720年。右下 位于匈牙利北部的马尔托瓦萨（Martonvasar）庄园。

本页／左上 位于匈牙利东北部的诺茨瓦吉（Noszvaj）庄园。右上 诺茨瓦吉庄园的大门。左下 沙洛士帕道克城堡，图中的外跨楼梯带有文艺复兴风格，建于1534—1563年间。右页／左上 位于匈牙利东北部的埃德烈尼（Edeleny）庄园。右上 位于匈牙利首都布达佩斯东北方的福特（Fót）庄园。左下 位于匈牙利首都布达佩斯南方的塞格尔耶斯（Sergélyes）庄园。右下 位于匈牙利首都布达佩斯东方的佩策尔（Pecel）庄园。

本页／左上、右上 图案别致的手绘釉面瓷砖拼贴出舒适宁静的洗浴空间，是匈牙利典型的本土风格。左下 精美的雕塑重现了古典主义的设计美感。右页／大量华丽的壁画、雕塑细节体现出奢华和艺术并重的哈布斯堡王朝的艺术品位。

左页／左上、右上 原木的小柜子却放置脆弱精美的水晶酒杯，联系拳击的皮袋对比艺术人像，匈牙利风格中的矛盾对比奇趣动人。左下 气质沉静的红砖堆砌出朴素的卧房，木制的大床很有中古时代的感觉。右下 宫廷风格的天顶都饰有华丽的壁画，让大厅显得极具艺术气息。本页／粗犷的原木和石材带来勇武气息，远古的游牧血缘彰显无疑。

本页／上 温馨的起居空间，用石膏和木制的浮雕作为墙面装饰的亮点，细致的洛可可风格古典家具和铁艺吊灯为空间增添了很多趣味。左下 阳光明媚的午后，沐浴后在扶手榻上小憩阅读是最惬意不过的享受。右页／左上 锅碗瓢盆就是这样敲响了一阕匈牙利舞曲。右上、下 纯白的色彩搭配纤细灵动的家具线条，乌木的陈设盘和狩猎鹿骨显出安静中无限的活力。

左页／左上 沉重的暗色瓷砖却因为阳光的反射而显出灵动的气韵。右上 由于是餐厅，繁琐的细节装饰也让人感到一种温暖的关怀。左下 华丽的大理石拱顶和玻璃勾勒出门厅轻盈的线条，非常生动。右下 窄小的空间里，装饰柜起到了扩充视觉距离的功效。本页／温暖的布艺装饰和墙上随意挂放的镜框，让客厅、书房无不充满家庭的味道。

本页／左上 镜框和灯具，每一个都是匠人不可复制的手工之作。左下 镶板的装饰是古典风格不可缺少的一部分，典雅的落地大钟是主人心爱的收藏。右下 全然山野味道的浴室，因着飞来之笔的可乐广告而流露出现代的味道，相处间竟然不显突兀。右页／清爽的蓝是多瑙河的色彩，精工细描的漆器家具，可爱的彩色陶罐，惟妙惟肖的人物雕塑，都显示出匈牙利人多元又热情的审美性格。

# 世界居住艺术百科

第二卷

# Encyclopedia
*of*
# World Home Arts

II

I——N

上海辞书出版社

# CONTENTS 目录

# CONTENTS 目录

# INDIAN印度

印度拥有悠久的历史和丰富的文化。当代印度设计，无论外在建筑还是室内设计，依旧传承着印度文化的多样与别致，拥有千变万化的细节装饰及鲜明的地域特征。只是，这种传统的装饰被现代手法重新演绎，并在沉静的空间中注入了更多人性化的表现，独具魅力。

印度，亦称天竺，位于南亚次大陆，是世界上发祥最早的文明古国之一。早在距今四千多年前，在印度河流域就已经出现了地域辽阔且高度繁荣的城市文明。之后，印度又先后经历了穆斯林和西方列强的入侵，令印度传统文化发生变化。因此，今时今日的印度，展现在我们面前的，正是其历史悠久而又丰富多彩的文化所显示出来的巨大价值和无穷魅力。

辉煌灿烂的古文化和广袤的国土，令印度的公共建筑尤其引人注目，不得不提的就是世界七大奇迹之一的泰姬陵。它坐落于印度古都阿格拉（Agra），建筑通体以白色大理石砌成，外形端庄华美，寝宫门窗及围屏都用白色大理石镂雕成菱形带花边的小格，墙上用翡翠、水晶、玛瑙、红绿宝石镶嵌着色彩艳丽的藤蔓花朵，光线所至，光华夺目。皇陵上下左右工整对称，中央圆顶高62米，四周有四座高约41米的尖塔，塔与塔之间耸立着镶满三十五种不同类型的半宝石墓碑。陵园占地17公顷，四周围以红沙石墙，进口大门也用红岩砌建，大约两层高，门顶背面各有十一个典型的白色圆锥形小塔。除了泰姬陵，代表印度建筑艺术最高水准的公共建筑还有红堡、胡马雍陵等，在加尔各答和孟买等地还有众多佛教遗迹。印度的石窟神庙中所拥有的色彩斑斓、多姿多彩的佛教塑像、雕刻和绘画，也呈现出印度古代文化艺术的精髓。

除了公共建筑外，在民居建造方面，印度的特色也非常鲜明。这里的居所格外注重室内外通风——挑檐深远的外廊可以形成阴凉，高处的阁楼窗可以使室内高处空气流通，厚厚的砖墙及拉毛饰面可以更好地阻隔和反射热量。露台的天井栏杆透空放大，成为天井美丽的镶边。印度人同中国人一样非常重视风水的研究，看重“地、气、水、火、宇宙”这五个元素和他们生命之间的关系，认为这些元素主宰着对于住宅的设计，如窗户的数目和房间的朝向等都有特别的要求。

由于民族的天性，印度人的当代家居，装饰依然占有重要的地位。绘画语言和古典建筑符号，如壁柱、壁画、线角大量在室内出现。但是由于英国文化对印度的影响，当代西方设计理念，主要是人性化的空间理念，使得印度的本土设计师不再过分追求装饰效果的唯美，而开始注重空间的亲和力和功能性。他们将传统的装饰用现代的手法重新演绎，独特的印度图案被赋予人性化的表现，整个空间显得更加精彩纷呈，再加上金属质感材料的烘托，现代的印度气息便浓郁无比地流露出来了。

另外，在印度人的家中，色彩、家具和织物也是极其重要的组成部分。印度人从实际生活中汲取色彩的灵感，如乳白色的椰汁、金黄色的芒果、宝石蓝的孔雀羽毛，甚至绿宝石和红辣椒等；同时，颜色也是宗教性的表示，绿色是伊斯兰的颜色，蓝色是婆罗门的主色调；而依照风水的原则，人们认为白色和银色代表风，蓝色代表水，赭红色代表土，红色代表火，风水左右着人们对于房屋色调的选择。木家具是印度风格的基本形式，特别是印度式的矮桌、藤制的长沙发椅、银制的秋千椅以及竹帘、风扇等，都是印度人家居生活的典型家具。印度的织物在世界各地久负盛名，其中家喻户晓的印花布在20世纪六七十年代就已成为西方社会的风尚，无论是装饰整修房间，还是作为点缀，印度风格的纺织品可以在任何环境中显示出美的神韵，精美的印花或扎染的图案设计、棉质的地毯、闪闪发光的纱丽窗帘、缀着小金片的天鹅绒床帐等，都充满了独特的印度情调。作为文明古国，这些色彩艳丽、线条繁复而有着神秘气息的织物和陈设，无不成为鲜明的印度家居符号和民族美学难于言传的美丽特征。

右页／左上 砂岩材质的雕刻窗子，每一个都有传统倾斜窗檐作为装饰，巧妙排布的灌溉系统让庭院的植物摇曳生姿。右上 内庭的园子里有一个莲花池，水流在这里成为主角，淙淙的喷泉带来清爽的空气，夏日也就凉快了。左下 厚重的月亮门，门扉上装配着尖锐的锥型铁刺，可以在敌人入侵时抵抗大象的进攻。四周拱形的门套装饰着植物图案的壁画，正是典型的印度民风。右下 19世纪的雕花木门，装饰着美丽的纹样，并且运用精致的镀金工艺，现在作为酒店的大门，格外富有质感。

本页／上 传统印度女性闺房的一角，从墙面到天花板，每一处都布满了手绘的植物花纹，其中还点缀着贵族宫廷女子的画像。左下 墙上传统印度美女凝望拱形门道的装饰手法，其灵感来源于阿拉伯风格的设计，令这个现代的卧室呈现出独一无二的美丽。右页／左上 蓝色房间将闺房和宫殿的其他部分连接起来，墙壁和天花板上都装饰着蓝白两色卷曲的葡萄藤纹和植物图案。右上 当年领主的私人堡垒，现在已经被改造为餐厅，天花板上垂吊着传统的风扇，不过现在已经是纯粹的装饰性元素了。左下 壁龛样式的凉亭，内壁都用圆形的镜子镶嵌，非常美丽。右下 这个优雅的房间遍布着富有波斯情调的细密画和镜子的镶嵌装饰，在稍低的镶板上描绘的是国王吹奏笛子的情景。

左页／左上 极尽奢华的大厅，地板上除了传统的印度手织条纹棉纱毯外，还铺设了美丽的阿富汗古董地毯，西洋的水晶吊灯和传统的红灯笼相配也出乎意料的调和。右上 在壁挂式小家具上装饰瓷片，工艺十分考究。左下 光亮的黄铜器皿被陈列于墙上的小搁架内，呈现浓重的异国情调。右下 室内层高不俗，更有天窗引进阳光和空气。本页／左上 极具特色的镶拼瓷砖地板和门框绘画装饰，纯白的维多利亚式铸铁床以及缀满蕾丝花边的精美床幔，都为这个卧房增添了许多优雅的古典感觉。右上 极富印度民族特色的橱柜和小装饰品成为室内富有情调的一角。右下 黄铜柜箱上富有印度地域特征的珍贵摆设品。

本页／左上 黑色的石象放置在一个白色的大理石茶几上，白色的藤椅与黑色的靠垫又与其有呼应的关系。左下 休息室里毫无雕饰的墙面，地上来自印度北部的草编席子，舒适的椅子，都统一在淡淡阳光般的自然色调中，有一份说不出的悠闲宁静。右下 在这间简朴的卧室里，红色的床单成为最抢眼的视觉符号，门和窗的样式古朴而繁复。右页／左上 镜子被框在富有花草纹路雕刻的木框内置于床头墙上，与卧室内丰富的色彩、图案和建筑细节相对应。右上 贝壳形状的券洞框出一块休息区，素雅的座垫和靠垫使得这个素白的空间十分纯净。左下 空间的扩展与整合在这里表达得十分贴切，视觉层层递进，空间审美效果十分到位。右下 白色的床帷与水蓝色的壁龛融合于同一空间内，创造了平静、浪漫的卧室氛围。

左页／上 这个旅店内漂亮的圆形休息室拥有丰富的色彩和各种活泼的装饰细节，置身其间，心情也随之愉悦起来。左下 用皮革包边的书架立于公共空间的中心，给人与众不同的文化感。右下 炎热的气候使得室内具有了半室外的性质，室内的布置方便坐卧。本页／右上 这是一个传统的印度元素和西方现代元素结合的例子，色彩、空间、简化的家具，充满着变化的魅力。左下 大理石壁炉前是一对镀金雕花的王座，墙上闪闪生光的装饰图案全都是用纯金打造而成。右下 这间卧室的起居部分，家具十分现代，但墙面的配画却仍然富有传统情调。

本页／左上 在餐厅木梁装饰的天花下，哥特式的小橱柜被置于粉红色的石灰墙中。右上 这个漂亮的藏红花色音乐室是印度人家中休闲娱乐的场所，白天可以用来冥想和阅读，而晚上则是听古典音乐的好地方。左下 家族相框，边上摆放着镀金的人物造型台灯，卷草图案装饰的镜子使整体混搭风格更加突出。右页／左上 墙上的装饰阁里陈设着来自中国的矜贵的青花瓷器，雕工华丽的座椅和茶几更显得小小的起居室贵气迫人。右上 沿着铺有红地毯的楼梯向上，一侧墙面的狩猎战利品、古董珍品以及军用器械都颇为引人注目。左下 亮丽透明的围幔形成一种曼妙而浪漫的气氛。右下 宽敞的露台上舒适的藤制长椅正是印度最常见的家具之一，细密的竹帘挡住了下午慵懒的阳光。

左页／左上 由阿姆巴拉尔(Amit Ambalal)设计的非常具有现代感的椅子，放置在这个相对线条简单的房间里，阳光从窗口泻入，显得极其开放和自然。右上 明暗色彩的搭配大气又时尚，明白无误地展示了主人一流的品位。下 在乡村别墅的大客厅内，殖民地式的家具、沙发背景墙上巨大的丝绸装饰面板、巨大的储物罐，都展现着室内丰富的装饰表情。本页／左上 气派端严的大厅，沙发面料采用美洲豹花纹的织物，于堂皇中透出一丝野性。右上 接待区的墙面是房间装饰的重点，有历代皇室成员的肖像、照片和壁画，显得气势不凡。右下 宾客的卧室，大床沐浴在清晨的阳光中，漂亮的装饰拱门和手绘的地板都是亮点。

# INDONESIA 印度尼西亚

因为地处赤道，印度尼西亚属于典型的热带雨林气候，终年高温潮湿，四季如夏。也因此，这个群岛国家拥有着独特的建筑风格，红砖白墙的民居，高度绝对不超过椰子树，处处体现出海岛生活特有的休闲度假功能。

有“千岛之国”美誉的印度尼西亚位于亚洲东南部大陆，由太平洋和印度洋之间的五个大岛（爪哇、苏门答腊、加里曼丹、苏拉维西和伊里安佳亚）及三十多个群岛组成，国土包括一万七千五百多个大小岛屿，是世界上最大的群岛国家。印度尼西亚位于亚洲通往大洋洲、太平洋与印度洋相交的要冲之地，赤道贯穿全境，与巴布亚新几内亚、东帝汶、马来西亚接壤，并隔海与泰国、新加坡、菲律宾、澳大利亚等国遥遥相望。

纵观印度尼西亚的文明脉络和艺术风格，不难发现其中清晰的血缘传承，既与社会历史的变迁息息相关，又和独特的地理环境密不可分，非常具有特色。早期的印尼文明是爪哇文明，从史前时代一直延续到公元3世纪左右，尼格罗人、维达人和马来人在印尼诸岛陆续定居下来，创造出了优美淳朴的土著文明。在建筑装饰上，表现为岩洞和巨石结构，马鞍形状的屋顶、桩座，抬升的起居空间和向外倾斜的山墙等，而朴拙的石器、青铜器装饰，壁画、骨器，以及素面刻花、压印、剔刺的陶器等，都是非常典型的爪哇本土风格。由于海岛交通的不便，各族群迁徙时间的不同，爪哇风格在各个岛屿间的表现形式也有很大的差异，但却也因此而形成了非常丰富的艺术效果，一直留传至今。

在印度文明时代，印度尼西亚的建筑充分融合了爪哇本土元素和印度风格特征的双重性，主要以砖石结构为框架基础，规划设计围绕着象征权力的轴线展开，以“塔祠”为特色，表达对于神祇的崇拜和景仰。印度尼西亚的印度系宗教建筑，统称为“坎蒂”（candi），它最初是指为死者建造的墓，后来渐渐演变为献给神和佛的建筑，寺庙、祠堂等都包括在内，多以石构为主，在高台基上建较小的箱形屋子，将屋顶做成阶梯式高塔，构造上四方对称，辅之以形象圆满的意思，在平稳中具有力量感的雕刻造像。9世纪前半期建于爪哇中部日惹西北郊区的“千佛塔”婆罗浮屠是其中最杰出的传世之作。“婆罗浮屠”（Borobudur）在梵文中的意思就是“丘陵上的佛塔”，又被人们称为“印度尼西亚的金字塔”，是世界上最大的佛教建筑之一。从空中看，她就像一个立体的曼荼罗，蔚为壮观。

15世纪以后，强极一时的麻诺巴歇王国（Majapahit）由盛而衰，趋于瓦解，印度尼西亚重新出现了小国林立的局面，伊斯兰教也渐渐地取代佛教成为占据统治地位的宗教信仰和主流文明，源自爪哇“圣山”的顶部像分层的金字塔结构的房屋成为这一时期最典型的建筑风格。其后荷兰殖民者又为这个群岛之国带来了全新的西方审美取向，与本土爪哇风格、印度风格、伊斯兰风格的各类元素相结合，形成独特的东南亚热带海岛度假自然风格。

印度尼西亚建筑风格最突出的特色有二 ：寺庙和长屋。印尼人具有多种信仰，佛教、伊斯兰教、本土的多神教等，寺庙因此成为最具代表性的建筑形式，不仅是公众寺庙，而且还有众多的家庙，这种特点在巴厘岛最为突出。巴厘岛的寺庙供奉多种神灵，寺庙正面入口设立“坎蒂本塔尔门”，这个门没有屋顶，只立有装饰丰富的左右门柱，样式独特。祠堂则在庭院最深处，呈木构草葺的高层形式。人们喜欢以传统的木雕、石雕、浮雕、绘画和染织品装饰庙宇的墙壁、神龛、横梁、石基，爪哇文化中的传统图腾、皮影人偶等均为常见的装饰元素。

印度尼西亚的民居，红砖白墙，高度绝对不超过椰子树，处处体现出海岛生活特有的休闲度假功能。对于印尼人来说，户外的空间比室内空间具有更加重要的地位，因为在一个大多数时间都很炎热潮湿的国家，户外生活通常更为讲究，阳台、门廊、悬垂的屋顶及有遮蔽的亭阁是最常见的建筑格式。典型的印度尼西亚民居被称为“长屋”，是一块由几座茅草顶的亭阁构成的场地，通风且视野开阔，内部墙壁不多，房间的窗户以木制的百叶或窗板遮蔽阳光，显得幽暗凉爽。房屋都有前廊，能延伸三四百英尺，这种前廊多被用作主要通道，它连接着所有单个的房间。由于每个房间就是一个家庭，因此家族中聚集的家庭越多，房屋就越长。前廊也是人们做家务和社交的场所，男人们喜欢在这里边雕刻边聊天，家族的集会和表演也常常在此举行。

在装饰方面，则以鲜艳的织物、雕花的屏风及各式各样的手工艺品和艺术品为内部空间增添美感，而由于热带盛产花木，庭院花园是印尼最受欢迎的装饰手法。特别能体现印度尼西亚风格的，还有著名的巴迪布和巴厘岛木雕。巴迪布是一种蜡染印花布，其特点是布上印有多姿多彩的花鸟和几何图案，是印尼国服纱笼的专用面料。而以热带贵重硬木为材料的巴厘岛木雕也是印尼最具识别度的手工艺品。

右页／经典的茅草斜屋顶，可以挡去赤道炙热的阳光，高挑轻盈的柱廊结构总能让人感觉到通畅舒爽的海风，这些都是梦想中的经典热带度假屋。

左页／左上、右上 半露天的庭院是印尼建筑中最具吸引力的部分，天然材质与树木花草和水景浑然一体。下 绿树、石材和喷水池营造出天然的和谐美景。本页／上 佛教元素是印尼风格的基本符号之一，让建筑达到一种宁静的精神境界。右下 门前的绿色植物显得格外有精神。

左页／左上 面对绿树和田野，正是黄昏饮茶时分，经典的殖民风格。右上 稍显敝旧的砖墙里，别有一番洞天。左下 传统风格的起居空间，每一件家具都是主人的巧妙心思。右下 茅草屋和绿树是永恒的主题，但搭配上不同的布艺就会有别样的惊喜。本页／右上 红砖和白墙是印尼民居最经典的外立面风格，在庭院内伊斯兰风格水池的倒映下，显得生动美丽。左下 开放式的洗浴空间，颇有山间的野趣。右下 舒适的藤椅是午后小憩的好去处。

本页／左上 藤编的屏风隔断，竹制帘子，让空间如此清凉。右上 高大的凉亭，被分隔成完美的错层空间。左下 华丽的屏风是印尼手工艺的精品，给卧室平添了几分古朴、奢靡的感觉。右页／左上 造型简约高大的现代灯具，和敞亮的空间非常和谐。右上 斑驳的石墙和石雕，带出悠悠的禅意。左下 手工的染织寝具，使用名贵的印金工艺，正是最顶级的印尼软装。右下 竹子和藤条的不同排列组合，为空间带来有趣而清凉的层次感。

左页／令人耳目一清的绿色搭配，色彩和材质的调和着实叹为观止。本页／左上 潺潺的水声，一定能让露天的SPA更加悠闲宜人。右上 清爽的绿色瓷砖带来阿拉伯后宫式的享受。右下 清砖地和红砖墙的搭配有种沉稳的大气。

本页／左上 天然石材制成的洗手池，粗糙中见别致。右上 悠闲的摇椅，出自本土工匠精致的手工，正合适一个人独坐冥想。左下 轩敞的传统长屋，巧妙地借用梁柱和家具将空间划分为不同的功能区，纯白的地毯让人轻易联想起金巴兰海滩的美景。右页／左上 简单的小餐厅，但是别致的桌布和壁饰立刻能化平凡为神奇。右上 妩媚的佛教舞者让朴素的空间多了几分娇娆。左下 盛放的天堂鸟是印尼风格最好的注释。右下 丰富的帘幔隔断，显示出主人对伊斯兰风格的偏好。

# BALI 巴厘岛

在享有〝神仙岛〞美誉的巴厘岛，人们追求的是一种新的居住精神——最大程度的舒适和自由，却又和现代生活贴合。正是在这种要求下，建筑与自然紧密依偎，改良的家具和陈设与本地的木、藤、竹制品及老家具融合在一起，散发出复合成新的魅力。

巴厘岛位于赤道附近，典型的热带海岛型气候，是印度尼西亚最美丽的地方。绵长优美的海岸线、洁白柔软的沙滩、清澈湛蓝的海水……正是在这样一个令人神往的环境中，巴厘岛独特的艺术和宗教，并由此而生的建筑，散发出独属于此地的人文特色和艺术风格，休闲的海岛式度假生活成为人们对此地最真切的向往和留恋。

经典的巴厘岛建筑是世界上一种伟大的建筑形式，它受到与其邻近的爪哇佛教徒、中国南方商人、荷兰殖民者的影响。印度教流传到巴厘岛后，融合了当地原有的信仰，形成了一种独特的混合文化和生活哲学。如今，巴厘岛已经是文化、灵感和形式美的同义词，巴厘岛风格则代表了现代自然、开放的热带建筑新趋势。

在巴厘岛，神主宰着当地人的日常生活，因此其所有的建筑，包括房子、宫殿、寺庙和其他公共建筑都在一个或一系列中庭之中，这种复式的房屋有如人体般被分为有机组织，都是根据神灵的概念建造的，而且没有一座建筑的高度超过椰子树，因为那是巴厘岛最高的神塔的高度。遍布海岛的都是印度教寺院和其他各类宗教寺院，每个村落都有三处重要的神址，因此巴厘岛又被称为“千宇之地”和“万佛之居”。

而在民居方面，由于巴厘岛位处热带，其建筑同自然间的联系是十分紧密而广泛的。起居室与庭院的结合，花园与水景的联系，以及开放性的设计，都体现着巴厘岛民居人与自然和谐相处的建造理念。稻草是巴厘岛最主要的屋面材料，茅草顶盖式的平台和凉亭是巴厘岛风格的显著标志。梁柱与扶臂共同支持着整个房屋结构，以抵挡经常山洪般的暴雨。建筑材料方面，巴厘岛建筑的基础是男性化的材料——石头，通常，它们是由河沙、卵石、石灰石、火山岩混合而成的。同时，竹子和木材也是两种在巴厘岛任何建筑中都不可缺少的材料。

热带的海岛构筑，营造的是脱俗、乡土、放松和简单。作为对气候的适应，这里的房子都自然通风，并大面积地向室外开放。一般情况下，包括公共和私密空间都与自然相联，这种开放的布局极具亲和力，它可以令人最大限度地享受风景和海风，而舒适正来源于开放和简单。当日本的玻璃隔栅移门传入巴厘岛后，室内的分隔拥有了更大的自由度。大型的绿色盆栽是室内不可缺少的组成部分，其舒展挺拔的形态使得充满原生木材的室内显得生机勃勃。值得关注的还有卧室，为了防止蚊蝇的侵袭，帷幔是必不可少的，如此所带来的形态各异的幔杆及床，使卧室极富浪漫的情调。

同样，这里的土著文化不可能不受到现代文明的影响，西方海岛寻梦者们通过创新与整合，重新演绎出更能适应现代生活的平衡新环境。适当简化的线脚、殖民地常用的鲜艳颜色、百叶窗、改良的家具及陈设，这些已部分弱化的西方符号与本地的木、藤、竹制品以及花纹精美的老家具融合在一起，有了一种复合成新的魅力。尽力要追求最大程度的舒适和自由却又和现代生活贴合，已成为巴厘岛的新居住精神。

颜色也是巴厘岛装饰中不得不提的部分，比如非常爪哇化的绿和黄、蓝和白，被特别使用在门的装饰上；栗色与水绿色、黑色或金黄这些中国寺院的颜色也很常见，通常用两种调子的紫色或彩饰颜色的混合来代替传统的中国红和金黄。至于巴厘岛的原生家具、饰品、艺术品、手工艺品，也绝对是视觉的盛宴。千余年来，岛上的居民制作手工艺品用于日常生活和宗教仪式，其材料来源于岛上丰富的自然资源——竹子、砂岩。这些织工、木匠、石匠、画师都从祖辈那里继承着一代一代传下来的手艺，而这些手工艺品却是现代家居最受欢迎的陈设，它们取材于自然，环保而又充满泥土气息，有浓郁的地域风情。无论是藤编躺椅、培花的陶罐、竹制的羊皮灯笼，还是富有宗教色彩的石刻和木雕，都为现代居室增添了一种只能意会、不可言传的神秘情趣。

右页／左上 在称为“千宇之地”和“万佛之居”的巴厘岛，每个村落都有三处重要的神址。右上、左下 一种山地亭式建筑，竹子的墙体，石材基础，显得宁静而优美。右下 巴厘岛的复式房屋都是根据神灵的概念建造的，而且高度都不会超过椰子树。

左页／左上 大理石面的桌子，木雕工艺构成奇特的椅子；绿色的石砖地板与家具相协调，同时又与庭院中的绿树茵草相呼应，使屋檐内与屋檐外浑然一体。右上 巨大的斜顶完全挡住了热烈的阳光，绿色的方砖地面显得沉静，也更降低了空间温度。左下 这是被围拢在热带丛林中的开放式起居室的一角。沙发背后的粗石砖矮墙、奇特的爪哇式茶几以及当地的传统摆设营造出原始的氛围。右下 大大的卧榻在以白色为基调的靠垫陪衬下，显得十分惬意，绿色的墙面也凸显了民族风情。本页／右上 铁架藤椅，十分别致的造型，同绿色的柱基、绿色的地面、绿色的园艺相呼应。左下 浴室空间强调了一种室内外贯通的浪漫，对于情调的把握真是异常到位。右下 凉椅适应炎热的温度，伴随着热带植物和典型的东南亚屋顶构架，浓郁的风情呼之欲出。

本页／左上 在这个挑空的两层空间中，墙面仅有一幅简单的速写人像装饰，但却巧妙地联系着上下空间的视觉效果。右上 这是常见的室内格局，局部抬高的休闲空间，连同室外的游泳池，这就是热带的亚洲室内风景。左下 竹编的灯罩和竹帘，与素洁的床上用品都体现了浓郁的东方风情。右页／左上 由 STADIO HATTER ASSOCIATE 的两位设计师所设计的位于巴厘岛南岸的一幢别墅。天顶依然遵循当地构造，但铺出明确的轮廓线，茶几由巴厘风格的基座加玻璃板构成，红和橙两种耀眼的颜色活泼地点缀在房间里，当地特色和现代感完美地融合为一体。从这个二楼的起居室可以将室外绿色的田野一览无遗。右上 东南亚热带起居室的代表之一：房间三面开放，木制地板供人们赤脚走动、席地而坐。热带方格纹的靠垫点缀期间。左下、右下 轮廓鲜明的家具和线条，因为木制，也便充满地域色彩。

左页／爪哇风格的雕花格子窗向四周的庭院开放，起居室因而明亮通风。明净的方砖铺地，低靠背沙发罩以白布，质朴的铜碗摆得错落有致，这些简单的陈设制造出一种怡然舒爽的气氛。本页／右上 在这个旅馆建筑中设计师运用了日式移门和窗，使得室内外联系有了更多的灵活性。左下 现代建筑设计的竹建筑，各种的结构件均由竹子来承担。右下 陶瓷地面、竹制围墙、盆栽莲花，起居室中充满了温馨动人的乡土气息。

本页／左上 竹子这种材料与东南亚总是有着解不开的缘。右上 摆放有中国茶杯的格栅，日本农夫衣裳的挂饰，老挝的水罐，巴厘岛的柜子，这也是一种整合。左下 橙黄的墙面，锻制的印度挂件，流线型的床头，还有兰花，形成一种独特的东方家居气质。右页／左上 各种窗的形式，轮辐状的窗格最为常见。右上 现代建筑与传统建筑结合，使其具有了时代的气息和元素。下 传统的陶砖在现代巴厘岛建筑中的应用，这间 SPA 的设计也综合了巴厘岛人对色彩的创新使用。

左页／左上 巴厘岛上的这所开放式居所，有木质的家具、庭院里的鸡蛋花树和充足的阳光。右上 纽约产的棉毛质沙发，围绕着从印度寺庙中拆来的构件制作成的茶几，这种东方式的表达别具戏剧性。 左下 竹帘和斜顶，木制家具和石质地面，都是热带家居的特点。右下 家具皆为木制，室内选用白色作为基调，整个起居室给人带来素朴爽洁的感觉。门框外围饰以爪哇风的几何纹样，带来生动的气氛。楼梯通往阁楼的寝室。本页／左上 古式的案几，藤制的沙发，配上宜家的茶几，东、西方家居语汇的并置代表一种共生。右上 全部木制的家具和板壁，配以东南亚风的彩格靠垫，茶几上的草制蒲扇十分地方化。右下 板壁和家具上都装饰着东爪哇风繁复而精美的雕刻，如宫殿般华丽。庭院里的植物触手可及。

# IRAN 伊朗

阿拉伯国家大多是政教合一的，伊斯兰文化比铁骑和弯刀更有持续的影响力，在伊朗的建筑和装饰上留下了不可磨灭的痕迹。伊斯法罕，是伊朗中世纪后最美丽的记忆，伊斯兰风格和波斯血统的融合，缔造出〝一半天下〞的富丽和繁华。

伊朗，坐拥亚洲西南部约165万平方公里的土地，北部连接亚美尼亚、阿塞拜疆、土库曼斯坦，西边与土耳其和伊拉克接壤，东部与巴基斯坦和阿富汗相邻，南临波斯湾和阿曼湾。作为一个高原国家，伊朗的大部分国土都在海拔900～1500米之间，从西北到东南，分别呈现出山脉、盆地和冲击平原等不同的地貌。

根据史书记载，早在十万年前的旧石器时代，已经有亚洲最早的土著居民埃兰人在伊朗高原扎格罗斯山脉一带和里海南岸等地区居住生活了，其后又有中亚的游牧民族不断迁入，他们以农牧、狩猎、捕捞和采集为生，慢慢繁衍生息起来，建立起了这块土地上最初的光辉——伊拉姆王国（Ilam）和米堤亚王国（Media）。在与邻近的苏美尔人和巴比伦人城邦之间连绵不断的征战中，古代伊朗慢慢地强盛起来，成为小亚细亚和两河流域的强国，其独特的文明也逐步显现出了轮廓。

今天的人们谈论伊朗的历史，更多所联想到的就是波斯——一千多年来，以遥远神秘、富庶靡丽为标签的丝路商国。波斯等于伊朗，是它在欧洲旧称的音译。公元前3000年左右，雅利安人从北方南下，进入今天的伊朗高原地区，和当地的土著融合，形成新的波斯部落。波斯人从事农牧业和游牧业，在很长的时间里都是米堤亚王国的属民。直到公元前550年，波斯人中的一支，阿契美尼德族（Achaemenid）雄才大略的领袖居鲁士二世（Cyrus II，前559—前530年在位）联合波斯各部落，击败了米堤亚的军队，创立了波斯帝国。在短短数十年里，居鲁士二世、大流士一世（Darius I，前522—前486年在位）和薛西斯一世（Xerxes I，前485—前465年在位）等数位君王前仆后继征服了包括爱琴海沿岸的希腊各城邦、两河流域的巴比伦王国、中亚西亚、北非等在内的大片土地，波斯正式成为历史上第一个地跨欧、亚、非三大洲的帝国。

波斯帝国的第一个极盛时期在公元前330年希腊马其顿的亚历山大大帝（Alexander the Great，前336—前323年在位）东征时划上了句号。被希腊人占领之后，波斯沦为塞琉古王国（Seleucid）的一个行省，直到公元前129年，波斯族中的另一支帕提亚人（Parthia）起义成功，结束了希腊人对波斯近两百年的统治。帕提亚王国的版图西起巴勒斯坦，北到外高加索，东抵印度河，南至两河流域，被视为波斯帝国再度兴起的标志。经历了安息王朝（Arsacids）和萨珊王朝（Sassanid），公元7世纪阿拉伯人强势崛起，从阿拉伯半岛迅速侵入波斯疆域，一举征服了整个伊朗高原，其倭玛亚王朝（Omayyad）和阿拔斯王朝（Abbsid）的统治持续了近五百年。之后，蒙古人、突厥人、阿富汗人轮番往来，伊朗陷入了漫长痛苦的动荡时期，近代更是在英、法、俄、美等列强恣意的掳掠瓜分中艰难前行，直到20世纪70年代，才真正恢复了独立主权，成为统一的现代国家。

从上所述，我们可知，除了山川湖海的自然之美，伊朗最迷人心魄的是它经过无数次碰撞、断裂、交融而重生的人文印记，贯穿于这个国家和民族的语言、风俗、音乐、艺术、诗歌、电影、建筑和宗教等各个方面，交织成为一幅瑰丽的细密画，抑或是一挂精工细织存世百年的波斯地毯，每一个结节都是一次蜕变的记忆。在伊斯兰风格随着阿拉伯人的马蹄呼啸而入之前，波斯风格已经拥有了成熟完整的范式。就建筑方面而言，真正的波斯风格可以从流传至今的民居和仅存遗泽的宫殿废墟稍见一斑。

里海南部的吉兰（Gilan）山区，是波斯部落最早的聚居地之一，也因此许多建筑风格得以保存并一直沿用下来。这里的房子用材多取自植物：树木、稻草、芦苇是最常见的材料，人们用木结构搭建出简单的尖屋顶和框架，内外用泥巴和石灰涂抹，覆上稻草或芦苇做成巨大的顶盖，矮矮的灌木栅栏分隔出安静的花园庭院，数千年来的波斯人就在这样朴素而富于情趣的院落中繁衍生息。而在被誉为“玫瑰和夜莺之城”的设拉子城，可以见到两千五百年前波斯帝国最辉煌的遗址。高大挺拔的石柱造像，精美绝伦的灰泥浮雕装饰，五彩缤纷的瓷砖，巨型的圆屋顶和半圆拱门，显示出纯波斯风格的建筑元素和审美趣味。

随着阿拉伯文化的传布，伊斯兰风格在伊朗的建筑和装饰上留下了不可磨灭的痕迹，直至今日。伊斯法罕，是伊朗中世纪后最美丽的记忆，伊斯兰风格和波斯血统的融合，缔造出“一半天下”的富丽和繁华。这座城市建于16—17世纪，结构严整的宫殿建筑群围成了世界上最大的城市广场之一，这里拱廊环绕，美丽的拱顶倒映在宽大的水池中，绿草如茵，鲜花似锦，高高对称的礼拜塔楼仿佛虔诚敬拜的手臂直指苍穹，七层高的宽敞露台是君王的阅兵台，结构精妙的几何壁龛是世上最早的音乐厅。四十柱宫是一所带有宽阔柱廊的宏大建筑，二十根细巧轻盈的柱廊倒映在庭院平静的水面上，虚实相映，浑然一体，圣洁纯美，宁静致远，正是伊斯兰风格的精髓所在。

右页／左上 赭红色的砖墙是萨非王朝的特色建筑元素，沉稳的圆拱形穹顶的教堂和钟楼在蓝天白云的映衬下格外庄严隆重。右上 彩色瓷砖镶拼的外墙让清真寺的内庭在肃穆中显出圣洁的美丽。左下 端庄沉静的大礼拜堂，庭院中方形的水池是伊斯兰清真寺必有的景观，波澜不惊的水面如镜将真实和虚幻化为一体。右下 高高伫立的宣礼塔仿佛向神高举的双手，献上虔诚的心和所有的盼望，祈求整个城市和帝国的平安兴盛。

左页、本页／精美繁复的瓷砖镶拼、大幅浮雕、层层深入的壁龛结构，都是伊斯兰风格最经典的外立面装饰手法；阿拉伯文字，抽象的几何纹样，连蔓卷枝的植物花草图案，明亮的赭红和蓝绿，无不是伊朗人最喜爱的装饰元素。

本页／上 规范的对称布置有种奇妙的韵律感，蓝绿是波斯的主色调。左下 优美的穹顶型元素，出现在神龛、礼拜堂，也出现在彩色玻璃装饰的门窗廊形上，有强烈的辨识度和风格美感。右页／左上 彩绘陶瓷成为居家的美妙装饰品。右上 优美的望海露台，纯白栏杆和穹顶门廊构画出里海的绝佳风景。左下 石膏浮雕是伊朗贵族喜爱的室内装饰手法，让每一个角落都成为一幅画卷。右下 平静的淡绿和白色几何纹样墙面对比兽角装饰，隐诲地传递出波斯人血液里的野性气质。

TRANSATLANTIQUE
CHEMIN DE FER D'ORLEANS
LE MAROC
BORDEAUX

本页／精工细作的室内家具设计，橱柜、吊灯、椅子、床，使用了大量手工的金属、镶嵌、雕刻技艺，风格是极尽奢华的，混合了东西方的各种元素，反映出伊朗风格融合交汇的独特审美趣味。右页／左上 镂空的雕花隔断带来神秘华丽的后宫风格。右上 连续上升的穹顶轮廓线，明亮通透的彩绘玻璃，让礼拜堂仿佛沐浴在天国的光芒里。左下 卧室内充溢着阳光。右下 古典波斯风格的浴室，面板均由硬木和贝壳镶嵌，排列出抽象的几何型纹样。

左页／上 肃穆宁静的伊斯兰礼拜堂，地面铺设着蓝白地毯，十分洁净。下 巨幅的浅浮雕人物造像，生动地记录了古代波斯商人日常的生活状态。本页／左上、右上 设拉子城的古波斯宫殿废墟，高大的石柱上有威严的神像雕刻。右下 高大的建筑和怡然自得的居民，千百年来无论世事如何变迁，心灵就是这样和谐而平静。

# IRELAND爱尔兰

爱尔兰，拥有一个令世人心向往之的都柏林。这座曾不断受到外来文化冲击的城市，其建筑与装饰风格也呈现多元化的影响，样式繁多。它尊重传统，又富于创造，新建筑在旧建筑群中适度混合，这种新旧共存的特殊活力是爱尔兰人独特的民族特性的体现，也是他们格外引以为豪的魅力。

爱尔兰位于欧洲西部爱尔兰岛的中南部，西濒大西洋，东北与英国的北爱尔兰接壤，东隔爱尔兰海与英国相望，中部是丘陵和平原，沿海多为高地。公元前3000年欧洲大陆移民开始定居爱尔兰岛。12世纪爱尔兰进入封建社会，1169年遭英国入侵，随后英王亨利二世（Henry II Curmantle，1154—1189年在位）确立了对这片土地的统治权。1541年起英王成为爱尔兰国王，1800年签订条约，成立大不列颠及爱尔兰联合王国。1916年都柏林爆发抗英的“复活节起义”，英国政府被迫于1921年底允许爱南部二十六个郡成立“自由邦”，享有自治权，而北部六郡（现北爱尔兰）仍归属英国。1937年，爱尔兰宪法宣布“自由邦”为共和国，1948年12月21日，爱尔兰议会通过法律，宣布脱离英联邦，第二年英承认爱独立，但拒绝归还北部六郡。

爱尔兰素来被称为大西洋上的绿宝石，其首都都柏林作为著名的文学之都，则是绿宝石中一抹珍贵的黝黑点缀，汇聚了爱尔兰文化的精髓，堪称其精神之代表。这座位于爱尔兰岛东岸的城市充满了古色古香和诗情画意，在几乎没有摩天大楼的都市中，城市与乡村、海滨与田园、幽静与热情联为一体，宁静朴素的街道，到处散落的咖啡店和报亭、书店和邮局，街头安详的人群，在这里，一切都会让人忘记了现代生活的节奏。

作为岛国的爱尔兰一直不断受到各种外来文化的冲击，而都柏林则是爱尔兰受英国建筑风格影响最大的城市。统治英国百年之久的乔治王朝风格的建筑在都柏林比比皆是，品味街道旁一排排整齐的红砖圆门的乔治风格建筑，成为漫步在都柏林最美妙的经历之一。在爱尔兰，文艺复兴来得很晚，首先以室内装饰、壁炉和英国都铎风格的其他小件形式出现，直到17世纪晚期奥蒙德公爵重新设计都柏林时，文艺复兴的全部魅力才显露出来。这时艺术中心在都柏林，建筑中的代表作有爱尔兰银行、基尔梅哈姆医院、三一学院图书馆、蒂龙大厦、克兰威廉大厦、鲍尔斯考特大厦和莱因斯特大厦等。

城市的老式住宅融合了乔治时期盒子式的设计，并配以华丽的维多利亚式装饰，因此在这里既可以看到满墙的常青藤、装饰型的线角、协调的比例，也可以看到多种颜色、多种质感的墙壁、坡度陡峭的屋顶和不对称的外观。在都柏林，城市住宅还有一个有趣的特点——镶板门经常被涂成蒲公英黄色、洋红色、海蓝色、绿宝石色、淡紫色等，这样的房门显得充满活力。爱尔兰人喜欢用具有自己民族传统的东西来装扮环境，这些东西包括手工透孔织品、亚麻织品、被子等织物，红木、胡桃木、松木等做的家具，闪亮的银器、瓷器和水晶。从19世纪开始，都柏林的家庭装饰就受到英国摄政王和法兰西帝国风格的影响，漂亮的中国瓷器等东方艺术品也是富有人家必不可少的装饰品。与一般的大陆风格相比，都柏林人喜欢在门厅用爱尔兰的水彩画或风景画做装饰，为其他房间的布置定出基调，而起居室一般选用克尔特图案的地毯，卧室中的松木床散发着清新的芬芳，床上铺着清爽的亚麻制的爱尔兰床单。厨房里，用两种活泼的颜色油漆的酒柜和碗柜更增加了爱尔兰特色。这些本地化的特征给与其似曾相识的大陆风格打上了深深的爱尔兰烙印。

当然，现在的都柏林不仅有乔治时期的建筑，越来越多的新式建筑也拔地而起。在这种背景下，人们对都柏林的印象不再是忧郁和冷清，而是其新旧共存的特殊活力。城市的决策者非常注意新建筑在城市天际线中的尺度和比例，新的建筑在旧的建筑群中适度混合，从色彩和尺度上与城市的肌理相协调，从任何一个角度观察，新的建筑都与整个城市有着良好的关系。现代建筑的幕墙玻璃上投射出古老的乔治时期的穹顶，犹如一幅幅抽象画；在老房子改造的酒吧中璀璨的蓝色玻璃吊灯、不锈钢基座的高脚儿凳，与原有的石膏线脚和木质墙群交相呼应；极少主义设计风格的室内，落地的大玻璃窗外却是比邻的老屋坡顶及其斑驳的墙面。这种新旧交织让城市充满了令人激动的多变魅力。

新都柏林人不因循守旧，其新式住宅的风格也在人们创新的观念中趋于多样化。他们创造性地吸取了很多现代元素，无论在新的建筑还是老的房子中，他们总能将室内布置得别具一格，看得见风景的房子则成为艺术家的首选，他们让老房子充满了艺术和历史的沉淀：斜拼的木地板尽管年代久远却充满了做工精良的细部；白色粉刷的墙面和减化线角的踢脚、暖气罩，显露出一种现代的追求；美国橡木、意大利石灰岩、真皮沙发，这样的材料搭配又显示出精致的时尚感。新与旧的混合因此成为都柏林设计中最重要的特征，经过都柏林人的创造，呈现出耐人寻味的细部和让人着迷的魔力。

右页／左上 建于1750年的欧洲第一所妇女专科医院是乔治时代留给都柏林的精美建筑，现在这里是爱尔兰现代艺术博物馆的所在地。右上 码头周围林立着年代久远的大厦、教堂和其他公共建筑，这个地区初建于18世纪，是都柏林城的开端。左下 夕阳中的大厦优雅伫立，墙面上装饰着绘有生动人物场景的瓷片。右下 古老的利菲河上的石桥带有典型的19世纪晚期的新希腊风格，建筑物则是英国威斯特摩兰郡的血缘的延续。

Food
Drink

THE WINDING STAIR
DUBLIN
WOOLLEN
MILLS

左页／上 都柏林的街头，古典和现代完美的结合。下 这是都柏林最迷人的一瞬间，乔治风格的拱桥变幻的光影总是让人留连忘返。本页／左上 沉静的蓝色搭配金色的镜框，显露出含蓄的奢华气息。右上 简洁的蓝白搭配让房间富于现代气息，但华丽的镜框和造型优雅的桌椅又为它增加了许多文化的底蕴。右下 清爽的浅蓝色布艺为房间定下了宜人的主调，造型古趣的书桌被用来摆放鲜花倒也显得很合适。

本页／左上 精致的桃红色床幔都是华美的丝绸质地，墙上的挂毯也是十足的东方情调。下 摆放台灯的矮柜是描有金色纹绘的中国古董，墙上的贝壳山水画和瓷器，以及沙发上黑白的靠垫都明白无误地展现出主人的东方情结。右页／左上 朴拙的木制桌椅有典型的爱尔兰乡村风味，看似黝黑的壁炉有精美铁艺展示其悠久的历史感。 右上 造型纤弱优雅的镜台有种繁复的古典美，而两边的雕像更加深了这种印象。左下 粗犷的砖墙和简单的木家具非常协调。右下 主人对于绘画和手工作品的偏爱充分地体现在这面墙上，杂乱无序但却自然从容。

左页／上　古老的箱子被当作茶几使用，很有男性气概，壁炉上镶有铜质的饰边，上面刻有精致的花饰。左下　粗糙而不加修饰的墙面和洁白的大理石壁炉形成鲜明的对比，绿意葱茏的瓶花让这个角落变得生气勃勃。右下　古希腊造型的浮雕图案，是当初爱尔兰人最喜欢的墙面装饰。本页／右上　带有古希腊风格的连续纹样墙线和壁炉边框的装饰立柱，显示出主人对于欧洲古典文化的情有独钟。左下　裸露的砖墙和未上漆的木地板透露了房子的年龄，古旧的地毯和皮椅带有奇异的舒适感。右下　已经斑驳的墙面上还可以看到精美的石膏浮雕图案，沧桑的历史感扑面而来。

# ITALY意大利

人们常说罗马非一日建成，而意大利的城市风格也正是经由千百年来的实践与求索逐步确立并打磨而成的。辉煌的古罗马时代为世人奉献的是华美庄严、比例均匀的古典风格，穿越黑暗的中世纪，光芒耀眼的文艺复兴时期则创造出了新古典、巴洛克等经典装饰样式。当代，米兰等城市又成为设计的中心和先锋……这就是意大利，流露着或华美、或优雅，或庄严、或自由的城市风貌。

意大利位于欧洲南部，地中海之滨，国土主要由靴型的亚平宁半岛、西西里岛和撒丁岛三个岛屿组成。意大利的文明起源自古希腊，发扬光大于古罗马。

意大利的风格出自千百年来地中海灿烂的阳光和蔚蓝的海水细致的锻造打磨。欧洲古谚说："光荣归于希腊，伟大归于罗马"，没有什么人比意大利人更有资格为自己骄傲：辉煌的古罗马时代为世人奉献出华美庄严、比例均匀的古典风格，令后人高山仰止；穿越黑暗的中世纪而绽放耀眼光芒的文艺复兴运动更创造出了新古典、巴洛克等近现代欧洲建筑和装饰艺术的典范。

意大利风格的辨识要素之一是柱式构图和拱券结构。在吸收了古希腊柱式建筑遗产之后，古罗马时代的建筑师们别出心裁地将柱式和拱券相结合，既可作为结构，又可作为装饰。柱式与穹窿、拱门、墙界面有机结合，轻快的敞廊、优美的拱券、笔直的线脚，共同组成了纯正的古罗马风格，在无需承重墙的情况下，组合出或单一宏伟、或充满序列感的纵深空间，无论是在功能性还是审美效果方面都达到了令人惊叹的完美高峰。现仍存于罗马市的斗兽场和万神殿便是这种风格的最佳代言。秉持这种要素而建造的大量公共建筑物，如商业和集会的敞廊、市政厅、广场、教堂、钟塔、博物馆、学校等，又共同组成了意大利城市庄严优美的轮廓线，将这个国家深厚的历史文化底蕴显露无遗。

意大利风格的另一个辨识要素是巴洛克式的修饰——搭配有富丽色彩和精美雕刻，充满人性自由灵感的曲线，和椭圆形线条华美的空间和细节。巴洛克风格来自于文艺复兴巨匠们对于人性的渴望和追寻，生活的热情被淋漓尽致地发挥到了建筑和装饰上，大师们把对修饰的爱好上升到了风格主义的高度，在空间和装饰细节上形成了一套完整的法则。其典型的代表便是波洛米尼（Francesco Borromini,）设计的罗马圣卡罗教堂（San Carlino），而著名的许愿池喷泉更是巴洛克风格的最佳诠释。

意大利风格还体现在其独特的宗教和人文融合度上——庄严、华美、神圣，但却并没有任何压抑感。中世纪森严的宗教气氛对意大利的影响远不如在其他欧洲国家那么强烈和深刻，快活的意大利人坚信人性是所有设计的基础，他们按照这种意愿塑造神和自己的居所。例如曾风靡欧洲的哥特风格，在意大利被了无痕迹地融合在了罗马式的柱式结构中，并不过分强调高度和垂直感，成为别具美感的装饰，典型的即如米兰大教堂。在世俗建筑方面，威尼斯圣马可广场上的总督宫，是公认的中世纪欧洲最美丽的作品之一，它立面采用连续的哥特式尖券和火焰纹式券廊，构图别致，色彩明快；另外还有很多带有哥特式柱廊的府邸，雕刻和装饰带有明显的罗马古典风格，临水而立，非常优雅。

意大利从来盛产大师，被世人视为传世珍品的雕塑、壁画、绘画，在这个国度从来不是什么稀罕的东西，在这个国家走一遭，说精美绝伦的艺术品俯仰皆是也不为过。而这种渗入血液并已转为寻常事的艺术品位正是意大利不同于其他国家的独特装饰风格之所在。雕塑和绘画是意大利室内装饰的主要元素，它们总是被富于情趣的主人以精确的达芬奇透视法则排列摆设，与建筑融为一体，呈现出一种强烈整体的效果：无论是堂皇的宫殿或教堂，还是宁静的私人住宅，意大利风格的室内空间总是因此而具有媲美博物馆和画廊般的艺术精神之美。此外，意大利人自古以来便引以为豪的手工艺和繁荣的海港贸易，同样在他们的装饰品位上留下了深深的印记——手绘的丝绸墙纸、精美的玻璃制品和银器，工匠们没有门户和地域之见的开放态度，也让来自远东、阿拉伯和非洲等地的各种纹样、织物、雕刻、漆器齐聚罗马，将居室点缀得美轮美奂……

右页／左上、右上 房子外面的石头阳台可以提供相当良好的视野俯视周边的田园景色。左下、右下 意大利乡村风格既不来自老式的时尚，也非完全出于天真，它是对传统的一种赞颂。

左页／左上 金碧辉煌的王室大床，令人无法不联想到罗马帝国曾经的荣光。右上 乡村别墅的客人卧房，东方地毯带来阿拉丁的美梦。左下 堂皇的宴会厅，令人惊叹的装饰细节全在天花和墙角线上，精细的镶板画作描绘了罗马武士的光荣。右下 来自东方的丝绸是意大利贵族的最爱，这样的布置在威尼斯很常见。本页／右上 布艺沙发套子是典型的东方纹样，而靠垫却带着明显的阿拉伯风味，奇妙的组合却非常和谐。左下 一架精美的古典盥洗台，镶嵌着带有卷草图案的手绘瓷砖。右下 马赛克拼图是罗马人喜爱的装饰手法，取材自古老的神话故事。

本页／充满创意的设计师家具，灵感来自埃及的图腾。 右页／左上 城堡露台上的下午茶，正是追今抚昔的好时光。右上 弧线优美的穹顶结构，是古典风格的基本元素。左下、右下 浓烈大胆的色彩搭配如同地中海的阳光般暖意融融，形制朴拙的水池和浴缸风味独特。

本页／左上 客厅通向藏书室的拼花地板大气沉稳。右上 造型优雅的椅子看似简单，别致的马头却是罗马人钟爱的传统装饰标志，墙上巨幅的壁画俨然是他们为之骄傲的历史。左下 双色大理石铺就的地面，提示出房间纯正的意大利血统。右页／左上 锅碗瓢盆也可以组合成一幅画，这样的厨房一定可以端出最美味的餐点吧。右上 精美的青铜雕像让房间如博物馆般充满艺术的气息。左下 家具是古典和现代的完美融合，曲线型的桌脚和流线型的椅子组合出灵动的线条，美感独特。右下 起居室的一角是相对私人的空间，丝绒的贵妃榻和墙上的油画都强烈地暗示着房间的闺秀气质。

本页／左上 艳丽的金黄色被大面积使用，搭配考究的烛台和茶几，贵重感呼之欲出。左下 十足家庭味道的餐厅，墙上陈设着美丽的手绘盘子，小幅的马赛克人物肖像流露出意大利人独特的审美口味。右下 男主人的私人沙龙，历经岁月依然闪亮的长矛和配剑诉说着属于罗马武士的光荣。右页／左上 品一口西西里自酿的葡萄美酒，远处便是碧波粼粼的地中海。右上 精雕细刻的护墙镶板上，笼罩着高挑拱券式屋顶，虽然是卧室，也带着古罗马浑厚大气的古典风味。左下 呈阶梯状排列的三件套茶几产生奇妙的序列感，实用又不乏艺术性。右下 朴素的木门和已现斑驳之态的旧沙发，是当年听祖父讲故事的地方吧。

左页／左上 神坛似的壁龛，陈列的是主人家骄傲的过去。右上 意大利人的艺术气质在这间小客厅里表露得淋漓尽致：铁艺茶几，玻璃精制的吊灯，木头雕刻……下 天主教在意大利人的生活中至关重要，正式的接待厅必定以宗教题材作为装饰的主题。本页／左上 素净的墙面和纯白的布艺沙发，搭配色彩艳丽的画作，房间显得轻快活泼。右上 细麻织花的寝具纯净高贵，如同天主的圣地。右下 抽象的飞鸟浮雕和奇趣的人体工学造型椅相映生辉，意大利式的前卫总是人文气十足。

# TUSCANY托斯卡那

托斯卡那，意大利中部的广阔地带，是一个有魔力的世外桃源，让人沉溺，喜乐无忧。灿烂的阳光、晴朗的天空、连绵的丘陵、质朴的石屋……托斯卡那所呈现出来的，是一种温煦而又随意的意大利乡村风格。

托斯卡那，指的是意大利中部的广阔地带，它有亚平宁山中部绿树成荫的连绵丘陵，阿尔诺河河谷的晴朗天空。古老质朴的石屋静静伫立，既久远辽阔，又生机盎然，这就是托斯卡那的典型风光。

托斯卡那地处意大利著名的产酒地——奇安提丘陵山区，即所谓的“黄金谷地”，这里自公元前6世纪就是意大利贵族种植葡萄用以酿酒的地方，就连空气里都弥漫着葡萄的甘甜。山谷坡地间，有白色温顺的奇安提牛在黄色或绿色的草地上休憩，湛蓝的天空下，绿油油的葡萄藤和橄榄树一直延展开去，连接着远处舒缓起伏的山棱线和地平线……

在托斯卡那，比自然风光更迷人的，还有以许多艺术、历史风光闻名的古老山城——佛罗伦萨、圣•吉米安诺、锡耶纳、阿西西。这些托斯卡那地区的明珠，规模迷你，却完好保留着自13世纪以来的古老风貌，石墙红瓦，古朴优雅，中古风情一览无余。

佛罗伦萨是托斯卡那大区的首府。佛罗伦萨译自英语Florence，依着意大利语的发音，它还有个非常美丽的中文译名“翡冷翠”(Firenze)。“佛罗伦萨”来自于英语里的Flower一词，因为托斯卡那大区到处都是盛开的向日葵。作为文艺复兴的摇篮，佛罗伦萨从13世纪起，一直都是意大利伟大艺术家展示高超艺术技巧的地方，也是近代欧洲艺术与文化之都。自然地，它也是文艺复兴以来各种建筑和装饰风格的汇聚地。佛罗伦萨的城市布局非常雅致，充满和谐与优美、庄严与秩序，星罗棋布的村庄和乡间别墅点缀在城市周围的平缓山坡上。

圣•吉米安诺(San Gimignano)，小名就是“塔之城”，从五百多年前的自治城邦时期开始，就因城内的贵族竞相修筑高塔而闻名。现在，圣•吉米安诺还有十四座保存完好的塔楼，特别是环绕主广场的七座塔楼，布局严整，造型凝重舒展，表现出城邦时代质朴庄严的风格特色。而“水井广场”保存得犹为完好，中世纪铺就的砖地韵律分明，美丽的洛卡要塞也非常可观。

小城锡耶纳是典型的意大利式迷人小镇。窄窄的街道，古旧的房屋，还有外形宛如扇形贝壳的“康波广场”，主教堂正面有极为繁复的装饰，黑白条纹大理石柱是其标志性的符号，为罗马风格的重要代表作之一。锡耶纳市政厅“平民宫”也是一栋优美的哥特建筑，其钟楼高达102米，气势非凡。

拥有斜塔的比萨同样是个可爱的小城，举世闻名的斜塔其实并不高大，甚至可用玲珑有致来形容。塔身全部用白色大理石砌成，高54.5米，为八层圆柱形建筑，整体造型古朴而灵巧，与旁边庄严笔直的教堂、郁郁葱葱的绿地形成鲜明的对比，显得格外美丽。

阿西西则是一座宗教名城，因圣方济(St. Francis)1182年在此出生而闻名于世。“圣方济大教堂”建成于1367年，是上下两层的哥特建筑，非常壮观，内部还收藏有乔托（Giotto di Bondone）等人的画作。

除了城中庄严优美的大教堂、中心广场和市政厅，托斯卡那所呈现出来的，是一种温煦而又随意的意大利乡村风格。没有太多表面上的精致和华丽，不事雕琢的质朴屋舍，外观是一色的石墙，仅仅靠着金色的阳光和青翠的山谷的随意组合，便有如印象派的风景画，滋润、艳丽而生动，于光影变幻间便显出美景无数，带出一个童话中才有的神仙境界。

托斯卡那建筑的内部装饰，却尽显意大利人的艺术天赋，以绘画和雕塑见长，当地的金银制品、手工纺织品和彩绘瓷器是常见的摆饰，图案精美，造型独具巧思，多用宗教题材；来自威尼斯的玻璃器皿同样是典型的托斯卡那装饰元素，这可能与本地区源远流长的葡萄酒文化息息相关。

右页／左上、右上 青葱的爬山虎布满了粉黄色的墙头，让可爱的小房子显得越加宁静安详。左下 红瓦石墙，曲径幽巷，是意大利中古小山城的典型风貌。右下 线条优美的廊柱撑起宽敞的门厅，处处流露出昔日贵族优雅的气质。

左页／上 可爱的小屋，以朴素的木质家具搭配当地传统的手工地毯，碎花的床单和靠枕流露的是母亲的拳拳爱心。左下 长长的实木餐桌是主人热情好客的最好证明，天花和墙面的穹顶设计让室内空间高挑通畅，是哥特风格的小小余韵。右下 华美的床幔充盈着浪漫的古典气质。本页／左上 流线型的楼梯让室内空间变得气韵生动，原木屋顶和大地色的陶罐和陶俑又添上了几分质朴山野的味道。右上 墙上的静物油画显示出意大利人无处不在的艺术气质，而造型质朴的木柜又明白无误地表明了托斯卡那的乡村趣味。右下 清爽的蓝色是这个屋子里最抢眼的调子，搭配纯白的天花板和粉色的墙壁，让人感觉非常亲切。

本页／左上 宽敞的浴室，白色的大浴缸大模大样地占据了中心位置，采光充分的窗户让整个空间都沐浴在明媚的阳光里，清新宜人。左下 林林总总的瓷器和陶器瓶罐让房间充满了生活的乐趣。右下 窗外的高塔景色宜人，仿佛挂在墙上的画作，生活在塔城圣・吉米安诺，时间仿佛不存在一般。右页／左上 这是一间艺术家梦寐以求的工作室，隐居于托斯卡那的他们，灵感是否总能纷至沓来？右上 小空间也有精巧的布置，角落里的书桌是静下心来写作的好地方。左下 质感光洁的石质墙面和地板踏实质朴，木质柜门恰到好处地提亮了整个房间的色调。右下 让人不由自主就放松的厨房色调明快，房中央垂下的吊灯造型纯净优雅。

左页／只有意大利人才能把浓丽的色彩运用得这么肆无忌惮而又和谐动人，犹如他们的油画般让人惊艳不已。本页／左上 彩绘天花板是文艺复兴的典型装饰，富丽的古典家具和浓艳的色彩非常相配。右上 餐室仿佛举行着瓷器的大阅兵式，主人的偏好毫不含蓄；彩绘的天花板也是一大亮点。右下 结构简单的木橱因为鲜亮的红色而生动起来，里面摆的都是主人心爱的收藏。

# JAPAN日本

相对狭小的生息空间、温和的自然环境，养成了日本人纤细的感觉和感情。他们乐于追求小巧玲珑，在简素上展现建筑艺术和装饰细节的美，并在创造过程中发现美，崇尚克制和简朴，因而呈现出一种不露锋芒的内敛设计风格。

日本古称“东瀛”、“扶桑”，与中国一衣带水，位于亚洲最东部。温和的气候、充沛的雨量，使得四季变化缓慢而有规律，小巧纤丽的自然景观也显出平稳而沉静的美感。得天独厚的环境令日本人对自然极端热爱，这种热爱最终融入到民族的审美情趣中——日本的文化和艺术以柔和、简约为表达主线，内里却蕴含着深刻的、精神性的价值取向。

日本的建筑风格从最初单一的和风到今天的多元化，其中受到各国建筑文化的影响——尤其以古代对中国建筑文化的吸收，明治维新时期对欧洲古典建筑文化的吸收，以及战后对美国的“现代及后现代”建筑文化的吸收最为突出。

神社、寺院、宫殿以及庭园艺术，代表着日本古代建筑的成就。神社建筑的最高峰是祭祀天照大神的伊势神宫，展现了古代和式建筑简素、调和、非对称的自然性格，被誉为日本古代文明的最高象征。佛教的传入以及遣唐使的回归将建筑的着眼点转向寺院、宫殿和庭园，最为著名的是京都的金阁寺与银阁寺以及龙安寺石庭园。明治维新的变革，使得欧洲古典建筑文化对日本的建筑艺术产生了很大的影响。第一次世界大战以后，出现了和风与洋风的折衷主义建筑。20世纪50到60年代末，现代国际化建筑相继建成。60年代以后，高层建筑迅速发展，综合性建筑群体也开始出现，其建筑造型与日本传统的和风建筑风格已经没有相似之处，大多是在新的功能要求下采用新技术、新材料的产品。

20世纪80年代后半期到90年代初，国外建筑师尤其欧美建筑师大量涌入日本建筑市场。在西方建筑文化占主流地位的情况下，日本建筑界作出了有力的回应，建筑师们努力地研究和提炼日本的特点——对待传统文化更多是从精神上、思想上以及空间上来考虑，而不仅局限于形式，最终完成了从对形式的模仿到注重对空间精神的塑造的转化。“现代及后现代”建筑文化与日本本土建筑文化不断交织，最终日本的现代建筑进入了对传统文化的自觉思考阶段，对物质层面寻求再创作，建筑中更多包涵的是日本的民族气质。这使得现代建筑在日本有了新的发展，最终导致日本建筑在世界上的地位可以与西方并驾齐驱，甚至在某些方面超越了西方。

而在住宅方面，受限于日本的实际情况——相对狭小的生存空间、温和的自然环境，日本人更乐于追求小巧玲珑，在简素上展现建筑艺术的美，这几乎成为近现代日本住宅建筑的基本模式。

在住宅结构方面，海岛气候使得日本的房屋具有极大的适应性，房子要灵活地应付自然的变化与灾害——很少的承重墙，多数可滑动，内部空间分布灵活，可利用滑动门简便迅速地转换空间的大小；不透明纸做成的移门，既可当窗也可当帘；门的移动和开启使内外联系紧密，室外的美景亦成为室内的有机延伸；使用盖被和蒲团，不用时可叠起放在壁橱里，一间卧室马上变成了起居室。

现代日本建筑的室内空间，仍坚持一贯的富足、和谐、简洁的传统，虽在形式上有了多样的痕迹，但在精神底蕴上仍是浓郁的日本风格，其根源是对自身生活方式的固执，然而这固执是建立在彻底尊重自然和现实的基础上的。明治维新后，日本传入了欧洲人习惯坐椅子的生活方式，但“榻榻米”的生活习惯却仍然是日本人的钟爱，虽然出于健康的考虑，大多日本人已摈弃了跪着吃饭和看书，折衷的办法是将和式客厅桌子下面的草席掏空，坐着的时候腿便可舒服地放在里面了。

最大限度的清洁和最大限度的节约是日本民族的特征。日本传统住宅的尺度普遍较小，层高也较低，但正适应了日本人地上的生活习惯。日本住宅可以不要家具，屋子里可以什么都没有，最多也就正中放一张矮桌，周围配几个座垫，有禅的空、无的意境，因为人才是房间的主题。

右页／或竹，或石，或布，或瓦，无非是与自然间无间的对话，但却附有浓郁的禅意，这大约就是日本建筑的魅力吧。

左页／左上 空间是原本就设定了的，而元素、材料则是建筑师信手拈来，取的是随意，更是自然。右上 大量采用木、藤、石等材质的空间体现出日本人对自然的极端热爱。左下 木格玻璃窗的起点极低，扩大的窗体幅度将庭园中的绿意与阳光变为室内的背景；窗台是原木的板材，边缘采用不规则的斜切面抛光，巧夺天工。右下 日式的旧家具有着明显师法中国的痕迹，然而仅仅表现在装饰细节上，整体的风格已经变得很和式了。本页／左上 富有日本风格的小屏风在装饰空间的同时，更体现出和谐自然的意境，与整个环境融为一体。右上 室内，虽然没有太多装饰品和色彩的渲染，但是富有日本特色的碗盆、地毯、壁画等精致元素令整个空间体现出富足和谐的景象。右下 拼接的板壁自不必多言，而朴质的边缘处理却值得借鉴——顺着木纹的肌理切割出的不规则，犹如地图上的海岸线。

本页／左上 榻榻米的生活习惯仍然是日本人的钟爱。但现代日本家庭出于健康和舒适的考虑，将和式客厅桌子下面的草席掏空，坐着的时候腿便可以舒服地放在里面了。左下 和室中的佛龛极具特色：黑色的板门散绘金色的群鹤纹，内里则显得金碧辉煌，简素与繁复两者有机结合。右下 简单的木屏风是日本风格的特色之一，此处，运用这个半遮半掩的屏风来区隔功能空间，既拥有实际使用功能，又具装饰感。右页／这个榻榻米的茶室别具风味，虽然相对独立，但也同其他的空间在视觉上拥有呼应，特别讨人喜欢。

本页／上　日本住宅具有极大的适应性，内部空间分布灵活，可利用滑动门简便迅速地转换空间的大小。住宅内的家具也不多，一张矮桌配几个坐垫，闲适中更有禅的意境。左下　最大限度的清洁和最大限度的节约是日本民族的特征，这个小面积的卧室便是最好的例证。右页／左上　挂画、家具、摆设、地毯等体现出精致的细节美，表达日本人在家居装饰中的纤丽与用心。右上　仅仅是一幅具有日本风格的布艺，就可定格整个空间的风格。左下　正梯形的立柜有汉唐的遗韵，家具亦能言说主人的品位——必是个热爱古典文化的人。右下　传统的日本家庭，保持着日本民族原来的生活习惯。

左页／左上 大工业下的碎木压板，被用作木移门与天花的纹理，与原木的质地形成鲜明的对比。右上 餐厅内，简单的家具和朴素的摆设让整个空间呈现出内敛的气质。下 原木造的茶室，席地是排布细密的竹条，无色等同白色，是日本人最钟爱的颜色。本页／左上 装饰和摆设的简单将室内的气氛渲染得素雅宁静，而一边用不透明纸做成的移门也让空间变得灵动起来。右上 尽现禅意的卧室非常温馨。右下 拉门是日本风格的特色，而拉门上的描绘更称得上是艺术，主人在白底上飘逸地写上汉字，很有禅意。

本页／左上 狭小的空间使门厅兼为庭院，地面的敷石用多种不同质感的材料组成，正中围上细白的碎石，煞是好看。右上 木结构的桌椅，由日式古建筑元素重组而成。左下 原本的庭院在上层重新区隔成露台空间，仅留出树枝来保持庭院的整体感，有效地利用了空间。右页／左上 榻榻米是日本人生活的舞台，将被褥置于其下，省却了橱柜的空间；卧室与卫浴仅用一整面的玻璃进行分割，大胆前卫。右上 青石板构建出完整的空间，摆设却是简单的，但因为有了人，则体现出无限的可能。左下 空阔的卧室很洁净，木质的拉门将其区隔于主空间，床褥上盛开的樱花以及垂于立柜的布幔上的传统纹样，都是经过精心设计的，让空间中日式的韵味更足。右下 细碎的石子延续自庭院的一部分，推拱出圆形的水缸，承载了水之后，让人想起了桂离宫中的手水钵。

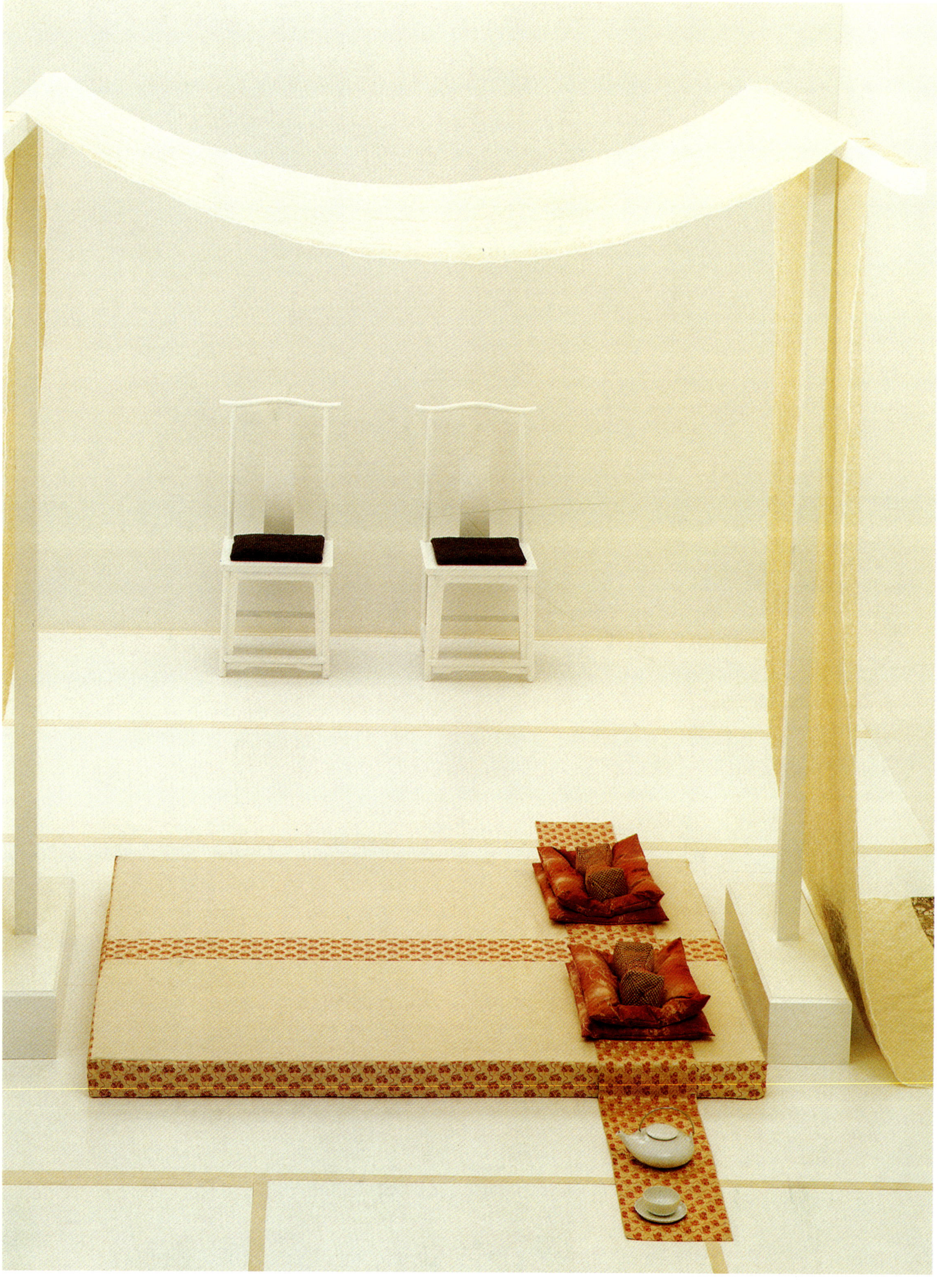

左页／重新解读日式榻榻米所创造出的宁静舒适的气氛。本页／左上 材料的简单构成及其色调，似乎在向你诉说一个哲理。右上 小小的陈设，也有山水隐含，其间的意味需要你仔细品味。右下 大面积的玻璃使室内外联系紧密，培植的苇草可以观察四时的变化。

# KENYA肯尼亚

原野上铺着雪白台布的野餐桌，小河边熊熊燃烧的篝火，和着鼓点轻拂而过的凉爽微风，隐约传来的虫鸣鸟啼狮吼和河马的低吟，当橘红的落日慢慢铺展成一片绯红的晚霞，当变幻瑰丽的云彩渐渐化为繁星点点的夜空，你会发现肯尼亚的美是无法言传的。

肯尼亚地处黑非洲东部高原，国土横跨赤道两侧，东南濒印度洋，边界与索马里为邻，北部地区则与埃塞俄比亚、苏丹接壤，西部与乌干达交界，南部与坦桑尼亚相连。北部为干旱沙漠，气候炎热；中部地区为海拔5000多米冰雪覆盖的非洲第二高峰肯尼亚山，山间谷地河流纵横，植被葱茏；东部则是半干旱荒原，拥有蔚蓝的海景和细白沙滩；西部是大片茂密的热带雨林和平原，维多利亚湖云气蒸腾，尼罗河于此发源滚滚北去；南部为广袤的热带草原高地，是世界上最辽阔的野生动物栖息地。

尽管曾历经战乱动荡、文化侵袭的岁月沧桑，但肯尼亚却依然奇迹般地保持着最纯正的非洲血脉传承，集大自然的野性粗犷和壮丽华美于一体，山川树木、飞禽走兽、海滨草场、沙漠沼泽、城市荒原统统融合在了生命的主题里，极致而鲜活。这种融合的经典范例，首推当地的狩猎风（Safari）。

“Safari”一词据传出自海明威的笔下，意指“狩猎旅游”或“探险旅游”。Safari是肯尼亚的灵魂。作为全球公认的野生动物天堂，肯尼亚是当今世界硕果仅存的生态家园：马赛马拉（Massai Mara）的原野长草间，猎豹出没，大象、狮子、犀牛悠闲漫步，大群的角马、野牛、斑马、羚羊奔腾跳跃，巨大的金合欢树下长颈鹿徘徊来去；纳库鲁湖（Nakuru）上千万只火烈鸟或齐聚湖面，或盘旋空中，衬得波影霞光一片绯红，更有鳄鱼、河马蹒跚地穿行其中，仿佛创世之初的伊甸园时代，绝非人间景象。早期的殖民者和海明威一样，着迷之余拿起了猎枪，后来狩猎活动被明智地禁止了，但Safari却一直沿用下来，成为肯尼亚风情的代名词——一种令人着迷的非洲自然风光和英式殖民礼仪的混合生活方式。

Safari建筑，正是这种美妙生活方式的精华所在，其建筑风格取自当地马赛族人的小屋，由红土、木柱、茅草和牛粪搭建而成，样式质朴，最著名的代表是阿博戴尔（Aberdare）树顶旅馆。1932年一个英国士兵为观赏动物大迁徙而在无花果树上最先搭建小屋，经过多年不断的修缮和扩建，现在已成为上下三层的大型建筑，但依然保持着最原始朴素的外形风貌：树皮屋顶，铸铁楼梯，原木梁柱，宽大的露台，结构完全依着树势而建，最大可能地利用了每一个方位和空间，使周围的美景尽收眼底，自己却与整个环境融为一体，仿佛就是一棵大树，在蓝天白云、长草绿树间有种天衣无缝的和谐美丽，是肯尼亚最常见的建筑风格，广泛见于庄园、酒店、度假屋，为慕名而来的游客们所喜爱。

除了让人热血沸腾的狩猎风格以外，肯尼亚的城市建筑同样有着可圈可点的美丽。首都内罗毕有“非洲小巴黎”之称，因为一年四季盛产鲜花，又有“阳光下的花都”之美名。内罗毕室内的建筑风格样式偏于欧洲，尤其是英式风格，典型代表便是位于市郊的凯伦庄园和温莎高尔夫乡村俱乐部。凯伦庄园是简朴的欧式别墅设计，温莎高尔夫则是当年温莎公爵的产业，优雅的维多利亚式大宅和园林绿地搭配着四周大片的非洲热带雨林和茂密的咖啡园，凉爽宜人的赤道信风让对比强烈的殖民地风格分外动人心魄。

肯尼亚的标志性装饰元素来自精美的木雕艺术品。最好的木雕材质是黑檀木，其次为玫瑰木。木雕最好的材质是黑木，其次是玫瑰木，这种名贵的肯尼亚原产木材纹理细致，光泽动人，有种高贵的气质。以黑木雕刻而成的大象、狮子、犀牛、长颈鹿和人物是肯尼亚风格室内装饰的点睛之笔，原野气息呼吸可闻。此外，皂石雕刻也是肯尼亚人喜爱的装饰细节，由白色、粉红色和深红色皂石雕成的各种小动物造型的陈设品古朴可爱，风味独特。手工编制的波罗麻提篮是肯尼亚传统的妇女手工艺品，通常搭配色彩艳丽的条纹布和皮革饰带，放置在室内，与单纯粗犷的木材和原石材质形成鲜明的对比，正是经典的非洲风情。美丽的兽皮和象牙虽然是最不可多得的狩猎风格装饰符号，不过出于环境保护的考虑，目前已经不太采用了，偶然见到却也着实让人惊艳不已。

右页／左上、右上 阿拉伯风格的建筑，却以非洲本土的红土为材质，显得别有风味。左下 原始风味的茅草顶度假屋，搭配葱郁碧绿的热带植物，印度洋海滨风光一览无余。右下 英式露明木（骨）都铎风格建筑，在非洲的草地上一样和谐。

本页／左上、右上 白墙是典型的海滨建筑风格，高大的热带树木让整座房子生动起来。左下 依着山石而建的洗手间，让人顿时有种幕天席地的奇妙感觉。右页／左上 大胆奇突的红绿对比用色，正是马赛族人最喜欢的装饰手法。右上 火烈鸟和奔马是肯尼亚风格不二的标志性主题。左下 从大块的岩石开凿房屋，原木的台阶有引人入胜的趣味。右下 把大自然搬进屋里就是这么简单。

左页／左上、右上 不常见的现代前卫曲线风格，搭配原始的狩猎风格，倒是相得益彰。左下、右下 高大挑空的多层建筑格局，与肯尼亚的环境非常贴切，大量采用原木的材质，自然风貌令人心仪。本页／右上 彩色几何纹样的纺织品，造型稚拙的木凳，非洲的美丽就是如此不加雕饰。下 色彩艳丽的几何纹样是肯尼亚土著的传统图腾，尖锐的长矛代表着勇气和力量。

本页／上 华丽的几何纹样成为装饰的主题，繁复而不琐碎，原野气息扑面而来。左下 窗子和墙壁简直是你中有我，我中有你了。右页／左上 结构简单的木楼梯一无装饰，正是原野本色。右上 夸张一样可以成就精彩的卧室。左下 帘子将室外曼妙的光影引入室内，别有一番迷离动人。右下 火烈鸟在屋里一样可以盛放。

左页／上 大量的陈设和纺织品，让阿拉伯风格的白墙与非洲原野风格融合起来，倒有了几分北非风情。下 完全的欧洲风格起居室，雕花的铁艺窗格和墙上的装饰画都是主人喜爱的元素。 本页／上 象牙一定是殖民风格住宅里最值得夸耀的饰品。右下 精美的木工扶椅和屏风显示出殖民地风格独有的痕迹。

本页／左上、右上 完整的野兽的头骨有种令人惭愧的美感，在非洲无疑是荣耀的记号。左下 厚厚的地毯和低垂的帘幕，是斯瓦希里人喜爱的内室风格，让人联想起靡丽的中东风情。右页／左上 简单的室内装饰却因为富于非洲特色条纹纺织品而生气勃勃。右上 镶板是室内设计的重点，同样出于阿拉伯风格。左下、右下 别致的木制家具展现出非洲独特的审美趣味，简单而美丽。

左页／左上 清爽的卧室，纯白的寝具仿佛碧海白沙，让人依稀闻到来自印度洋的清风。右上 朴拙的瓦罐为房子增添了一种纯真的美感。左下 简约的室内布置，用色明亮的地毯和沙发是点睛之笔。右下 直线条的漂亮浴室，颇有几分现代派的设计，其实是斯瓦希里常用的手法。本页／斯瓦希里风格的厨房带有明显的阿拉伯元素，拱形窗格和墙上的壁龛装饰让空间有些微神秘的后宫气息。

本页／阿拉伯祖先的历史就这么成为墙面的装饰。右页／左上 宽大奢华的欧洲风格卧室，或许曾是女王下榻之地。右上 墙上现代风格的装饰画，粗犷的木桌和原木的地板、门框搭配，有种原始气息。左下 起居室的壁炉装饰是来自欧洲的记忆，多彩的沙发和靠垫却是本地特色，搭配在一起意外的美丽。右下 大胆的红色让人眼前一亮。

# KOREA韩国

韩国人在建筑和装饰艺术方面的追求主要体现为简洁和对大自然的极大尊重，这种尊重心理通常形成为一种平和宁静的感觉。无论是大建筑还是小器物，韩国人都将其带入了诗意的境地，对自然的赞赏导致冥想，进而由冥想而陶醉，不是为有形的美，而是为精神的美。

韩国位于亚洲大陆东北朝鲜半岛的南半部，历来都与邻国朝鲜、中国和日本的文化艺术有着一脉相承的渊源关系，包括其美学观念、题材、技巧和形式等；同时，韩国所在的朝鲜半岛也是世界最早的文明发祥地之一，具有悠久的历史和灿烂的文化。

韩国人通常视建筑为一种工艺而非艺术，不是为了表达某种美学形式的创作意愿，而是为了满足实际功能和传统的需要。他们对结构内在协调性的偏爱，对细部和装饰的关注以及对建筑与自然环境和谐的重视，使其建筑表现出一种令人惊喜的现代性。他们在建筑艺术方面的追求主要体现为简洁和对大自然的极大尊重，这种尊重心理通常形成为一种平和宁静的感觉。在今天我们了解的韩国电影中，这些古老谦逊的建筑物给了我们最为直接的感受。在韩国建筑中，自然环境始终被认为是最重要的因素。韩国古代建筑师的不同寻常之处是他们决不做违背壮丽的自然环境的尝试，也决不与自然景色比较高低。他们全都试图实现一个使建筑物同自然环境相和谐的理想，或者就是努力顺从自然环境。任何房舍，私人住宅、宫殿、寺院或其他社会设施，在选择建房地点的时候，当地的设计师或居民都会考虑到其与自然环境的关系，不论造什么房子都讲究选一个望得见“山水”的房址。因此，在朝鲜半岛，多数村落坐落在依山的平地上，房屋别具一格。

在韩国，除贵族和上层人士的住宅院落讲求轴线对称、布局比较严谨以外，一般住宅都比较自由，采用封闭的四合院较多，屋顶四面斜坡，门窗大多开向内院，推拉式，窗棂古朴简洁，多以方格糊纸。屋里用木板隔成单间，各个屋之间有门道相连通。屋内设有平地火道，利用铺设在地板下的热气管道来采暖。室内有平炕，进屋后要脱鞋，人们席炕而坐。低矮的层高、开放的入口平台、高耸的烟囱、轻盈的门窗隔扇，形成韩国民居鲜明的特点。另外，韩国人很少用厚重和夸张的鲜艳色彩，而是保持一种与古朴风格相符的平滑自由的表面，采用天然的材料——木、砖、瓦，很少彩绘，淡雅的色调，一切显得十分和谐。室内空间也比较小，装饰简单。韩国建筑师也喜爱天然木纹，木材的纹理各有不同，被视为主要的装饰成分，安排成悦目的图案。木料不上油漆，而是用油打光，从而最大限度地突出木纹的天然纹理。同时，在房间内通常采用单色处理，这是为了突出主人喜爱简单的趣味，室内往往挂一小幅水墨山水，摆设几件陶瓷器，就将高雅体现出来了。

韩国人虽然偏爱简洁的单色装饰，但是有时在装饰上也极其华丽繁杂，如宫殿、神龛和寺院的木结构上的鲜艳的彩绘。这类建筑的隅撑系统中的檐、梁和天花板上几乎集一切想象得到的图案之大成，主要用红、蓝、黄、白、黑五种颜色画成。王宫大殿的天花板上画的是象征国王最高权威的龙和凤，其他部位则用祝国王长寿和多福的图样作装饰。采用五彩缤纷的云彩和花朵图样是因为它们象征吉祥，在它们周围还要描上象征花香氤氲的想象出来的图案。这些图案总体设计的主导思想是很受重视的阴阳调和理论和天地五行学说。这些手法和中国文化是一脉相承的。

右页／宁静的庭院，有着规矩对称的范式，正寝两边均设有厢房，传统的人字屋顶和高挑轩敞的门廊让人不禁联想起大宅当年宾客盈门、仆佣迎送的繁华场景。

本页／左上 古朴的山村还保持着当年的样貌。右上 苍劲的古树掩隐着寂静的深深庭院，这里是1834年朝鲜国王宪宗和纯元王后起居的宫殿。左下 气象庄严的大屋，当年曾为王室的别院。右页／左上、右上 格式典雅的纯砖木结构庭院，精美的雕刻木窗和特别烧制的瓦当都显示出王室的尊严，以及不可忽视的中国风格的影响力。左下 典型的木结构回廊可以让人随意起坐，穿行间或观赏院中风景，舒适惬意。右下 原汁原味的山村景色，朴素的土墙和茅草屋顶让人忘记了时间的流逝。

東茶軒

左页／左上、右上 粉白的墙搭配漆为鲜红的木柱，美观而庄重，是典型的宫殿装饰。左下 外墙的装饰也颇为独特，两色配色很鲜明。右下 朴素的木廊当年是书院。本页／右上 庭院中的陶罐趣意盎然。左下、右下 古朴的木梁木柱都是历史的见证者。

本页／上 阳光由临屋的庭院透过窗格漫溢进屋内，十分的惬意。左下 曲曲转转的回廊，正是大宅子的气派。右页／天然石料装饰而成的小巧庭院，竹木茂盛潭水幽幽，睡莲和兰草搭配着朴拙的石亭，自然韵味悠然而出，显示出东方特有的天人合一的哲学审美。

其人書室

左页／上、左下 很现代化的书房被设置在这个传统的小院落里，人文精神却出乎意料的和谐，落地的玻璃窗将室内外的空间融为一体。右下 屋子外面的回廊被布置成喝茶小坐的地方，既与室内空间联为一体，又隐隐然是院落的一部分，分外轩敞随意。本页／右上 宽敞的窗台成为主人展示个人收藏的好舞台，形制各异的瓷器和陶器错落有致，阳光透窗而过，显出幽雅澄净的气息。下 精工细作的传统家具，朴素之中也透出几分低调的华丽感，矮几和丝绸坐垫正可提供最正宗的朝鲜居家风味体验。

# MALAYSIA 马来西亚

风格的混杂与和谐相处是马来西亚这个热带岛国的重要特色……尽管在这个岛屿上，不同的建筑和装饰各有特色，但人们对于马来西亚当地的传统材料和手工艺术的热衷，对近代马来历史的回应，并通过与现代结构和科技的结合，共筑起了马来新建筑的特色。

处在亚洲最南端的马来西亚，是连接东西方海上运输的交通要冲，也必然成为东西方文化交流的必经之地。马来西亚先后经历了葡萄牙、西班牙、英国、荷兰的殖民，并与亚洲各国相互往来，多样性的文化交融最终形成复杂多样的建筑文化。在马来西亚首府吉隆坡，中国式的骑楼排屋，巴洛克式的殖民地府邸，本地风格的国家博物馆，英国莫尔风格的火车站，伊斯兰风格的清真寺……北非、印度、欧洲、泰国、中国等各地的样式和谐相处，形成了新的马来西亚风格。

来自各地的艺术家、建筑师和旅游者从自己已有的文化中提取素材，并与马来西亚以及南亚各地的风格相结合，建造自己新的乐土。尽管他们的构筑各有特点，但对于马来西亚当地的传统材料和手工艺术的热衷，对近代马来历史的回应，通过与现代结构和科技的结合，创造出了别具一格的马来新建筑。在椰子林中和海滩边上，并没有出现高耸突兀的国际式建筑，对于当地建筑形式的仿制、尊重和再创造，也使得很多新的建筑就像传统的民居一样从自然中生长出来。风格的混杂与和谐相处是这个热带岛国的重要特色，建筑师们对建造具有马来西亚特色的新建筑进行了多方位的尝试，它们重新诠释了新的热带艺术生活，并由此创造出现代文明生活方式与休闲自由的生活气氛，与回归自然的生活环境融合在一起。

首先是对建筑传统空间的利用和改造。传统的杆栏式和院落式的组织方式被组合使用，同时又很注重空间的灵活性。而建筑又是通透的，一方面是对于气候的考虑，另一方面也为了非常适宜的景观效果。很多建筑被架空，仿佛悬在树林中，同时整个房屋的地板是柚木或陶土砖铺成，摆放着陶罐很是质朴，树叶从阳台上伸进来，窗外郁郁葱葱，房间也成了山野的一部分。水是南亚建筑中不可缺少的组成部分，建筑师们赋予水新的创意——用水来组织空间。木的廊桥可以将各个房间联系起来，同时，房子也可以浮在或矗立在水面上。值得注意的还有房间中的浴室，它们已不再只是简单沐浴的地方，而是一个能充分放松和休息的空间，常常位于庭院中，可以一汪清泉，也可以一池绿水，既与室外的风景联系，又有高墙或玻璃等间隔。庭院则有着东南亚一贯的通透性和流畅性，每个庭院景观都有自己的主题，同时配以各类植物。

其次为材料的混搭。马来西亚拥有大量独特的天然材料，如木材、竹子、石头。建筑师们则致力于尝试以各种手法来使用这些天然材料：大理石碎片铺地、鹅卵石铺地、水磨石地面和木地板、陶土地砖的结合，混凝土柱子上架木桁架，茅草屋面倾斜地露出竹子的结构，木结构架着钢屋架，钢架结构上随屋顶的走向均匀铺设着木檩条……这些都会在室内形成极富韵律感的视觉效果，而这种现代技术与传统的碰撞，又使建筑不再只是对传统的模仿。同时，当地的材料也被创造性地使用在现代装饰中，用当地石材与水泥混合并经抛光制成地面铺的陶瓷面砖；用砂岩石碾碎成粉末后与白水泥混合制成墙体和柱子的抹面层；用当地的细沙与水泥混合烧制成沙铸陶地砖等。这些混合的材料后来还被制成装饰陶器，如花瓶、容器、家具等，获得了新的视觉和肌理效果。

另外，印度教、佛教，特别是伊斯兰教和后来的中国文化和欧洲文化，对马来西亚室内装饰的影响也十分巨大。这些文化和这里的建筑在同一个住宅中相互交融，复合成新。在室内，你可以找到世界各地的装饰品：当地人手工烧制的精致、娇柔的黎弓舞造型的浅浮雕砖装饰在门头，椰子壳天花和家具饰面、海贝壳天花、珍珠母嵌饰等这些传统元素经常被用以装饰室内空间，而中国的传统家具、泰国的佛像、巴厘岛的陶罐、伊斯兰图案的瓷砖，以及现代样式的布艺沙发、欧洲名师的抽象画和本地的染织物混合在一起，也毫不突兀。新的异国情调在这里找到注脚，这样的搭配非常具有现代性和时尚生活的气息，找不到所谓纯粹的表现语言，“融合”成为一种真正的时髦和特点。

右页／宽大的木、细长的竹、结实的绳，架起丛林中的小屋，自然至极。建筑被绿意包围，一切充满了生机。

左页／左上 在这个房间内，木的表现多种多样，加上顶棚竹编的细节和室内绿意的衬托，呈现出平和宁静的居家气氛。右上 建筑的规划和设计无论从墙面、天花还是不同功能区的衔接，都与自然紧密相连，大气的藤椅更是将功能与美观合二为一，加上大块地毯的渲染，整一个热带的悠游生活。下 丛林中的小屋是人们的梦想。此处，设计师摆脱了原本对于正规建筑的一切束缚，尽情发挥自己的想象，让人能真正感受到这个丛林小屋的惬意和舒适。本页／左上 传统的中国明式座椅被改良，藤编的椅面给人带来更加清凉的感觉。右上 现代化的厨房内，材质的对比令空间更具视觉冲击力。宽大的窗户将外面唾手可得的绿意引入室内，则更增添了厨房的清新之气。右下 起居室内，窗上华丽的雕花不仅只是引人注目的设计元素，更重要的是镂空的雕刻让空气得到了充分的流通。同时，雕刻精细的座椅也呼应着门窗上的装饰元素。

本页／左上 这个宴会厅可以容纳三十人左右，最引人注目的是那个来自帝汶岛的巨大雕像——门神，旁边则是19世纪中国的药箱。如今这些都作为装饰品摆放到宴会厅中，显现着混搭的魅力。左下 浴室内，自然材质的洗手台体现着石材的粗犷，而色彩跳跃的地毯则在屋内起到了很好的平衡作用，反倒突出了台面的特质。右下 半开放式的空间面向花园。藤椅是最好的坐具，让人可以舒适地在此阅读或聊天。一边木门繁复的雕花则充满了装饰感，也表现出马来人的装饰喜好。右页／海边的小屋，具有马来风情的陶土工艺品成为装饰的主角，浑然天成融于大自然的怀抱中。

左页／左上 床的雕刻繁复但细致，加上款式多样的靠垫组合，展现神秘的东南亚基调。右上、左下、右下 马来西亚人认为，他们在世界上缺少被人认可的建筑风格，因此他们必须运用其独一无二的、丰富多样的文化元素及影响来弥补。在马来西亚人的家中，具有地域特色的佛像、繁复的装饰细节，都成为表现其居住特色的主要元素。本页／左上 自然材质的简单组合，令整个画面看起来更加唯美可人。右上 质朴的房间内，以木为主要材质。而工艺细致的主题性雕刻、编织或图画在表达传统的同时更渲染了整体的气氛。右下 这个主卧室，设计师想要表现的是过往岁月的优雅和精致。老式的梳妆台，与传统窗格的雕花相呼应，和谐中更见主人怀旧的情结。为了将整个房子的基调做到位，原本外露的空调也用特制的木板遮盖起来。

本页／左上 老式的马来人房间，拥有众多民族气息浓厚的物品，它们成为室内最引人注目的物品，让空间充满了生气。下 起居室内，一张优雅的榻椅被织有风信子图案的面料包裹着，仿佛有着这样的暗示——坐在这里看书可以感受到海的气息。一边的沙发也是同样的材质，地上铺着精细的竹席，整个画面唯美至极。右页／富有地域特色的雕刻呈现出不同的表现形式，与柔美的布艺、温润的阳光、清新的植物，共同组合成充满诗意的画面，让人有置身其间的渴望。

PICASSO
PICASSO
LIECHTENSTEIN
MALAYSIA
AUGEN-BLICKE AUS ASIEN
WILD MALAYSIA
THAI STYLE
REFLECTIONS OF MALAYSIA

左页／上 高棉鼓在此有了其他的功用，成为引人注目的摆设，旁边则围着好几个印度拼缝靠垫，这是房子中最主要的休闲区域。左下 整体为深色的基调需要更多的阳光和光线，这里的半开放式建筑设计便能让阳光和绿意更多地进入，从而起到平衡的作用，让室内的楼梯和摆设都轻灵起来。右下 质朴的材料打造出自然的室内空间，阳光包围着整个屋子，打开木门，迎面便是满眼的绿。本页／右上 餐厅内，源自18世纪的巨大佛头被摆放在明快的黄色墙面前，显得特别引人注目。现代化的餐桌椅则是由久居菲律宾的意大利家具设计师运用当地竹的材质设计制作而成。左下 工业材质与自然材质的极致碰撞，产生意想不到的视觉冲击。右下 洗手台宛若一件装饰艺术，成为浴室中夺目的明星。然而，小木格的设计也非常有特色，让室内有更好采光的同时，还能让人隐隐约约感受到室外的气息，而布帘的使用也保证了洗浴时的私密性。

本页／上 在马来西亚人的家中，主人非常注重水的循环，通常会在中心地带制造一个情调颇佳的水池，象征生生不息的生命之源。左下 起居室内，坐在大型的木质长椅上，可以远眺花园内的美景，而大量木材的使用也令居者感受到自然的亲近，整个氛围清新悠闲。右页／左上 热带风格中的极简主义，没有过多繁复的装饰，但是木质的高顶、门窗等依然流露着地域的特征。右上 这里的卧室面向大海，视野很好。其天花和墙面均以竹条编织而成，加上木头的装饰，与早期马来人房子的墙面装饰颇为相似。左下 这个客房的室内设计深受泰国风格的影响。简单的床，被抬高至木平台上，盖以泰式的织物。色彩缤纷的泰式靠垫、金色的寺庙用伞以及马来的黄铜饰品等，都为房间增色不少。右下 客房的设计主要体现一种温馨的气氛，从进门开始，地板、床面镶嵌板等，都和谐统一，温暖可人。

左页／左上、右上 窗花和栏杆这些引人注目的装饰都是苏格兰格拉斯哥铸造厂生产的铸铁工艺作品。这些精致的、复杂的作品被运用到中心花园内，与当地的木相结合，让人目不暇接。左下 起居室内，运用当地的手编织物和席子，以及雕刻和蜡染布艺，来表现充满了马来风情的住家。右下 这个巨大的座椅其外形来自于老树根的造型，而靠垫和竹篮则都由藤条编织而成，显得十分别致。本页／右上 屋顶的装饰极具特色，竹编的花纹精致耐看，且与地毯相呼应，给人视觉的跳跃感。同时，富有地域特点的材质也让室内更加清凉舒适。左下 这种强烈的靛蓝色用于公寓的墙面非常引人注目，是19世纪以及20世纪早期马来西亚人建筑中被广泛使用的色彩。右下 斜屋顶的设计颇为浪漫，配上东南亚特有的竹编材质，清新可人。小型的天窗则让室内更加敞亮，符合现代人的生活方式。

# MALDIVES 马尔代夫

有人说，马尔代夫是一生一定要去的地方之一，这个好客的岛国是全球人的度假圣地，热恋的情侣在那里约会，决定共度一生的男女在那里举行婚礼，忙碌的人在那里寻觅短暂而宝贵的悠闲时光，疲惫的人在那里找到心灵的宁静和力量。

马尔代夫的确比任何的想象更加接近最美丽的天堂，它位于赤道附近的印度洋中心，邻近印度和斯里兰卡。面积约7万平方公里的海域里，是由大大小小，从北向南经过赤道的一列长长的、上千个小岛组成的珊瑚岛国，每一个珊瑚岛的面积不超过2平方公里，平均海拔高度只有1米左右。马尔代夫的原住民血缘已经很难查考，从迄今发现的最早的考古证据只能得知，大约四千年前已有类似印度河文明的人群在其一些主要的岛屿上活动。有记载的早期移民是沿着海上丝路航行于东非与亚洲间的古代航海家与来自印度洋西北流域的居民，雅利安人、腓尼基人、埃及人、希腊人、中国人、罗马人、波斯人都在他们的航海日志中留下了关于这个千岛之国的记载。公元2世纪古希腊学者托勒密（Claudius Ptolemaeus，约90—168）首度在著作中提到了斯里兰卡西面有一千三百七十八个小岛的地方；9世纪有波斯商人记载称这里有一千九百个岛屿，统治者财富多不胜数；14世纪末的亚历山大同样提到了这里一千三百七十个相邻的岛屿；底比斯人斯卡拉斯特记录了印度马拉巴尔海岸附近有一千个小岛，并说那里的磁石海岸会导致铁皮船触礁沉没；下西洋的郑和在去往东非的航行中也曾经过马尔代夫，在此往来贸易。

人们在马尔代夫发现过远古自然崇拜的遗迹和一些按照星座排列的太阳神庙废墟，而从迄今为止在很多岛上仍可找到庙宇和佛塔的痕迹可以推测，3世纪左右由印度次大陆传入的佛教曾经是马尔代夫比较普遍的信仰；此后众多来自东非和阿拉伯半岛的远航者路过发现了这个非常便利，并且美丽宁静的停泊港，于是便流连不返定居下来。7世纪以后，阿拉伯商人把马尔代夫变成了印度洋商业活动中心，与伊斯兰世界的接触也逐渐频繁起来，1030年伊斯兰教贤者比鲁尼（Abu Rayhan Biruni，973—1048）来到马尔代夫，伊斯兰教逐渐盛行，1116年苏丹国王皈依，伊斯兰教遂取代佛教而成为国教。统一的苏丹王国延续了六个王朝的平稳更替后，马尔代夫经历了15世纪中叶印度的短暂控制、1558年葡萄牙人的殖民统治、18世纪的荷兰入侵和19世纪沦为英国的保护国，直到1965年重新独立，终于恢复了昔日世外桃源般的平和岁月。

因为如此独特的地理位置、自然风貌和历史发展，马尔代夫完美地融合了来自世界各地海上移民所带来的丰富多元的文化传承，尤其以阿拉伯、非洲及亚洲的影响最大。它优美活跃的鼓曲和舞蹈具有明显的东非烙印，建筑和装饰则处处凸显伊斯兰文化的特色，饮食休闲更是一派南亚风情，融合在当地朴实、悠闲、知足常乐的生活哲学中，呈现出云起云落般从容自在的海岛风格，令人深深为之着迷。

马尔代夫的建筑装饰之美，在于精神和自然的高度统一。随处可见的清真寺，纯白的颜色，以珊瑚石为主要材料，顶部使用波形铁皮或椰树叶等植物铺盖而成，高耸的尖塔让浪漫自然的岛国风光平添了几分纯净圣洁的气质。而中古时期的苏丹王国为马尔代夫留下了古典的伊斯兰风格建筑，无论是华丽的王宫，还是庄严的清真寺，更是十分优美。首都马累建于1656年的胡库鲁米斯基星期五清真寺，内外墙壁均用珊瑚石砌成，墙上雕刻着各样的阿拉伯装饰纹样，寺顶和窗户大量使用了柚木、红木和檀香木等热带名贵木材，内部则装饰着色彩缤纷的珊瑚雕刻和漆质工艺，非常富丽堂皇。1675年落成的神奇尖塔，上面装饰的《古兰经》碑文，朱马清真寺白色和天蓝色的柱状塔楼以及雕饰华美的四围回廊，无论用色、布局和装饰手法，都是经典的伊斯兰特色元素。在普通民居方面，则以朴素的平房为主要特点，珊瑚碎石砌墙，椰子树干为梁柱，用树皮树叶编织而成的席子做成屋顶，遍植鲜花的庭院，门窗总被涂成亮丽的蓝色或绿色，在淡金色的阳光照射下，与白色的街道和建筑外墙形成强烈又清爽的对比，与蓝天碧海浑然一体，是海岛生活最美丽的写照。此外，马尔代夫还盛产美丽的手工艺品，灯芯草编织的席子，精美的红、黄、黑三色漆器木罐、木盒，拙朴的金银器皿，珊瑚、珍珠、贝壳制品，珊瑚石和硬木的人物雕像等，都是当地最受欢迎的装饰品。

右页／ 碧海蓝天，高大的椰子树，细白如雪的沙滩，海螺和海星都是海边度假的最美丽的意象。亭亭立在水中的高脚木屋，可爱的尖顶是椰子树叶编织而成的，这是马尔代夫的标志性景观。

左页／上 仿佛一片大芭蕉叶子的屋顶，原木的结构，浓绿的鸡蛋花树营造出热带风格的经典居所。左下、右下 通透的半开放空间，墙壁都是可以拆卸的结构，让人无论白天黑夜都能尽情享受温暖海风和雨林的气息。本页／美丽的海滩安静如伊甸园，高高翘起的多尼船尾仿佛风帆一样引人遐想。

本页／清爽简洁的现代厨房设备，即便是在无人的小岛上，假期生活依然方便轻松。右页／细长的白色木条堆叠出整个空间的节奏感，众多航海的小细节陈设让人时刻感受到印度洋明媚温暖的包围。

本页／纯白的空间用色，对比大自然鲜亮的阳光，青翠的花木，碧绿的海水，带来心旷神怡的感受，无论是现代的极简设计，还是带有原住民风格的朴拙装饰，都是那么和谐美丽。右页／大量出现的自然材质，把房屋的结构之美完全呈现。曲线型的家具带出度假的慵懒味道，随便靠靠就是一段惬意的时光。

左页／原木材质的餐桌，却可以有完全不同的韵味，每一处都是别致的心思。本页／左上、右上 当星星点点的灯火亮起，世外桃源的夜色融入迷幻沉静的海面，伊甸园也就是这样的景色了。右下 嵌入地面的浴池，有非常的野趣。

本页／海鲜饕餮大餐的战利品，新鲜得还带着海水的气息。右页／鹅卵石是马尔代夫最具特色的装饰元素，用以拼接出美妙的图案，花朵，贝壳，几何纹样都是最受欢迎的。

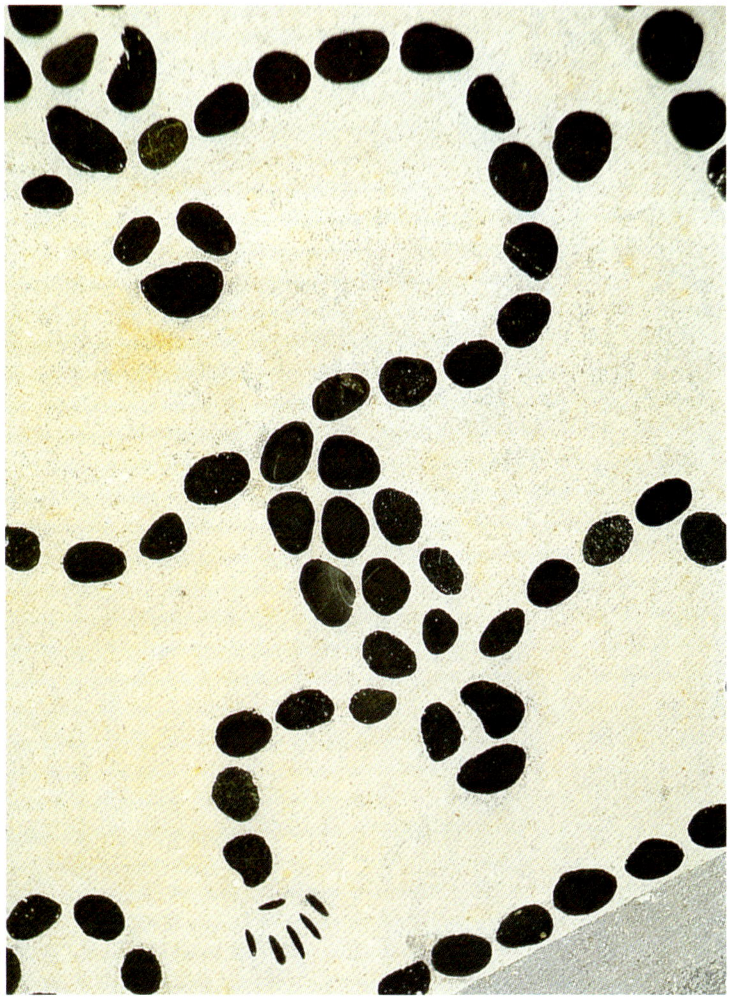

# MALI 马里

在古老的岁月里，马里曾是非洲历史上最兴盛的传奇帝国之一，现在则因为常常被看作是北非和南非的地理分界线，或者说是黑色非洲和白色非洲的文明分界线，不断散发着神秘的吸引力。

马里位于非洲大陆的西南部，向北去是一望无际的撒哈拉沙漠，与阿尔及利亚接壤，东部与尼日尔相连，南边是科特迪瓦、几内亚，西部则与塞内加尔、毛里塔尼亚为邻。马里原是加纳王国的一个属国，为凯塔部落酋长所建。马里国的最初兴起是在公元7世纪前后，北方的阿拉伯人穿越撒哈拉沙漠而来，用地中海的盐、贝壳、串珠等交换当地的黄金和象牙，善于经商的凯塔族人在与阿拉伯人的交往中皈依了伊斯兰教，慢慢地富裕和强大了起来，直到趁着加纳王国的败亡取而代之，在13世纪建立起强大的马里帝国。马里帝国的盛名还来自于1325年，国王曼萨穆萨（Mansa Musa，约1312—约1337年在位）一次空前绝后的麦加朝圣。据传这次来自黄金治国的奢华朝觐之旅使得埃及的金价下跌了五分之一，直到十二年后才慢慢恢复，而阿拉伯世界和欧洲也从此认识了马里。曼萨穆萨让马里的名字首次出现在欧洲的航海图上，他邀请众多的穆斯林学者来到马里，同时开辟了多条与地中海地区的商道。

商贸兴国的马里帝国在中古时期留下了多座名城，这些当年光辉灿烂的文化和经济中心，虽历经千年的岁月而不朽，至今依然安静伫立，廷巴克图（Timbuktu）、杰内（Djenn）、加奥（Gao）、巴马科（Bamako）……每一座城市都是马里人五体投地的信仰，鸡犬相闻的市集晨昏、往来谈笑的鸿儒寒丁、活色生香的街巷家居。阿拉伯人万里迢迢带来的伊斯兰文化，在马里国王的大力推崇下落地生根，王室的宫殿、贵族的庭院、繁华的街市、宏伟的大清真寺，都成为了今天马里，乃至非洲和世界最可引以为豪的文化符号之一。

马里古城中最值得夸耀的应该说是杰内。这是一座以摩尔式建筑闻名的城市，也是以非洲化的伊斯兰艺术闻名的文化之都。杰内位于尼日尔河三角洲的最南端，尼日尔河支流巴尼河的左岸，清澈的河水蜿蜒流过，城中小桥卧波，水声潺潺，街头巷尾鲜花繁茂，芳草如茵。大清真寺占据了集市广场，沙石街巷蜿蜒向两大广场延伸，由防护城墙围挡的十一个街区形成了自然的城市规划，超过两千多幢古老的建筑都具有非常突出的本土风格：用灰泥涂抹的捣实黏土块是这个少雨国家最常用的建筑材料，画有装饰的壁柱、筑有雉堞的护墙，使建筑立面及其互不相连的通道精细别致，掩映在郁郁葱葱的芒果树、棕榈树、香蕉树丛中，随着舒缓的山丘地势起起伏伏，美不胜收。

最具标识性的建筑是杰内大清真寺。这是一座壮丽的沙堡，世界上最大的黏土建筑群，其结构之不对称，曲线变化之丰富，动人心魄，它在建造时没有用一砖一石，而是用黏土和椰树木树枝为骨架建造而成，也许是非洲土地上最具视觉和谐感的建筑。它的面积达3025平方米，一百根粗大的四方体泥柱支撑着祈祷大厅的屋顶，屋顶上密密排列着一百零四个直径10厘米的气洞，高大宽阔的寺门更是壮观。寺院的主墙是由三座塔楼构成的，塔楼在五根泥柱的连结下成为一体，是伊斯兰风格和撒哈拉风格的完美结合体，被视为非洲建筑史上的一大杰作，也是西非伊斯兰教的象征。

杰内古城区的民宅与大清真寺一样，也是具有亲切和谐感的土木结构，几户人家合住在一个硕大的方形院落内，两层平顶式住房整齐划一地面向院落中央的公共场院，四周围以泥沙抹面的院墙，远远望去，高于院墙的宅舍犹如一块块切削整齐的光面巨石。院落仅有一个供出入的大门，木制的院门上钉有粗大的铁钉，住家轮流在出入口担任门卫任务，迎宾送客，护卫精心积累的财产。在炎热的西非地区，这种民宅防尘隔热，舒适宜人，非常有特色。

除此之外还必须提及的，就是多贡人（Dogon）的尖顶泥屋了，这同样是马里建筑文化中独特的风格样式。多贡人是世代居住在多贡高原邦甲加拉大悬崖东边的部族。邦甲加拉大悬崖是马里最富盛名的丹霞地貌带，红色的山崖层层叠叠蔓延无边，在阳光的照射下呈现出耀眼的紫红色霞光，瑰丽无匹。传说为躲避游牧部族争战而聚居于此的多贡人，选择把住所建造在悬崖上。多贡族村落整体看起来就像一个人体：专供男人集合的场所是人头，脚则是南端的两座庙宇，东西两端各有一间圆屋代表手，供长老们居住的村落中心则代表了胸部。每一个房子都是矮矮小小的，用大石块堆砌，抹上灰泥建成，以草秆扎成的尖顶为盖，房子本身也以人体为喻：厨房在头部，代表眼睛的是两个用以排气、采光的孔，卧室算腹部，左右两边的仓库分别代表女人和男人。床象征着大地，平屋顶则表示天空。装饰着代表祖先和神的各种雕刻的大门位于脚部的位置。这样的村落散布在悬崖峭壁间，使悬崖就成为房屋、粮仓、圣坛、神殿和集会厅的保护伞，而这样的建筑正是几个世纪以来传统多贡文化的灵魂，也是全人类共同的遗产。

右页／左上、右上 黏土和棕榈树枝建城的大清真寺，是西非伊斯兰风格的典范之作，温厚的风格外观与撒哈拉荒漠地貌非常契合，显出和谐的美感。左下 多贡人的尖顶泥屋，模仿人体的造型，反映出独特的拜物宗教风格。右下 邦甲加拉大悬崖是多贡人风格的几种体现，依着山势而建的尖顶泥屋显出纯朴的避世情怀。

左页／当地的特色建筑。本页／右上 原始而简陋的泥屋，但小小的院落布局却自有一番端严又亲切的气度。左下 石块和黏土在干旱少雨的马里是最常见的建筑材料，宏大的院墙内是多家聚居的村落文化。右下 繁忙的渔港，是马里尼日尔河畔的日常景色。

本页、右页／泥屋的布局和装饰都表达了不同的寓意和功能，于细节处见真章的门窗修饰和图案，都是对生命的感激和祝福。

左页／多贡人的村落里，有各种不同的功能建筑，有粮仓，有长老会议的地方，有蓄养牲畜的地方，有祭拜天地之神的地方，各按其所，秩序井然。本页／左上 神秘的当地面具。右上、右下 蓝色、绿色和土黄色，是最有非洲味道的色系，非常的活泼和热烈。

# MAURITANIA毛里塔尼亚

在毛里塔尼亚，天是高的，地是雄浑沉稳的，怡然而居的人们不关心名利，不在乎时事，更加不抱怨冷热甘苦，因为他们已经参透生命的永恒和沙漠的美丽。沙漠里的玫瑰只在风沙过后寂静的月夜里默默绽放，能够看见的人是有福的。

今天我们所知道的毛里塔尼亚，位于非洲的西北部，撒哈拉沙漠的西南，西临大西洋，有平直优美的海岸线，东南部与马里接壤，东北紧靠阿尔及利亚，四分之三的国土处于沙漠地带，人们常常用“沙漠之国”来形容它。虽然大部分面积是荒漠，干燥荒凉，植被稀少，但也不乏水草丰盛、棕榈婆娑的绿洲地带，景色美丽气候宜人，是全国农业和牧业的集中地。而长达700多公里的海岸线拥有丰沛的渔业资源，名列世界三大渔场之一，是饕餮们垂涎三尺的宝地。被联合国列为世界文化遗产的阿尔甘湾国家公园，每年有三百万只候鸟从欧洲或其他地方飞来栖息，奇景美不胜收。

毛里塔尼亚的历史比一般人能够想象的还要长，大约在六十万年前这里就出现了人类活动的痕迹，到公元前3000年左右，这里已经有固定的农业和渔业居民，他们是被称为富拉尼人的黑人民族。公元前200年，罗马人征服北非，毛里塔尼亚未能幸免，成为罗马共和国的一个领地。到了公元3世纪前后，气候变得干旱严酷，富拉尼人逐步南迁非洲中部，而不惧怕恶劣天气的柏柏尔人则从北非进入本地区，毛里塔尼亚开始出现黑白民族共存的局面。7世纪，强势崛起的阿拉伯人跃马横刀入侵，当时已经成为主要居民的柏柏尔人在顽强的抵抗不果后，逐渐接受了伊斯兰教和阿拉伯的语言文字，毛里塔尼亚文明的兴盛期开始到来。

8—10世纪，居住在城市中的柏柏尔穆斯林已经建立起高效的商业网络，他们控制的商道向北直达马格里布的西吉尔马萨，与地中海通商，向南到加纳，把持着中南非的贸易必经之道。11世纪，柏柏尔人部落中出现一支名为穆拉比特的社团，以纯正的麦加伊斯兰教信仰为核心，逐渐壮大，一度横渡直布罗陀海峡进入安达卢西亚地区，统治了从西班牙到塞内加尔的大片领土。柏柏尔人的伊斯兰化过程伴随着挤压黑人部落的生存空间，到16世纪，毛里塔尼亚的黑人已经所剩无几，大部分迁徙至塞内加尔河流域，而柏柏尔人本身也在逐步加深的伊斯兰化和抵抗阿拉伯人的矛盾中挣扎。当阿拉伯人终于在毛里塔尼亚北部定居下来，并且强迫商道东移，曾经灿烂的古代城市便日渐地败落下去，盛景不再。而阿拉伯人和柏柏尔人却终于在血与火的征战中实现了交融，形成了一支新的、后来叱咤一时的民族：摩尔人。毛里塔尼亚这个名字，就是“摩尔人的国家”、“摩尔人的土地”的意思。

阳光、海滩、古城是毛里塔尼亚的骄傲，历来为人所称道。其中，古城尤其是非洲历史是一段浓缩的记忆。毛里塔尼亚素有“阿拉伯－非洲之桥”之称，阿拉伯的伊斯兰文化和黑非洲的本土文明在这里相互交融渗透，形成独特的古城风景：毛里塔尼亚著名的“圣城”兴格提（Chinguity），位于首都努瓦克肖特东北方向约600公里的地方，始建于12世纪，是伊斯兰教第七大圣城，其清真寺是全国最著名的建筑，尖塔由干石砌成，镶有鸵鸟蛋；“死城”坐落在“圣城”以北120公里处的山区，曾是马格里布国家和南撒哈拉非洲贸易必经之地，有成片的椰枣林，14—18世纪曾是毛里塔尼亚最繁荣的地方之一，进入19世纪以后，因生态环境恶化，成千上万的居民纷纷迁徙，这里仅剩数百人，因此被称为“死城”，是一座记忆一样的城市；“文化城”瓦拉塔（Oualata）位于国家东南部，靠近马里边境，也建于12世纪，曾是活跃的贸易中心和伊斯兰宗教中心，因城里的壁画及装饰艺术而闻名遐迩。

毛里塔尼亚的建筑风格，是典型的游牧风格和城市穆斯林的结合体：有四方塔楼的清真寺和《古兰经》学校，带天井的住宅院落，围绕四周的狭窄街道，十足的伊斯兰风格。同时，黑人部落传统的由茅草和泥土搭建而成的民居，也静静地占据着城市另一头的空间，相安无事。由于气候干燥，炎热难挨，尖顶的帐篷无论是在沙漠里还是在城市中都随处可见，是毛里塔尼亚人最偏爱的建筑形式，它们通风散热，是最佳的休闲纳凉之处。而酷爱手工编织的摩尔女人们最乐意用自己充满对比和纯朴审美口味的简单作品去布置居家空间。手工铜器、木雕和首饰同样是毛里塔尼亚最容易辨认的装饰元素。

右页／蓝色长袍是摩尔人的典型着装，在明亮的阳光下，与赤红的砂墙、雪白的门框形成鲜明的对比，与弧形、穹顶、曲线和方形熟练的搭配相得益彰，展现出毛里塔尼亚迷人的市井风情。

左页／纯净的白色是伊斯兰风格最喜爱的装饰色彩，优美的曲线描绘出表达祝福和吉祥的话语，让平淡简单的建筑焕发出勃勃生机。本页／左上、右上 这些由许多门环作装饰的木门以最原始的链子作为门锁。右下 大门的形式感是典型伊斯兰风格，但简单趣致的图案却非常的黑非洲。

本页／简陋的木板房因为有趣的纹理和大胆的色彩而变得独具美感，是黑人部落的作品。右页／左上 房屋的所有外墙都是没有窗户的，门是室内外联系的唯一方式。右上 虽然城市以特有的玫瑰图案闻名，但房屋的室内却鲜有家具与装饰。左下 传统的主题装饰纹样能在每个房间内找到。右下 房屋内院中，白色装饰愈加衬托出沙岩沉稳的质感。

左页／上 席地而居是阿拉伯的起居传统，遍布墙体的装饰纹显然取自伊斯兰风格中对于瓷砖的应用手法。下 富于装饰的壁龛是屋中神圣的地方，寄托着主人对生活的向往。本页／篾条编织在毛里塔尼亚的建筑中被大量用于墙体装饰，和织物、绘画一起成为风格的点睛之笔，圆形、折线和搭配使用更具匠心，使整体风格显出热烈纯朴的特质。

本页／室内空间多以色彩鲜艳的几何线条装饰，同时辅以各类多彩的生活用品作为墙饰。右页／装饰织物是毛里塔尼亚传统的手工艺，强烈的红、黄、蓝元色搭配显出质朴原始的风情，如同沙漠一样简单、美丽。

Souvenir de Mano Gandega Lan

# MELANESIA 美拉尼西亚

美拉尼西亚是南太平洋上的伊甸园，难怪1568年当西班牙航海家门德纳抵达这里时，就以为找到了所罗门王的黄金宝库，而所罗门群岛的美名也因此一直留存在了美拉尼西亚的历史上，成为我们对这片海岛最为神往的想象。

美拉尼西亚位于180° 经线的西边，赤道和南回归线之间，澳大利亚的东北部，是西南太平洋中的三大群岛之一，是大洋洲重要的组成部分。美拉尼西亚的名字来自希腊文，美拉（Melas）意为“黑色”，尼西亚（Nesos）意为“岛”，合在一起就是“黑人群岛”。但其实，美拉尼西亚人是世界九大地理人种之一，与非洲黑人相去甚远。

美拉尼西亚群岛的人类居住历史考证起来非常困难。多数人认为，美拉尼西亚的祖先来自东南亚，他们在冰河时代由亚洲大陆徒步而来，在海陆板块交界处定居了下来，成为今天美拉尼西亚人的祖先。也有观点认为，是澳大利亚大陆的土著在海平面升高后，划着独木舟进入，在海边修建高脚茅屋，逐步形成了大型的定居村落，以农耕和渔业捕捞为生。还有专家根据航海时代冒险家们的实际经历确定，由于洋流潮向的关系，从东南亚乘坐简陋的木舟是绝对无法抵达南太平洋的，唯一的可能是被送回印度尼西亚。从南美大陆倒是可以顺风顺水地登陆，而这正是19世纪欧洲人发现美拉尼西亚的过程，因此他们应该是南美印地安人的后裔。

美拉尼西亚人在三千多年前已经成为一支独特的人种，他们既有非常突出的统一特征，又有迥异的存在状态。他们擅长用树皮做布和各种精美的手工艺品，还会用面包树雕琢功能实用、形态优美的独木舟，穿梭往来于诸岛之间。这种融合了沟通与隔绝的独特群岛文化，孕育出超过一千三百种的语言系统和多变的奇特风俗，实在令人叹为观止。当19世纪欧美殖民者入侵时，美拉尼西亚人仍处于刀耕火种的原生状态，他们大量地使用石头、木材、贝壳等作为建筑工具和材料，在装饰艺术上也保持着非常纯朴原始的审美口味，这些宝贵的艺术手法、风格元素以及手工艺，因着与世隔绝的地理环境而被很好地保存了下来，尽管后期受到殖民者的破坏，但仍然成为今天美拉尼西亚风格的灵魂。

美拉尼西亚风格是大自然生命最好的注脚。它没有一点程式化的东西，丰富的想象力和五彩斑斓的装饰展示出强烈的生命力：天然、纯真、华丽、奇特、稚拙、野性、快乐……仿佛矛盾的元素却有奇妙的协调感，就像神创造的世界，是任何理性和技巧都无法复制的美丽，完全地表达出对自身和环境的体会，却不受外部因素的搅扰。美拉尼西亚风格中没有纯粹的装饰艺术，所有的线条和色彩都是围绕着生活、信仰、工作、部族、祖先而旋转的。虽然没有大型的石构建筑，但这里的宗教祭祀建筑同样十分壮观优美。其著名的精灵堂，饰满华丽的精灵造像，有雕刻，有绘画，还有用椰子树皮或其他的树皮制成，经过多次水洗、敲打、晾晒后再依据自然纹理描绘、浸染，最后完成各种寓意的图案和形象。其线条粗犷，常用红、白、黑、赭、褐等颜色，对比强烈却又丰富协调。

在民居方面，美拉尼西亚的传统风格就是高脚屋，以热带生产的木材搭建而成，用树皮和长草编制人字形或圆形的屋顶和简单的围栏，轩敞通风，背靠婆娑的椰树林，在湖或海边聚居成村。室内装饰最多用的就是陶器。与其他地方的陶器不同，美拉尼西亚的陶器并不注重精美的纹饰，而是添加草和羽毛等材料特别加工，使用艳丽的色彩，突出野性的英雄气概，也是重要的祭祀器皿。木雕则是另一种重要的美拉尼西亚风格元素，常常做成硕大的碗具，多用人像、鱼和鸟纹、部落图腾作装饰，并镶嵌珍珠和贝母，用来盛放祭祀的食品。假面也是不可错过的标志性美拉尼西亚装饰风格重点，假面的材质丰富，木头、头盖骨、椰壳、甲壳等都是典型的用材。传说假面的绘制完全依靠部落中的老人记忆相传，线条粗大，随意流转绝无重复，红、褐、黑、白显出祖先或神威严的气度，具有明确的辨识度，是大洋洲艺术的精品。

右页／椰林水滨的高脚茅屋，有着各具变化的屋顶造型，在海光天色、波影摇荡间融合成一派南太平洋上伊甸天堂的美景。

左页／茅草大斜顶是最简单的建筑结构，也是热带民居室内避免光照的有效手段。不同的草编装饰带来迥异的效果，波浪纹，菱形纹，各有各的趣味。 本页／左上、右上 杂树生花，艳丽而充满生气的热带树木是上天赐予的礼物。右下 航海时代之后，基督教成为美拉尼西亚人的主要信仰，圣洁的十字代表虔诚的祝祷。

左页／上、左下 褐色和黑色组成鲜明的部落图腾，是美拉尼西亚典型的装饰风格。右下 灵活的窗格设计，可以抵挡海上偶尔刮起的季风。本页／右上 栅隔式的屋顶在光影的折射下有种奇妙的韵律感。左下 半开放的回廊，坐在躺椅上读几页小说，一定是说不出的惬意。右下 阳光里的茶室，是否已经传出新鲜咖啡的芬芳？

本页／左上 毫无矫饰的原木成为茅屋里最妥帖的视觉中心，度假心情一览无余。右上 精致的木雕镶板，雕饰华丽的欧式家具，小岛上的贵族享受一点不差呢！左下 窗外是浓浓的绿意，桌前是暖暖的阳光，大自然就是欢欣和美好的感受。右页／左上 斑驳古老的木制家具让人联想起沧桑不惊的岁月。右上 仿佛没有做过任何特别的布置，但是这个厨房却着实让人感到温馨。左下 门楣上的彩绘碟饰让玄关处有温暖的家庭氛围。右下 随意的洗漱空间极具生活气息，角落里大件的陶器透露出传统的民居气质。

MILK

本页／左上 充满野趣的卧室可能是许多人曾经梦想过的场景。左下、右下 绳床、沙发，还有丰盛的餐桌，每一样都是无法放弃的惬意享受，伴着扑面而来的海风和明亮的阳光，每一刻都是最真实的天堂。右页／上 浓密雨林中的精致茅屋，简单的木梁和草檐勾勒出疏朗通透的空间感，热烈明亮的橙色是热带的标志色彩，为房间平添出舒适的居家感觉。左下 复杂的天花藻井装饰，全部以树皮铺成，非常美丽。右下 斜屋顶上的天窗采光非常好。

'EMA HOEFT
LITANI AKAUÓLA

左页／左上 鳄鱼是美拉尼西亚最古老的原住民之一，这样的标本也是不可多得。右上 造型朴拙的书房，看似粗犷的书架和书桌却别有一番奇趣，在这里写一段海岛见闻，应该可以传世了。左下 赭红调子的卧房，是大洋洲的色彩。右下 小小的卧室里，最别致的就是木墙上各种鱼的图片，处处显明海岛的独特风味。本页／上 内饰上流转往复的花纹成为主题元素，形成统一的风格。右下 繁华似锦的装饰以雪白的墙体做背景，就不觉华丽反觉清新了。

本页／左上 奇趣怪诞的木雕，正是毛利人的手笔。下 石雕是巴布亚人最爱的陈设品，趣致的人形其实深含宗教的神圣。右页／上 多个白色靠垫营造视觉上的清新和序列感，与大面积的白墙相呼应，居室显得格外宜人。下 开放式的空间，如同天然氧吧，在这里做一个 SPA 吧！

左页／上 虽算不上是幕天席地，舒适的矮榻依然让人有种难得的放松恣意之感。下 宽敞的起居室，原木的长桌和圆凳透露出自然的韵味。本页／清爽舒适的矮榻，南太平洋不乏宁静悠远的禅意。

# MEXICO 墨西哥

时而单纯如燠热的阳光，干燥的红土和碧绿的仙人掌，仿佛一眼就能看透；时而却又神秘如金字塔上的羽蛇头像和沉默无语的双神殿，似乎皓首穷经也不能够明白其中的奥妙。墨西哥，是一段沉淀在龙舌兰酒里的传奇往事。

墨西哥地处北美洲西南部，东濒墨西哥湾和加勒比海，西南临太平洋，有漫长优美的海岸线，境内遍布高原和山地，所以也被称为高原之国。墨西哥属于低纬度高原气候，全年分为旱雨两季，相当部分的国土终年干燥，降水稀少，丛生的蕨类植物成为这块土地的主人，用自己浓重的绿色点缀出宁静而又充满倔强生机的独特风景。

墨西哥拥有美洲最古老的文明传承，是印地安人的文化中心，古玛雅文化、托尔特克文化和阿兹特克文化均在此发源，并走向光辉灿烂的全盛时期。"墨西哥"的名字便是来自阿兹特克人传说中的战神墨西特里，意为墨西特里战神之庙。1521年是墨西哥历史的分水岭，四处寻找新大陆的西班牙人野心勃勃地登陆墨西哥，开始了长达三百年的殖民统治。直到1821年，墨西哥的民族解放战争才取得胜利，宣告独立。

多舛而丰富的历史孕育出同样变幻迷人的艺术风格，墨西哥的建筑装饰也因此呈现出分明的阶段特色，精彩各不相同。在1521年之前的前哥伦比亚时代，巍峨的几何造型城市、宫殿和庙宇展现了印地安风格的全部内涵，以白色石膏涂抹的外墙、大气的石雕和复杂的图腾符号让建筑物充满了圣洁的神谕气质，虽然已成残垣断壁，却依然动人心魄。

16世纪之后，西班牙人将欧洲风格引进墨西哥，西班牙－墨西哥风格开始出现，表现为欧洲的样式结构搭配印地安的细节装饰。早期代表是弗朗西斯坎和奥古斯廷伊安修道院，悠长的走廊，圆形的拱顶、扶壁、多边形或半圆形的砖砌后殿，带有明显的中世纪僧侣苦修的味道，华丽的石雕和彩石镶嵌则是十足的印地安本土特色，而其平衡的布局、高耸的钟楼、精致的锻铁风标、完美对称的主体建筑、火炬一般的石柱造型，无不淋漓尽致地体现了文艺复兴时期的建筑风格和艺术水平，让人叹为观止。17世纪之后，墨西哥的建筑装饰进入巴洛克时期，期间最著名的作品是墨西哥城的大教堂，此后洛可可、新古典、折衷主义等风格均可见于殖民式住宅，以及大学、医院和市镇厅等世俗公共建筑中。

欧洲人按照自己的方式在三百年间打造了一个欧陆式的墨西哥，让印地安特色逐渐沦为建筑物无关痛痒的修饰品，几乎难觅踪迹。但是这并非最后的结局。在充分吸收了现代设计的理论和技巧后，墨西哥人深藏多年的艺术天赋终于重新闪烁出耀眼的光芒，向世人展示出完美的本土风格，其中最具代表性的，便是路易斯·巴拉干（Luis Barragan，1902—1988）所做的彩色庭院。

巴拉干是20世纪最伟大的现代主义设计师之一，他一手打造了专属于墨西哥的庭园景观——在大片的红色土地上，色彩浓烈鲜艳的墙体分隔出的小小院落，无拘无束的不对称几何形建筑，极简风格的水景喷泉和碧绿的仙人掌，组成私密的冥想空间。熔岩、泥砖、灰泥、不完整的木材、色彩斑斓的圆石是构筑的主要材料，与四周起伏的小山丘，日出日落的美丽景色相互映衬，呈现出变幻莫测的光影效果，活泼的彩色随着水纹波动，表面的静谧和内涵的热情以最不可思议的形式达到了统一。

装饰品是构成墨西哥风格的又一个重要元素。石雕是墨西哥风格的特色，以小城台卡利（Tecali）的出品为最佳。海豚、海马和剑鱼，是墨西哥石雕的典型造像，太阳、贝壳、叶子的图案则被大量用作辅助的装饰或小摆件。此外，镶嵌艺术、羽毛制品、陶塑和陶器也是墨西哥风格的不二代言：镶嵌艺术是美洲艺术的特色，具有悠久的历史，著名的阿兹特克绿松石镶嵌多用木胎，上面用树脂粘以绿松石，做成仪式用杖、面具、头饰、胸饰、装饰神像；羽毛制品也是阿兹特克帝国引以为傲的艺术品，用彩色羽毛制成的扇子、头饰都是如今千金难求的品位收藏；陶塑偶像一般用赤陶做成，表面光亮，刻画简练，稚拙而生动。陶器装饰图案饱满对称，喜用黑橙搭配，饰以花、鸟、鱼、鹿等动物形象，线条极富装饰美感。编织品更是墨西哥风格的心水之选，印地安人独特的几何纹样和浓烈色彩总是能够在转瞬间为空间打上专有印记，事半功倍。

右页／左上 色彩亮丽而又封闭的墙壁是墨西哥人性格的反映。右上 拱券与连廊创造了一个与自然相连的环境。左下 正立面装饰似乎有些繁琐，但这种繁琐对于墨西哥人似乎也是适用的。右下 墨西哥街道上色彩成为最丰富的视觉语言。

左页／风格鲜明的厨房，蓝色的脱排油烟机成为视觉的中心，加上瓷砖的拼花细节，产生了强烈的戏剧效果。本页／左上、右上 苍劲的树干和大海的蔚蓝，流露出墨西哥人对于海洋的偏爱。右下 庭院的一角，粉蓝的外墙映衬明媚的阳光和生机勃勃的绿色植物，野趣盎然。

本页／上 艳丽的红色搭配厚重简洁的家具，视觉冲击力非常强烈。左下 各式的木制座椅散发着质朴却浓郁的乡村风格。右页／左上 古老的历史让墨西哥成为名副其实的艺术国度，张狂的色彩和细腻的笔触，家居也仿佛画廊。右上 裸露的屋顶结构有种淳朴的气质，农舍小憩的周末格外闲适。左下 床的背景陈设的不同赋予房间不同的感觉。右下 印地安风格的织物靠垫在雪白墙面的对比下有种四射的艳光。

Late!

MI CASA ES TU CASA

左页／ 这种色彩斑斓的瓷砖使得厨房有各种表现的方式。本页／卫浴的表现独特而丰富。

本页／左上 传统风格的瓷砖让人回想起过往灿烂的文明。下 朴实的原木桌椅打造出墨西哥独有的乡村味道。右页／左上 造型曼妙的烛台和吊灯是起居室的装饰亮点。右上 蓝色和黄色的搭配是墨西哥风格的典型符号。左下 疏朗空阔的度假棚屋，远处的蓝天碧海尽在眼底。右下 极具现代感的浴室，色彩是一贯的艳丽，熔岩的材质有独特的粗犷感觉。

左页／楼梯多样的形式代表着历史的变迁。本页／楼梯是墨西哥人钟爱的室内结构，既可以巧妙地划分空间，又是极为现代的装饰元素。

本页／左上 直线和纯色是墨西哥的标志性元素。右上 简洁的门厅是由直线和纯色来演绎的。左下 直线风格在卫浴空间内的演绎。右页／左上、右上 欧洲味道的壁炉和古董家具让居室备显尊贵。左下 前后通透的起居空间，纯欧式的家具搭配印加风格的靠垫，混血的魅力立现。右下 远古神像的庄严面孔化作现代居室的装点，宗教已经是和血缘一样久远的存在。

本页／左上 宽大的起居室按照欧洲风格布置，水晶吊灯和维多利亚风格的家具展示出墨西哥的殖民历史。下 弧线设计和大胆红黄配色，是现代的墨西哥风格。右页／难得一见的古典墨西哥风格，繁琐优美的织物带着印加气息扑面而来，红色在卧室里也被大量采用。

# YUCATAN尤卡坦

洁白的沙滩，遍布棕榈树的渔港，珍禽出没的红树林，温暖奇幻的珊瑚海，尤卡坦半岛处处都是加勒比海迷人的风光，但最最美丽的却是在雨林深处闪烁的玛雅文明的光芒，照耀在山村、田野、城镇间，隔着千百年的岁月，依然活色生香。

尤卡坦是位于中美洲墨西哥湾和加勒比海之间的一个半岛，从中美洲本土向东北方突出，半岛的大部分地区属于墨西哥的坎佩切州、金塔纳罗奥州和尤卡坦州，中南部和东南部则属于危地马拉的领土范围。尤卡坦半岛平均海拔不足200米，海岸线长达1100公里，海湾众多，大小岛屿星罗棋布，风光旖旎无限。

造访尤卡坦，就有机会了解玛雅——美洲印地安文明最辉煌的篇章。上溯到公元前2500年的古代玛雅文明，正是以尤卡坦半岛为中心发展起来的。玛雅人在公元前400年左右开始形成国家，公元初年在南部贝登伊查湖（Petén Itzá）和乌苏马辛塔河（Usumacinta）流域营造出繁华的城邦，公元5—6世纪在北部又再度建起奇琴伊察（Chichen Itzá）、玛雅潘（Mayapán）和乌希马尔（Uxmal）等著名的城市。玛雅文明在9世纪达到文明鼎盛的巅峰，创造出发达的灌溉农业，在天文、数学、历法、雕刻技术等方面有着至今让人无法理解的卓越成就，但却在11世纪之后不可思议地戛然而止，突然回到了刀耕火种的原始状态。1519年，西班牙探险家科尔特斯（Hernán Cortés，1485—1547）率领西班牙军队登陆美洲，"铲除一个文化，如同路人随手折下路边一朵向日葵"的殖民者无法理解草衣树屋，却能计算准确太阳历的矛盾，于是斥之为"魔鬼干的活儿"，将残存的玛雅部落和他们保存的历代典籍文献彻底摧毁，玛雅文明就此湮没在了浓绿沉寂的丛林深处。

但玛雅并没有失落，它依然在尤卡坦半岛生生不息。宏伟的宫殿和城市遗迹，浓丽的色彩和纹样，灵动的雕刻和绘画，精美的陶罐和金器，每一处都是玛雅灵魂的颜色，鲜活明亮如烙印般深刻。

玛雅的建筑装饰风格之一体现在工程学和天文学的完美结合，其中具有代表性的就是金字塔。有"新大陆的希腊人"之称的玛雅人擅长兴建阶梯式金字塔形神庙，作为战争、节日、祈求丰收等诸多活动的场所。他们对坚硬的石料进行雕镂加工，堆土为山，外铺整齐的大块石板，用蜂蜜、蛋清和石灰调浆粉刷，砌成阶梯通往塔顶，再以雕刻、壁画和纪念碑进行装饰，同时在高度、宽度、倾斜角度、台阶数目、排列方式等方面，巧妙嵌入天文知识，完成庄严神秘的宗教功能和装饰效果。例如最富盛名的库库尔坎（Kukulkan）金字塔，高30米，塔基呈四方形，共分九层，由下而上层层堆叠逐渐缩小，四面各有九十一级台阶，直达塔顶。四面的台阶总共三百六十四级，再加上塔顶平台，正好三百六十五级，是一年的天数；九层塔座的阶梯又分为十八个部分，这又正好是玛雅历一年的月数。玛雅人崇信太阳神，他们认为库库尔坎，即带羽毛的蛇，是太阳神的化身。他们在库库尔坎神庙朝北的台阶上精心雕刻了一条带羽毛的蛇，蛇头张口吐舌，形象逼真，蛇身却藏在阶梯的断面上，只有每年春分和秋分的下午，太阳光正好照射在斜面上，蛇身的线条突然清晰显露，一条飞动的巨蟒自天而降，观者无不咋舌曲膝。

除了神秘宏大的古典建筑遗迹，玛雅的建筑装饰风格更多体现在尤卡坦半岛生动明媚的民居上面。简单的形制和艳丽的色彩组合出无法言传的独特魅力。屋顶两面有坡度的尖顶茅草小屋是玛雅人民居的基本款式。这种茅草屋长方形，圆锥形顶，墙壁由树枝和泥或未打磨的石块制成，用一个撑杆结构挑高，以支撑两面坡度的尖顶茅草小屋，其结构非常类似于中国建筑的梁柱结构：四柱立墙，墙上架梁，梁上架顶。茅草屋被刷成各种明亮的高纯度色彩，红色、蓝色和黄色是最常见的，玫瑰色、橘色和绿色也是非常受欢迎的色彩，强烈的对比效果显示出玛雅人对于太阳和生命的崇拜，而极为简洁，甚至略显粗糙的廓形线条又流露出玛雅人纯朴安静的审美倾向。用大自然的变幻不定的光影角度作为调节元素，在一天的清晨、正午和黄昏，一年的四季轮换中，展现建筑的美感，更是富于返璞归真的古玛雅文明精髓，经历两千多年的洗礼，仍然保持不变。而部落图腾绘画、几何纹样织毯、硬木雕刻、彩绘陶盆、手工铜器等则同样是组成玛雅装饰风格的基本要素，随处可见。特别值得一提的是绚丽的"玛雅蓝"，因为尤卡坦半岛相对干燥少雨，玛雅人于是把蓝色和雨神联系在一起，大量地用在陶器、壁画和外墙装饰上，成为鲜明的标志性元素，非常独特。

右页／左上、右上 加勒比海的午后，阳光和绿树的浓影衬托着赭红的小屋，工艺质朴的木藤家居让人流连忘返，只想把假期无限延长。左下、右下 端正的木梁结构是玛雅人建筑的特色，绵密的茅草顶可以抵御高原灼热的阳光。

左页／仿佛地中海边的故国风光，16世纪漂洋过海的哥伦布们在新大陆美丽的山水里回忆着家园，明亮的粉墙，庭院中安静的水景，正是南美殖民风格的典型体现。本页／左上 优美的弧形装饰门廊，致密的石材地面，累累缀缀的繁花绿树。右上、右下 朴拙的茅草屋是玛雅人延续千年的传统居所，厚厚的石墙记录着美洲高原上曾经的过往，令人喜悦的玫瑰和橙黄映衬着澄澈的蓝天，生命和文明就是这么代代相传。

本页／玛雅人对建筑装饰的独特审美不但体现在大面积纯色块的运用，对于门框、门楣等细部结构的色彩搭配也是独具匠心，每一处都是点睛之笔，让房子仿佛有了生动的表情，不可忽略的铁艺大门和路灯来自西班牙殖民者的影响。右页／热烈的橙红是整个居所的主题，高大的空间和质朴无华的结构让浓重的色彩有了足够的释放空间，细部的铸铁装饰、水晶吊灯、洛可可风格家具和醒目的圣母圣婴油画，在南美风格中传递出欧洲古典的审美趣味，和谐统一。

左页／左上、右上 瓷砖是西班牙人的最爱装饰元素，在奔放的尤卡坦人手中，则在细腻中显出几分豪爽来。左下 整块巨石雕琢而出的浴缸，墙面上是传统印地安图腾，预示美好吉祥的祝愿，有种仿佛回到玛雅时代的错觉。右下 全部大理石装饰的盥洗间，细腻华丽的风格来自地中海。本页／右上 造型奇趣如童话世界的大门，好像节日里人们的笑脸，幸福也就有了实际的形状。下 暖调的橙色也非常受当地人的喜欢。

本页／左上、左下 绿色的浴室，蓝色的卧室，玛雅人对于代表森林和水的色彩总是情有独钟。右下 纯彩色总是尤卡坦人的最爱，无论室内室外，仿佛总有蔬果和阳光的味道。右页／左上 太阳投射在白墙上形成奇妙的光影，让可爱的绿色植物和款式奇特的藤椅都成为画中一景。右上 墙上的橘色装饰画与一旁的绿植形成鲜明对比。左下 粗木的条桌和原石的台盆让普通的盥洗空间有了非同一般的大气。右下 醒目的蓝色让起居室顿时仿佛有清新的海风吹拂。

左页／左上 窗外的阳光在厨房内投射出一方暖意。右上、下 可爱的厨房以小块瓷砖的装饰作为主题，朴素而美丽。明亮的玛雅蓝仿佛一泓清泉流淌过灼热的橙色沙漠，精致的手工器皿件件都有印地安的灵魂，强烈的对比显出勃勃生机。本页／狩猎小屋里的茅草顶搭配精致纯白的寝具，营造出梦幻般的气氛，平静中显出张力，如同砾石粗雕的耶稣受难像，生命如此矛盾而美丽。

本页、右页／各式各样的墙面纹样装饰手法，用贝壳、茅草等材料堆砌雕刻而成的细密图案，处处蕴含着古老的神秘的图腾符号，于朴拙中见不凡，正是玛雅文明的特色。

# MONGOLIA 蒙古

诗人笔下的蒙古是风沙呼啸而过的大漠英雄，歌者唇边的蒙古是月色草原下的敖包相会，游子梦中的蒙古是塞外情人随风飘扬的红裙黑发。千种风情，都在那片星光下的帐幕里上演，无始无终。

广义地理上的蒙古高原地区，包括今天的蒙古国、中国的内蒙古和新疆的一部分，以及俄罗斯的部分区域，如图瓦共和国、布里亚特共和国、赤塔州等在内的大片土地。这片土地上最早的文明记录来自史前旧石器时代的大窑文化，从公元前3世纪起，匈奴部落的冒顿单于建立了蒙古地区的第一个国家，接着东胡部落的鲜卑汗国、柔然汗国、突厥汗国、回纥汗国、契丹国，在一千多年的时间里，依次成为蒙古地区实际的统治者。据史书记载，蒙古族最早崭露头角是在公元8世纪，被称为"蒙兀室韦"，12世纪形成部落联盟的松散政权，直到1206年，铁木真统一各部，号"成吉思汗"，蒙古人才建立起真正属于自己的王朝——"大蒙古国"。

虽然"狼图腾"几乎已经成了人们对蒙古文明的标志性印象，但对于长生天（永恒的上天）的崇拜才是蒙古人真正的信仰之本。大自然教会蒙古人形成了天圆地方的朴素审美观，圆天苍穹浓缩下来，含蓄地传递天人合一的游牧民族生活理念，就是中原人文质彬彬地称之为"穹庐"或"天幕"，蒙古人称为"格日"的蒙古包了。"蒙古包"一词源于清朝时满语的音译，意为蒙古人的家，指的是有天窗和编壁的毡房。据考证，在7世纪之前，蒙古先民最原始的住所是洞穴，后逐步演变为窝棚，人们把猎获的野兽皮剥下来，覆盖在木头支起的架子上作为住房，有时也有用柳条、蒲草和芦苇编制而成的圆顶窝棚。再其后为了适应"随畜牧转移，逐水草迁徙"的游牧狩猎生活，蒙古包便适时出现了，并成为一直延续至今、最富蒙古特色的建筑形式。

蒙古包是一种易拆易装，便于搬迁的建筑形式，两峰骆驼或一辆勒勒车就可以运走，两三个小时又能搭盖起来。其制作不用任何泥水土坯砖瓦，原料非木即毛，即便室外摄氏零下40多度，7、8级的大风，积雪几乎没顶，屋里能依然保持坚固温暖，可算是建筑史上的奇葩。蒙古包主要由架木、苫毡、绳带三大部分组成。木质的框架分陶脑、乌尼、哈那、乌德儿部分。陶脑即天窗，圆拱形，由三个圆形木环和四个弧形木梁组合而成，好像一把大伞，是蒙古包的；哈那是用柳条编制而成的菱形网眼片，拼接后组成蒙古包的圆形墙壁，哈那越多，蒙古包就越大，一百二十个哈那的蒙古包占地可达6000平方米，是草原上壮丽的风景；乌尼是连接在两者之间的木杆，上细下粗，上插入陶脑环形木方口，下端穿有孔眼，用皮绳与哈那连接，形成稳固的结构支撑；乌德则是蒙古包的门，有框、门槛和门楣，门框与哈那等高。框架搭好之后，铺盖内层毡，围哈那毡，包顶衬毡，覆盖包顶套毡，系外围腰带，围哈那底部围毡，最后用绳索围紧加固，才算大功告成。蒙古包都是面向东南，朝日而设。门楣上的椽子数量和角度都恰好与现代钟表的时间刻度完全吻合，从天窗射进来的阳光影子可以给出准确的时间，指导作息宴乐，显示了工匠们对天文学和几何学的精妙掌握。蒙古包内中央为炉灶，以西为尊，西面供奉神像，摆放兵器和工具，东边则安置生活用品和橱柜家具。

图案和色彩是蒙古风格的又一大标志性元素。蒙古人喜爱构图丰满端庄，对称凝练的图案有很强的适宜性和装饰性。在蒙古语中，"图案"一词就是"盘羊"的意思，寓意丰美。动物、文字和几何被用对称、平衡、对比的手法，制作成朴素庄重的纹样，装饰在蒙古包内外铺陈的各种毡毯上，给人以华美大气的视觉享受。而草原生活的绮丽多姿，更促成了蒙古人尚色的习俗，以红色象征生活快乐和美满，以金子的黄色象征爱情、理想和希望，以天空的蓝色象征永恒的安宁、真诚和善良。他们尤其偏爱白色，寓意纯洁和平安的祝福，蒙古包多以白色为主题色，象征日月之光的明媚和高贵，因此，珊瑚、宝石、银器等具有天然鲜亮色彩的装饰品也是蒙古族传统建筑风格上随处可见的点睛之笔。在手工特色方面，皮革雕刻、金属技艺、刺绣贴花都是蒙古风格中最有欣赏价值的装饰元素，在室内装饰、器皿陈设和服装服饰上都展现出别具一格的美丽风情。

右页／一望无际的塞外风光，洁白的蒙古包如星星点缀在绿海里，正是游子梦牵魂绕的家乡。

本页／上 草原上已经显出斑驳的庙宇，层层的青苔却掩不住朱红墙壁和飞檐翘角曾经的威严和权柄，融合汉、蒙、满建筑风格的神殿寄托了蒙古人民诸多虔诚的心意。左下 神庙沧桑的石碑刻写着昔日的荣光，却在今日的细雨中幻化出温柔的记忆。右页／蒙古包总是以纯白为底色，厚厚的毡幕和坚韧的绳索展现出草原的粗犷和帅性，明亮的红黄色更凸显了蒙古人不变的血性。

左页／左上 岁月荏苒，昔日的游牧民族也渐渐抛下了生命的锚，在这片天空下建起自己的家园。右上 蜿蜒流淌的河就是这么养育着一代又一代的儿女，孤独的蒙古包里藏着能翻天覆地的勇气，仿佛随时能闪现出属于黄金家族的光荣。左下 新蒙古的风光，广阔的原野原来也可以这么的热闹。右下 小羊在草原上快乐玩耍，远处的蒙古包炊烟渐起，天人合一大约就是这样的境界吧。本页／上 蓝天白云，青翠草原上跃马驰骋的勇士是蒙古血脉中的骄傲。右下 温暖的全家福，富丽华美的装饰品，精致的刺绣和贴花。

本页／上 连绵不到头的如意纹样是对襁褓中的孩子最虔诚的祝福。左下 成吉思汗以图腾的形式出现，更多赋予了人们祈福的意味；只有一侧的兵器及马鞍还能让人找到些昔日勇士们征战大漠的英雄气概。右页／草原生活的绮丽多姿，更促成了蒙古人尚色的习俗，以红色象征生活快乐和美满，以金子的黄色象征爱情、理想和希望；以天空的蓝色象征永恒的安宁、真诚和善良 。

本页／蒙古包的陶脑（天窗）是结构上的重点，排列成辐射状的椽条不但具有几何形的装饰美感，也是蒙古人对天地日月的敬畏之祭，蒙古包的天圆地方是“天似穹庐，笼盖四野”的形象写照，正中的位置在传统习惯中是放置火灶的地方，关系着全家的兴旺，而今成为宴乐的大桌，倒也暗和意趣。右页／金碧辉煌的宫帐，蒙古包的宏大和奢华可以达到难以想象的地步，帐中的盘龙柱，门楣上优雅的云纹，红门上的万字纹，挂毯上变化多端的犄纹、回字纹、盘羊纹、连环相扣的几何纹，每一处都是一个蒙古的传奇，可以追溯到成吉思汗的光荣回忆。

# MOROCCO 摩洛哥

摩洛哥这个名字代表着怎样美丽的风情，卡萨布兰卡应该能唤起某些记忆深处的画面——露天集市上喧嚣鼎沸的人声，一千零一夜式的华丽宫殿，艳阳普照下波光粼粼的蔚蓝海洋，还有赤红金黄色的无边沙漠，每一处每一地都充满了神秘的诱惑，令人心向往之。

摩洛哥位于北非最西端，紧邻地中海，隔着直布罗陀海峡与欧洲遥遥相望。从西班牙搭船只需一个小时的航程就可抵达。“摩洛哥”是阿拉伯语，意为“太阳下去的地方”，这是因为当年阿拉伯人在抵达这里时觉得自己已经走到了世界的尽头，于是便为它取了这个充满浪漫色彩的名字，直到今天人们还习惯地称呼摩洛哥为“落日之岛”。

摩洛哥最早的居民是柏柏尔人，公元647年，阿拉伯人开始进入摩洛哥，经过半个多世纪的战争才平息了柏柏尔人的抵抗，令他们转而信奉伊斯兰教。一千多年来，伊斯兰文化已经成为摩洛哥血脉的一部分。20世纪初，法国和西班牙分别占领了摩洛哥的部分领土，并分别于1912年4月28日和11月27日与摩洛哥签订了保护国条约，直至1956年3月2日和4月7日两个条约才先后被废除，摩洛哥终于宣告独立，目前是一个君主立宪制的国家。

虽然法国和西班牙四十余年的统治让摩洛哥在政治、经济、文化和艺术等各个方面都带上了深深的殖民烙印，但近千年的阿拉伯传统早已融入了摩洛哥的血脉，无可磨灭。伊斯兰风格和南欧风格在这里调和成了一种奇特的异国情调：引人入胜的古迹，现代化的都市，旖旎迷人的地中海沙滩以及撒哈拉沙漠的雄浑苍劲，汇集成变化万千的景致，成为美名冠于世界的“北非花园”。

摩洛哥的建筑和内部装饰呈现出生动活泼的多样性，得益于丰富迷人的自然地理环境和文化传统，海滨住宅、山区别墅、宏伟的清真寺和华丽的皇室庭院，各种形式的建筑并存，西式楼房和阿拉伯民族风格的精巧建筑交相掩映。但秉承伊斯兰教的传统，它们都具有外在形式单纯、而内部结构迂回的特点。传统的摩洛哥房屋与中国四合院颇有相似之处，不同的只是墙壁更高一些，临街的墙上没有窗户，为的是不让外面的行人看见屋里的情形，更避免让女眷看见街外的天地。外面看来四壁皆白、纯洁如圣殿的阿拉伯宫殿，内部却是一重重用五彩纺织品装饰起来的奢华房间，《天方夜谭》中美丽奢华的超出所有人想象的景色似乎就在这里蓦然出现在眼前，传达出回教世界言简意赅的宗教哲学。

受罗马人和阿拉伯人的影响，摩洛哥人偏爱艳丽的色彩和繁复的装饰，几乎没有一栋历史建筑、一道墙是空白而没有装饰的。他们用优质木料雕花油漆制成大门，用陶瓷或大理石碎块拼成各种图案的地板，四面墙围上用陶瓷片镶嵌出的五彩图案，天花板则选用成千上万块雕花细木组合的图案或石膏粘砌而成，看上去极其讲究、精致。摩洛哥的装饰图案多是以几何、花卉或依《古兰经》内容为基础的繁复图形，文字也很常见，通常是出自《古兰经》或表示“阿拉是真主”的字样，带着浓郁的宗教和传统风情。

相比其他阿拉伯和非洲国度，摩洛哥人在设计上的贡献更多来自于他们对于色彩的敏感度和运用能力，他们是视觉艺术的天才，这只要见过他们建造的城市就能有最深刻的体会，那是绝无仅有的纯色彩符号：白——卡萨布兰卡(Casablanca)，一种圣洁的纯白。城中的传统白色石灰墙平房，通体使用白色大理石砌成的哈桑二世清真寺，殖民地风格的法式花园洋房，摩尔式官署与装饰艺术时代的建筑，无不如当初建造时被期望的，相互辉映着各种文化的色彩与光芒。红——马拉喀什(Marrakach)，鲜艳如落日。城内的每一座建筑物都是红色的外墙，每当夕阳斜照，全城都沐浴在一片溶溶的红色之中，与远处雪白晶莹的积雪高山形成强烈的对比，美丽得不似凡世风景。摩洛哥人似乎对红色特别偏爱，另一个位于南部的古城阿伊特本哈杜(Aït Benhaddou)也是体验其红色魅力的佳地，城里所有的建筑都是用摩洛哥特有的赤土泥砖建成，城堡看上去就如在沙滩玩泥沙般砌出，但整座城却巨大稳固，手工还精雕细琢，在古时足以抵御外敌，曾经是古代的重要关口，有“摩洛哥最美村落”之称。蓝——非斯(Fes)，大海和天空一样的颜色，来自当地盛产的以蓝色为主的马赛克。漫步非斯旧城，随处都可看到镶贴着蓝色马赛克的建筑或室内装饰，手工艺品和建筑水乳交融，形成了这一片最为传统，也最迷人的文化风光。

右页／左上 庭院里倚着外墙砌起的石台铺上织锦的靠垫，便成了下午茶的好地方。右上 伊斯兰风格高挑的门厅和美丽的拱门，显出主人高贵的身份，舒适的软榻又彰显出他们对于奢华的理解和娴熟运用。左下、右下 鲜花盛开的庭院一角，无论是早餐还是小憩都让人心旷神怡。

左页／伊斯兰风格的镜子令墙面顿生华丽感，与主人精心收罗而来的古董家私很般配。本页／左上 双层的拱形木门为视觉带来了富于韵律的层次感，内部的私人空间因而更加隐蔽。右上、右下 浅粉色的浴室，使用少量的毛坯墙作为装饰，舒适不失淳朴。

本页／由马赛克镶砌而成的繁复图案是摩洛哥常见的装饰特色，无论用在墙上还是地面上都是种令人惊叹的美丽。右页／左上 完全对称的摆设和深暗的色系选择，使小会客室端庄而凝重。右上 铸铁窗有美丽的卷曲纹样，台子上的别致灯具是整个装饰的点睛之笔。 左下 流畅的弧形楼梯，可爱的半圆形沙发，为等候的人提供了方便。右下 厚重绚丽的地毯和蓬松舒适的座垫带来最纯正的阿拉伯式风情。

左页／左上、右上 高挑的大堂搭配纯西式的水晶吊灯，有种奇妙的和谐感，华丽其实与阿拉伯风格十分契合。左下 小小的起居室，沙发直接由堆放在石台上的大红垫子组成，木椅上的垫子则是一贯的传统连续纹样。右下 富丽堂皇的客厅，由金色的椅子和波斯地毯渲染而成。本页／右上 轩敞的露天中庭是常见的格局，栏杆上半环形的竹子装饰为整体简洁的风格添了不少趣味。左下、右下 浅蓝搭配纯白的色调显得清新宜人，朴素的装饰在摩洛哥倒不多见。

本页／富丽奢华的织物是阿拉伯风格的标识性装饰，在卧室、小客厅里都很适合。艳丽的色彩和纹样营造出舒适而又私密的空间，让人仿佛置身阿里巴巴的世界。右页／左上 以雪白的床具搭配彩色的地毯，让卧室在浓烈的传统风格中又多了一点清新之感。右上 敞亮的会客间，布置成传统的摩洛哥式样，阳光下宽大舒适的沙发几乎有让人宾至如归的魔力，而隔断与天花均以剔透的木刻花板制成。左下 精致的器皿装饰令墙面变得非常生动。右下 非常独特的墙面和天花板，朴拙的造型带来一种原始的韵味，搭配豹纹的沙发和靠垫显得更有趣味。

# MYANMAR缅甸

八十年前的美国总统胡佛曾感慨〞缅甸人是亚洲唯一真正感觉幸福的民族〞。对现实生活的坦然自得，对精神世界的宁静守护，组合出独一无二的悠闲的气度之美，构成缅甸人文情怀不变的精神内核。要描绘一个真实的缅甸，其实非常简单：室利差怛罗——幸福的土地。

缅甸位于亚洲东南部，北部和东北部与中国的西藏和云南接壤，西部紧靠印度和孟加拉，东部邻国是老挝和泰国。缅甸的国土东西窄，南北长，形状很像一块钻石，盘踞在中南半岛的西部，南部和西南部面向温和湿润的安达曼海和孟加拉湾。在印度洋热带季风的吹拂下，缅甸的一年按着凉季、热季和雨季交替轮转，草木丰茂，鲜花盛放，拥有极为美丽的热带风光。公元1106年，缅甸使节随着大理使节到访宋朝，宋人以其地道路遥远，关山阻隔，因此称之为“缅”，又因中缅边界一带习惯称山间谷地为“甸”，两字合一，就给这个远方的国度起名叫做“缅甸”。不过，国际通用的缅甸国名来源于其国内的第一民族缅族名称的罗马拼音，之前是Bumar，后来又修订为Myanmar，后者据称更加接近缅语的发音。

关于缅甸的历史，目前已知的最早记录来自中部山区的“巴玛人”化石，可以确知在旧石器时代，当地已经有人类活动的痕迹。在著名的帕达林洞穴岩画中，关于渔猎和种植的场景描绘，生动地反映出缅甸人从上古原始社会到早期阶级社会的演化过程。公元前3世纪左右，在南部的锡唐河口和北部的伊洛瓦底江下游，开始出现一些零星的小国，其中较为主要的是骠国。骠国创造了缅甸早期灿烂的文化，他们有发达的农业和手工业，崇尚原始拜物教，也开始接受从印度传入的佛教和印度教，在建筑及音乐等方面均有相当高的成就。骠国的首都叫做“室利差怛罗”，梵文的意思就是“幸福的土地”。骠国存续到公元9世纪中叶，缅族逐步成为缅甸的主导民族，他们在1044年建立了统一的国家，先后历经蒲甘、东坞和贡榜三个王朝，直到1824年英缅战争爆发，缅甸沦为英国的殖民地。1886年，英国将缅甸划为英属印度的一个省，其管辖权延续到1948年缅甸正式宣布脱离英联邦独立。

缅甸成为一个“佛光普照”的国度的历史，可以上溯到两千多年前。传说公元前6世纪，孟族商人德波陀和巴俐伽兄弟前往印度经商，皈依了佛门，回国时将佛祖所赐的八根圣发带回故乡，修建了一座佛塔供奉，时刻朝拜，后人将之视为缅甸宗教建筑的开端。这个时期的佛塔建筑风格带有强烈的锡兰印度风格，著名的包包枝塔、帕亚基塔、帕亚玛塔都是其典型的代表。寺塔建筑大体上为高塔形，也称巴高达，但有佛塔和寺塔两种形式。前者叫做泽蒂，相当于印度的钟形佛塔，基坛重叠数层，顶上最初为锡兰式圆锥形相轮，后成为细高的飞提。后者是祭祀佛像的佛堂，屋顶部为悉卡罗式或泽蒂式高塔，有妩媚的细尖顶直插天际，优雅的伞盖是装饰的重点。

1044年后，蒲甘王朝兴盛起来，确立了小乘佛教的国教地位，建造了大量的寺庙和宝塔，仅蒲甘一地就有四千多座不同形制的佛塔，锥体形、悬钟形、复钵形和综合形，也有拱形、方形和石窟形，不一而足，蔚为壮观。蒲甘时期的佛塔已经具有了鲜明的缅甸风格，寺塔一体，塔体多用砖石砌成，喜用雕塑装饰，莲花瓣、苦阑叶是最常见的纹饰图案，佛窟的结构从外墙到中心，不用一根木柱，全部采用拱顶，巧夺天工。最具代表性的阿难陀寺，平面呈十字形布局，四面出口均为大型拱门，复钵形的塔身通体洁白，宝象庄严，与四面佛堂浑然一体，主塔周围均匀地建有许多小塔，形成众星拱月的烘托气势，充分展现出和谐、完善、圆通、平衡的审美趣味，成为以后缅甸建筑的传统范式。古都曼德勒（Mandalay）最能体现缅甸世俗生活和宗教生活的高度统一。

不过，圣洁纯美并非缅甸风格的唯一特色，旧都仰光则为它华丽堂皇的另一面作出了最好的诠释。作为世界上最重要的宝石产地之一，缅甸向来以名贵的红宝石、蓝宝石、翡翠和玉石出产而著名，体现在建筑装饰上就更是风格独特。典型的代表是仰光的大金塔，塔高110米，周围有六十四座小塔环绕，塔身贴满金箔，总重超过7吨，四周挂有一千零六十五个金铃、四百二十个银铃。在塔顶的金伞上还镶有五千四百多颗钻石和两千多颗翡翠，建造者和历代的修缮者仿佛有把整个国家的财富都放上去的敬虔之心。把最好的献给灵魂的居所，正是缅甸人文价值观最直接的表露——不在乎财富的多少，只在乎心灵的澄净。

右页／左上 每个缅甸男子一生中都要在寺庙度过一段日子，以此学习淡泊喜乐的生命态度。右上 高脚茅屋是缅甸民居的特色，轩敞通透。左下、右下 明媚青翠的山水，清凉舒适的平台，是东南亚热带风情的最佳注脚。

左页／左上 庭院中的佛塔，每一个都是一份永恒的企望。右上 重檐的屋顶来自邻国风格。左下 朴素的廊桥显示悠闲的乡间风味。右下 别具匠心的砖饰外墙，线条排列出奇妙的韵律感。本页／左上 结构精致、用料考究的木屋，木柱的底部均有石础使房子更加牢固持久。右上、右下 雕工精美的佛塔，是早期印度风格的遗迹。

左页／左上、右上　楼梯繁复美丽的扶手富有强烈的缅甸色彩。左下、右下　精巧的木工，在沧桑的岁月里慢慢沉淀，昔日的繁华仿佛随时会再度回来。本页／右上　农家的厨房，处处可见生命的绿色，藤编的器皿随意而空灵，颇具佛理。左下　盘旋的木楼梯里，藏着主人童年有趣的记忆。右下　坛坛罐罐，最平淡的世俗生活也可以充满睿智的禅意。

本页／左上 几乎扑进窗户来的绿意，是浪漫的热带度假梦想。右上 线条的变化让空间有了生动气韵，简洁而美丽，也很有几分中国建筑里构景的味道。左下 缅甸风格的装饰细节，在垂檐的栅条上显露无疑，琴键般的序列仿佛随时有乐声传来。右页／上 坐在这么美丽的院子喝一杯下午茶，一定是最惬意的事情了。左下、右下 传统的缅甸人家居中并不多见复杂家具，简单的衣箱足够全家人的需要，物质可以很低，灵魂可以很高。

左页／左上 这样别致而简单的收纳空间，从色彩上就能看出喜乐的心情。右上 传统的雕刻图案和欧洲风格门厅设计有种矛盾的美感。下 繁琐富丽的木雕，展现缅甸名贵的硬木，是最具特色的家居装饰风格。本页／左上 莲花和苦阑草图案是佛教主题雕刻中最常用的题材。右上、右下 金碧辉煌的佛像寄托了太多的心愿，拱形的佛龛结构是缅甸宗教建筑的独特风格。

# NEPAL尼泊尔

在建筑的屋顶和门窗上，尼泊尔人喜用鎏金的铜雕做装饰，顶有华盖，檐缀铜铃，宝光夺目，华美非常。建筑之外，尼泊尔独特的装饰手工艺也是其风格不可或缺的点睛之笔。

尼泊尔是真正与世隔绝的。这个人间的天堂其实位于南亚次大陆的北部，亚洲的心脏地带，世界屋脊喜玛拉雅山脉的南麓。地形东西狭长，南北较短，最窄的地方约145公里左右，北部紧靠中国的西藏自治区，东与印度的锡金邦及大吉岭相连，南边、西边均和印度接壤，是个封闭的内陆山国，与世界上的其他国家和地区完全无路可通。

通常认为尼泊尔的人类居住史大约可以追溯到公元前8000年左右，但因为缺乏可靠的文字资料而无法求证，尼泊尔人及其王国的起源于是被蒙上了一层神秘面纱。传说中远古时加德满都谷地是一个群山环绕的大湖，有圣人用利剑劈开山峰，湖水泄出形成谷地，于是人们开始耕种放牧，修建城市，繁衍生息。而根据公元13世纪有关尼泊尔王朝和语言世系的记载，在加德满都谷地出现最早的王朝是戈帕尔"牧牛人"，接着是阿希尔"牧羊人"，公元前600年左后，被称为"山地人的战士"的克拉底人（Kirati）从喜玛拉雅山麓迁入，击败了之前的统治者，建立起强大的克拉底王朝。克拉底人给自己的王国取名为"尼泊"，克拉底语"中间的国家"的意思，这是尼泊尔历史的开端。尼泊尔最初的王国局限于中部山地，在南部接近印度的塔拉平原区则有另一些文明部族出现，其中最著名的就是蓝毗尼（Lumbini）。公元前543年，当地统治者得了一个儿子，取名乔达摩·悉达多（Gautama Siddhartha），他在菩提树下顿悟，创立佛教，被后世尊称为"佛祖"。

尼泊尔有文字记载的历史始于克拉底王朝之后的李查维王朝，该王朝的马纳德瓦（Manadeva）国王于公元464年在毗湿奴（Vishnu）神庙树立了一块碑铭，记载自己平乱的功绩，才使得今天的人们有机会了解当年王朝的种种情形。不过，更为丰富生动的记载可见于中国的史书：637年，赴西天取经的玄奘法师曾描述他眼中的尼泊尔国王"志学清高，纯信佛法，重学敬德，遐迩著闻"，是一位雄才大略的贤明君主。当时的尼泊尔有木头建筑的房子，并经过精心的粉饰和雕刻，人们精于农耕，佛教和婆罗门教在各大寺庙里繁荣兴盛，相安无事；手工业、商业和贸易都蓬勃有序，与中国和印度之间建立起通畅而平凡的往来，并形成了自身独特的文化传统，直到879年。

879年之后的四百多年，是尼泊尔历史比较混乱的过渡时期，众多的公国同时存在，被称为"黑暗年代"。直到1200年马拉王朝兴起，尼泊尔终于进入了又一个富庶昌盛且具有高度艺术水平的文明时期。马拉王朝后因为王权争夺而分裂成加德满都、巴克坦布尔、贝内派和帕坦四个城市国家，它们不但在战场上争夺土地，也在文化上相互比拼，由此尼泊尔人天赋的艺术才能被大大地激发，将加德满都谷地变成了建筑与装饰艺术的圣地。帕坦地区拥有二十一个塔尖的黑天神庙，连同巴德岗的五十五扇窗宫殿、尼亚塔波拉的五层塔、大觉寺等都是不可多得的尼泊尔建筑典范之作。马拉王朝的统治最终在廓尔喀人的手里结束，1768年沙阿王朝建立，1816年，英国势力进入尼泊尔，1846年拉纳家族通过暴力政变夺取权力，尼泊尔进入历时一百零五年的首相世袭独裁统治时期。1951年沙阿王朝的特里布文（Tribhuvan）国王恢复权力，实行君主立宪制，尼泊尔开始了现代化的进程，直至今天。

尼泊尔的建筑装饰艺术有着辉煌的成就。中国唐代出使南亚的王玄策就曾在他的笔记中盛赞一座名叫"凯拉什库特"的大厦，称其"层高有七，可容万人"，可见工艺水平之高。尼泊尔传统的民居喜用砖体木梁，多层重檐，一般至少有三到五层，有木制的大门、围廊、窗户和檐柱，结构突出，辅以精美的木雕工艺，形如宝塔，是最典型的尼泊尔建筑形式。这种基本构造法式同样被应用于巨大的宫殿和庙宇，构成尼泊尔恢宏的城市风景。建筑物多呈方形或长方形，每层的屋角和顶檐都以扁形柱头与下一层墙体相连，透雕的木格栏杆围出大气的阳台，便于观礼赏景。梁柱多用半圆形拱券，上面满绘花鸟鱼虫和各式神像，柱头饰以镇角兽，每一扇窗户都是一幅精工细琢的艺术品。在建筑的屋顶和门窗上，尼泊尔人喜用鎏金的铜雕作装饰材料，顶有华盖，檐缀铜铃，宝光夺目，华美非常。

建筑之外，尼泊尔独特的装饰手工艺也是其风格不可或缺的点睛之笔。其中，细腻精美的彩绘宗教唐卡是尼泊尔建筑壁画的不变主题，它们色彩鲜艳，画像造型妩媚。石雕、木雕、金属造像艺术同样是尼泊尔最负盛名的装饰珍品，大型造像集铸造、雕刻、镶嵌、彩绘于一体，纤毫毕现，仪态万千，宗教故事、世俗生活，花草树木、飞禽走兽不一而足。库尔马赤陶、金属丝编制并镶嵌着宝石的器皿、斑斓的手工挂毯等，更是塑造尼泊尔风格的重点元素。

右页／朴素的砖木民宅，与庭院中的绿意相得益彰，回转相连的廊桥，正是南部亚热带的风情。

左页／经典的尼泊尔民居样式，精美的镂雕工艺让人目不暇接，平淡的外立面因而变得端丽精致。本页／上 简陋的现代居屋，却因为错落有致的布局和门窗上的色彩运用而流露出生活的趣味。右下 雕工细腻的水法庭院，营造出遗世独立的宁静禅韵。

本页／左上、左下 红砖砌就的壁炉质朴而又实用，唐卡的庄重与金色的典丽都同样让人注目。右下 被寄予了无穷企望的庙宇总是装饰着最美的鎏金宝顶、华盖和法轮。右页／对于尼泊尔人而言，大门的装饰非常重要，金属镶嵌、彩绘、浮雕都是经常运用的手法，趋吉避凶，祈福许愿，合家的愿望都写在一扇扇的大门上了。

左页／耗功惊人的木雕和石雕装饰，是尼泊尔人对住宅奢侈的装饰手法，有化平淡为神奇的力量。本页／左上 格式统一的半圆形拱券窗楣，是典型来自印度的元素。右上 改良的维多利亚风格长窗，门廊却有尼泊尔风格妩媚的透雕工艺。右下 纯白的大理石材让整个建筑显得圣洁庄严，多重檐饰流露出独属王室的威严气质。

本页／左上 圣洁肃穆的佛塔，圆形多檐，宝相庄严，是岁月变迁荒烟漫草里坚定不移的信心。左下 精巧的布局，让每一个窗口望出去都是一副宁静的景色。右下 佛塔基座上温和的眉眼，是否出自神佛普世渡人的慈悲之心呢？右页／左上 多重的拱门营造出庭院深深的奇妙感觉，正吻合神秘的梵国特色。右上 晶光铿亮的餐具给黑白搭配的墙面带来丰富的变化感，空间也就生气勃勃起来。左下 壁龛的设计让物品收纳呈现出有趣的装饰效果。右下 隐秘奢靡的内室，精美的纺织品传递出浪漫的气息。

त्रिशक्ति
केबल
TRISHAKTI

左页／左上 这样岁月不惊的世界，这样宁静的街道民居，只在大山深处的雪国才有。右上 暖暖的灯光让浴室温馨无限。左下 别致的取暖装置，让人体会雪域之国的独特风味。右下 全用镶板作装饰的大门，显出主人别具一格的审美趣味。本页／左上、右上 稳重的深色粗木家具和内饰，配衬极具本土风格的彩色手工地毯，空间氛围立刻温和了许多。右下 舒适的起居空间，是源自印度席地而坐的习惯，轻易便获得宾至如归的惬意感受。

# NETHERLANDS荷兰

可以代表荷兰风格的元素很多，每个人都能找到自己的兴趣：伦勃朗明暗变幻的光影，凡·高金黄灿烂的向日葵，蒙德里安睿智简洁的抽象几何图案，暮春原野上一望无际的郁金香，初秋天高云淡下宁静悠闲的麦田和风车，蜿蜒流淌的古老运河，美丽淳朴的手工木鞋……

荷兰位于欧洲的西北部，西面和北面濒临北海，东部与德国接壤，南方则是比利时。荷兰是个小国，国土面积仅有4万多平方公里，大约是德国的九分之一，但因为地处欧洲西北要冲，西欧的三大河流，莱茵河、马斯河以及斯海尔德河均在荷兰境内入海，因此，荷兰素有“欧洲门户”的美誉。

在纪年之前，尼德兰地区的居住者是古老的克尔特人和日耳曼族，后来这里成为罗马帝国的一部分。中世纪时，尼德兰遍布各自为政的封建领地，1516年，查理一世（Charles Ⅰ，1516—1556年在位，1519年成为神圣罗马帝国皇帝，称查理五世）以西班牙国王的身份领有尼德兰，使之成为西班牙的属地，受哈布斯堡王朝的统治。1581年尼德兰率先爆发资产阶级革命，宣布废除西班牙的统治，成立“尼德兰联省共和国”，就此步入其历史上最为辉煌的“黄金时代”。荷兰人以匪夷所思的才思建立了“荷兰东印度公司”这一近现代世界史上最重要的经济组织，从中国台湾到印尼雅加达，从非洲好望角到大洋洲新西兰，从南美巴西到北美新阿姆斯特丹（今纽约），他们以一万五千个遍布全球的分支机构和一万多条游弋在五大洋上的商船，垄断了16世纪末至17世纪上半叶数十年间全世界总贸易额的一半份额，博得“海上马车夫”的霸名。

荷兰的国名尼德兰（Netherland），在荷兰语中意为“低洼之地”，非常形象地概括了荷兰的整体地貌：其一半的国土面积海拔高度低于1米，大约四分之一的土地低于海平面，境内最高点海拔仅321米，是位于东南角的法尔赛山，最低点是鹿特丹港，低于海平面约6米多。因为土地极端匮乏，从13世纪以来，为了避免在海水涨潮时遭遇“灭顶之灾”，荷兰人筑堤坝拦海水，再用风动水车抽干围堰内的水，围海造田，几百年来修筑的拦海堤坝已经长达1800公里。如今荷兰国土的百分之二十都是人工填海造出来的。

荷兰人出了名地会盖房子，也是出了名地会画画，两项长处叠加，便当仁不让地成就了荷兰建筑“造型(Neo-plasticism)”和“印象（Impressionism)”兼而有之的独特风格。荷兰传统建筑特别钟情于鲜艳活泼的外墙装饰，就像凡·高笔下热烈夺目的向日葵，天赋的色彩敏感度让荷兰人选择最淳朴的红、黄、绿等阳光色传递对大自然和生活的热爱，同时与蓝天、白云、碧海和花田相映生辉，形成和谐的美感。由于土地资源的限制，荷兰人的建筑惯用木桩地基，材质多采用黏土烧制的砖、森林木材、芦苇和铁皮等，使得建筑物充满朴实秀丽的独特风味。流行于海滨乡村的民居以有“荷兰威尼斯”的羊角村为典型，一律有芦苇编制而成的屋顶，冬暖夏凉防雨耐晒，非常舒适，绿色的小屋倒映在平静的水面上，十足是个世外桃源。而在城市，联排的住宅以其美丽的山墙闻名于世，双折线的屋顶，高达数层的狭窄立面，楼梯只可容一人通过，沿街面的侧墙上开有各种风格的老虎窗作为装饰，每家每户均不相同，线条仿佛孩子随意画出般歪歪斜斜，有种纯手工的艺术感，分外好看。

现代建筑则更是荷兰人最可引以为傲的成就所在。与生俱来的活力以及常年与海洋争夺居住空间的生存历史，使荷兰人在社会和文化的层面上，对建筑艺术怀有独特的感情和创造力。从18世纪阿姆斯特丹学派的孕育到20世纪初风格派的横空出世，再到20世纪六七十年代结构主义的出现和80年代前后解构主义的洗礼，荷兰的现代建筑风格走过了一条堪称辉煌的发展道路。理性务实的荷兰人在蒙德里安（Piet Cornelies Mondrian，1872—1944）、里特维德（Gerrit Thomas Rietveld，1888—1964）等大师的带领下，将人类共通的精神性需求借助建筑艺术完成了充分的表达，他们以简单抽象的几何形平面、直线和三原色（红、黄、蓝）、无彩色（黑、白、灰）建立起基本的结构和次序，并从中演绎出随意多端的变化组合，在技术和审美上将建筑艺术推向了全新的境界。里特维德的施罗德住宅，自建成以来就一直被视为最具有现代风格的建筑样本，大面积的玻璃材质，明朗轻快的颜色和立体构成，大量家具化的“功能性机关”，如可折叠的玻璃分隔、送牛奶的小窗户等，至今仍然是不可突破的先锋概念。此外，乌德勒支大学两块卷合互锁的巨型混凝土板形成了屋面和楼板，曼南特大楼质感如动物表皮的外墙，鹿特丹布拉克（Blaak）地铁站旁边犹如魔方般的预制吊装等，都是当今世界最有代表性的现代建筑典范，而它们都集中在荷兰。或许是因为，只有荷兰人才有足够的容纳度去接受这些目前看来还十分怪异的建筑吧。

右页／左上 馥郁芬芳的郁金香花田和巨大的风车让人想起童话世界。右上 简朴的海边民宅，白色的墙面和碧蓝的大海无比和谐。左下、右下 宗教建筑是精致的装饰技巧最佳的表现舞台，哥特式变化多端的尖顶和老虎窗非常美丽。

左页／左上 斑驳的石材贴面令房屋显出厚重尊贵的质感。右上 联排的水边住宅，狭长的外立面，造型各异的长窗，让建筑充满人文气息。左下 明媚阳光下灿烂的双折线红瓦屋顶是荷兰老城的标志。右下 水边住宅显示出阿姆斯特丹的水城特色。本页／左上 古老的建筑就像是历史的记录本。右上 宁静的城堡满含岁月的沧桑，古老的红砖和四角的圆形雕楼流露出过往的威严。右下 露木结构的乡间别墅，浓密的攀援植物给建筑平添了许多历史感。

本页／左上、右上 看似随意的家具组合，体现出一种天高云淡下的宁静与悠闲。左下 黏土、青石、粗陶，充满了朴实秀丽的独特风味。右页／左上、右上 屏风和床架上儿童涂鸦般的纤细线条，让平凡无奇的老房子立刻变得生动而具现代感。左下、右下 椅子的设计也可以变幻多端，轻盈的线条和厚重的质感，对比出奇异的矛盾效果，淡绿色的高光更是神来之笔。

左页／左上 屋顶露木结构的小厨房，瓷砖装饰让室内更具生活趣味。右上 简朴的木质家具，是乡间的淳朴传统。左下 厚重的木桌，独特的桌腿是设计的重点。右下 透过深色的幕帘，透视隐藏的神秘。本页／右上 弧形天花源自罗马风格的建筑结构，会同阶梯设计，让盥洗室的轮廓线条变得丰富而具有动感。左下 壁炉是北海沿岸最受欢迎的室内功能性装饰元素，无论是突出陈设，旨在区分空间，还是与书架或其他家具融为一体，都能令人惊喜。右下 足够宽大的空间让浴室设计完全突破了惯例，天窗透光的惬意和居中摆放的工作台都予人新鲜的观感。

本页／左上 直线延展的走道让门框排列出纵深的序列感，仿佛名家画作。右上 室内充满简练的线条，组合出灵动的空间感。左下 错落的墙面分割让空间如此有趣，完全达到步移景换的效果。右页／左上 舒适的小会客室，淡紫色的窗帘中和了稍显严肃的气氛。右上 盥洗间被设计得如同起居室一样休闲，镜子和灯光极具亲和力，落地窗让光线更加明亮。左下 华丽的起居室，墙上的壁炉有繁琐的古典线条。右下 有趣的雕塑装饰，明显是来自异域的殖民时代的纪念品。

左页／上、左下 粗直的木梁和柔和弯曲的金属家具营造出充满张力的气场，让本来较为宽阔的空间显得饱满，带有轮子的家具又平添几分流动感。右下 艳丽的郁金香和唯美的抽象人物绘画让空间立刻生动热烈起来。本页／右上 在窗前看着运河帆影、水光潋滟正是荷兰人独享的乐趣。下 以弧线为重点的室内设计，宽大的空间显得非常流畅而有节奏感。

本页／上 凝重的石材和木材搭配出大方内敛的气质。左下 将旧式大宅重新分割为错层的空间，功能性大大增强，支撑性的钢梁成为室内最有吸引力的装饰线条。右页／左上、右上、左下 极具创造力的家具设计，对比性的黑白色调和皮具、不锈钢及粗木材质，让现代感非常突出。右下 架空的卧室，可移动的拉门让空间分割非常灵活。

左页／上 旧屋的改造在于结构和光线的巧妙利用，遗留的屋梁总能成为最抢眼的装饰亮点。下 古典椭圆镜子的利用让简单的空间平添几分神秘变换的层次感。本页／来自中东的色彩、廓形和瓷砖内饰，显示主人独树一帜的品位。

本页／左上 浓烈的现代人物装饰画继承了野兽派的色彩传统。右上 落地长窗将庭院的景致引入室内，黑白的云纹地毯是室内的点睛之笔。左下 别出心裁的格局让门框产生画框的效果，盥洗间因此充满奇妙的艺术感。右页／左上 典雅的立式古董大钟，搭配浅绿色的墙纸，具有旧贵族的审美趣味。右上、左下 餐、厨空间从来就如此质朴无华，令人心神向往。右下 低垂的古典水晶灯洒落一室的温柔。

# NIGER 尼日尔

尼日尔是〝大河〞的意思，豪萨人、桑海人、哲尔马人，都陪伴着大河繁衍传承，生生不息，共同构成了色彩斑斓、复杂多元的尼日尔文化。有大漠孤烟，有长河落日，驼铃声从远古一直回响到如今的耳畔，烈日炎炎下乘着独木舟溯流而下，尼日尔的风情如画卷徐徐展开，百读不厌。

尼日尔地处非洲大陆中西部的内陆地区，撒哈拉大沙漠的南部边缘，是一个地地道道的内陆国家。从北部的艾尔高原荒漠，到中部萨赫勒地区的草原牧场，再到南部尼日尔河谷地带的农耕平原，尼日尔的地势由高到低逐级下降，沙漠和半沙漠的草原区占据了近三分之二的国土面积。在尼日尔，没有春夏秋冬的四季之分，只有短暂的雨季和漫长的旱季，全年平均气温在摄氏30度以上，每年4—5月是最为可怕的“哈马丹季节”，即便是在树荫下，温度也可达到摄氏40～50度之间，气候酷热干燥，降雨稀少，有些地方甚至终年无雨，是世界上最炎热的国家之一，以“阳光灼热之地”闻名于世。

作为最典型的非洲国家，尼日尔拥有壮丽雄浑的景致风光，在一望无垠的广袤沙海之中，有温柔的沙丘舒缓起伏，也有大大小小的绿洲星罗棋布，高大青翠的椰枣树、棕榈树、尤加利树、金合欢树依次成行，树荫下或行或卧的骆驼，怡然自得。而在南部的河谷地带林木葱郁植被繁盛的国家野生动物园中，随处可见大象、狮子和长颈鹿悠闲漫步，水牛和羚羊奔跑跳跃，河马和鳄鱼在水中嬉戏，成群的飞鸟栖息觅食，自然景色美不胜收。

尼日尔的文明起源自尼日尔河，尼日尔河是非洲第三大河，同时也是西非最大的河流，在拉丁文里是“黑河”或者“黑人之河”的意思，寓意河边居住着黑人居民。其实在那些世代居住在尼日尔河边的古老非洲部族语言里，尼日尔也是“大河”的意思，豪萨人、桑海人、哲尔马人，或放牧，或农耕，或渔猎，都陪伴着这条大河繁衍传承，生生不息，共同构成了色彩斑斓、复杂多元的尼日尔文化。

据考古学家的发现，早在六万多年前的旧石器时代，在今天尼日尔的北部荒漠区已经有人类定居，他们用粗糙的石制工具从事渔猎或以采集为生。距今一万多年前，这一地区的居民已经能够制作精美的磨光石器和陶器，被学者称为“撒哈拉最完善的新石器时代工艺”，其中以特内雷文化最为光辉灿烂，在艾尔高原发现的大量岩画描绘了当时人们畜牧和农耕生活的生动场景。在整个中古时期，尼日尔地区的各个部族，为了牧场、水源经常发生争战，此消彼长，不相上下，直到公元8世纪之后，西非历史上的三个强盛帝国，加纳、马里和桑海先后成为尼日尔地区的统治者，稍后还有勃尔努帝国。

在这个时期中，尼日尔进入了一段灿烂辉煌的发展期，中部和东部出现了一系列穿越撒哈拉沙漠的经济贸易和文化交流的中心城市，其中尤以阿加德兹（Agadez）为代表。阿加德兹是图阿雷格部落（Touareg）建立的城市，这个部落世代逐水草而居，以帐篷为居所，自古以来精于商贸，每每聚族为村，聚村成市，位于古撒哈拉商道上的阿加德兹就此兴旺起来，16世纪，来自北非和西非的商人都在这里汇合，有记载说当时的盛况是“商贾如织、奴隶漫市”。城中拥有西非标志性的古清真寺，呈四方锥形，高达27米的土木结构，外观纯朴，形制简单，融合了伊斯兰的风格元素和非洲本土的装饰手法，具有非常典型的审美趣味。

此外，定居在乍得湖畔的贝里贝里人为尼日尔贡献了另一种经典民居：平顶四角泥屋，因为干旱少雨，贝里贝里人砌泥为屋，用带刺的荆棘类植物编成篱笆，把整个村子围拢起来，用靛蓝作为装饰标识，形成独特的建筑风格。而从事农耕的富拉尼人则创造了圆顶茅草屋作为部族的居所，使用五彩的绦条和多样的图腾纹样作为装饰，同样生动美丽，极具热烈奔放的非洲本土特色。

右页／上 型制朴素的三层四方泥胚结构建筑，在屋檐上装饰着象征勇武和力量的扭角羚的角，在沉默的荒原上显出端严的气度，仿佛当年帝国曾经的辉煌。左下、右下 俯瞰的角度，能够遥想当年城市的繁华，整齐的城墙和帐篷型的泥屋是图阿雷格部落的特点，静静伫立的羊角见证着过往的岁月。

左页／泥屋的内部装饰极具部落文化的特点，憨拙的骆驼，线条浑厚的图腾和赭色的墙面非常协调。本页／右上 炎热的气候，人们在屋中摄取一点阴凉，天窗的结构体现出荒漠中的生存法则。下 对几何形和弧线的熟练运用，营造出变化的光影效果，让泥土材质变得生动起来。

本页／左上 羚羊角元素，既是装饰又是部落崇拜的图腾，非常经典的标志性建筑符号。下 清爽的蓝白色调，明显带有伊斯兰文化的印记。右页／草编的寝具和造型质朴的彩绘陶器，组合出原始的非洲风情。

# NIGERIA 尼日利亚

尼日利亚是非洲民族最多的国家，有二百五十多个部族，其中最主要的是豪萨－富拉尼族、西部的约鲁巴族和东部的伊博族，因此这里的各种风俗习惯大量融合，包括世俗文化和宗教文化，由此可以想见这里的传统文化艺术是多么丰富多彩。

位处非洲中西部的尼日利亚，领土面积有92万多平方公里，南濒大西洋几内亚湾，西同贝宁接壤，北与尼日尔交界，东北隔乍得湖与乍得相望，东和东南与喀麦隆毗连，海岸线长达800公里，美丽的尼日尔河及其支流贝努埃河为这个地处热带的国土带去了丰沛的水系，尤其尼日尔河，仅在尼日利亚境内就长达1400公里。尼日利亚是世界上人口最多的纯黑人国家，黑得正宗、黑得纯粹，是黑非洲的真正代表。尼日利亚的独特之处在于它是南、北非洲的汇中，环境气候受赤道雨林和稀疏草原的影响，使它具备了气候复杂、地形奇特、景观丰富、传统多样的鲜明特点。

尼日利亚的历史算起来也有两千多年，真正是个历史古国，到公元8世纪时，一个叫扎格哈瓦（Zaghawa）的游牧部落在乍得湖周围建立了卡奈姆－博尔努(Kanem－Bornu)帝国。而到14—16世纪，著名的桑海帝国盛极一时，领土直达北非地中海边沿，在如今的马里廷巴克图建立了先进的政治、文化和经济，形成非洲历史上最大的文明古国。当时的盛况我们可以从历史学家的描述中窥知一二。清真寺高耸的宣礼塔同繁忙的市场交相辉映。但不可避免的，帝国最后终为边界之争和继承纠纷所累而至解体。桑海人被摩洛哥人击败而南退至尼日尔河。代表着古代黑人文明最高成就和最后辉煌的桑海帝国的余韵就绕到了今天的尼日利亚。

尼日利亚人同样擅长木雕，雕刻者善于简化作品的形状，使其几乎变成抽象的——因为宗教禁止制作人像。他们居所的墙体也大多被细长的竹片包围着，竹片用酒椰树纤维制作的绳索缠绕捆扎，竹片上雕刻着图案，大面积形成一种细密的肌理，这些几何形状的图案肌理有图腾和辟邪的作用。茅草的屋顶在室内由木梁构架，梁上及室内墙面涂画着表现祖先和宇宙万物的图案与装饰。房屋的门槛大约高出地面50公分，以防止雨水和鼠兽的侵袭。如今，茅草屋面换成了铁皮屋面，瓦楞板代替了原来竹片的围合，墙面的装饰画代替了原来的图腾。虽然新的建筑材料让当地人的居住有了新的内涵，但仍保留了建筑的形态和样式。

在富裕的酋长住所，常有木雕的屏风作为室内空间划分的装饰物，用黄色或红色木头雕成大片树叶形状作为托盘，用水果形状的木雕作为烟灰缸，另外，还有雕成乌龟、鳄鱼和各种鸟兽的水果盒子，雕刻各种花边图案的箱子以及精雕细刻的拐杖、衣架等。这里的人们在雕像和面具中注入了自己的信仰，一件非洲艺术品传递着诸多的生活与信仰的信息。所以，尼日利亚一直是西方艺术家创作的源泉。20世纪最伟大的艺术家马蒂斯、毕加索、布拉克以及众多德国表现主义艺术大师，他们对这里原始而激情的非洲艺术品充满着好奇，更具文化意义的是，他们身体力行，从非洲木雕、铜雕中不断汲取灵感和艺术创造原动力，形成了现代艺术高潮。野兽主义、立体主义、表现主义、抽象主义以及超现实主义等多种现、当代艺术思潮，都或多或少地与这里的艺术有某种联系，并在艺术观念和造型表现上呈现出某种一致的趋向性。

今天的尼日利亚首都阿布贾繁荣而时尚，它是由日本著名建筑师丹下健三受聘设计建设的。我们可以在这里看到适应当地湿热气候的呼吸式墙壁，富有想象力的非洲色彩以及多姿多彩的雕刻艺术，美丽着都市的各个角落。非洲大陆那些经受了时间考验的盛典和传统就这样逐渐变成永恒。它们简练而淳朴，传统更炙热。

右页／左上、右上 美丽的手绘镶拼图案，为简单甚至有些简陋的建筑物带来奇妙的勃勃生气，信仰的力量让人们在最贫瘠的土地上也能描绘出绚烂的花朵。左下、右下 伊斯兰风格的庭院设计，白色的运用让空间充满宁静的气氛。

本页／丛林狩猎风格的小屋，兽骨和兽皮的装饰点缀显示出主人的骁勇和智慧。右页／仿佛神灵的陪伴，石雕和木雕装饰让空间具备了博物馆般的艺术品位。

左页、本页／令人着迷的线条和单纯色彩，让墙面变得生动活泼。

本页／上 难得华丽的会客大厅，色彩是非洲的，格局却是欧洲的，地道的殖民地风格。左下 精美的细部雕刻装饰，显出非洲古老的装饰传统。右页／经典的穹顶，能变成如此的灿烂，华丽的对色让原本肃穆圣洁的飞升线条成为欢歌时高举的手臂了。

左页／精心陈列的大型雕塑，木质浮雕和绘画作品隐藏着古老文明的神秘传承。本页／左上 异域感十足的琳琅满目。右上、右下 十字架可以被演绎出如此不同的装饰花形，对先人的纪念仿佛也只有在这样的氛围中才格外贴切。

# NORWAY挪威

很多人唱过挪威森林的歌，很多人看过挪威森林的书，他们在脑海中反复描摹，在心中千百次地画像，但只有去过挪威的人才会明白那奇妙的辽阔壮丽和秀美深邃，静谧端庄和狂野奔放。挪威的美丽是充满矛盾而又和谐的。

挪威是位于欧洲大陆最北端的国家，西濒挪威海，东邻瑞典，北方与芬兰和俄罗斯接壤，南部隔海与丹麦相望。国土纵贯斯堪的那维亚半岛西部，形如蝌蚪，东西最短相距仅6公里，是传说中古代北欧人的往来要道，因此国名也是取意为“通往北方的路”。挪威峡湾林立，山峦纵横，岛屿密布，有“万岛之国”的别称，又因地处极北高纬，有“夜半太阳之国”的美誉。

挪威的历史，有据可考是从公元前8000年左右开始的，早期人类以狩猎捕鱼为生。公元前2500年前后逐渐产生聚居的氏族部落，谱系属于欧洲的日耳曼人。前8世纪末期，挪威进入维京海盗时代。因为严酷的气候和奇突的地形，古代挪威人无法获得足够的耕地支持农业生产，于是他们将目光投向大海以寻求食物、土地和财富。他们天才地发明了长船让自己的愿望变为现实。凭着长船的优势，挪威人在公元8—9世纪强盛一时，频频入侵英格兰、苏格兰、法国和爱尔兰，还在都柏林、诺曼底和格陵兰建立起了永久性的殖民基地，“维京海盗”成为当时欧洲最让人敬畏的词汇。1028年，挪威成为北海大帝国的一部分，此后在漫长的岁月里，因为国力的衰落一直沦为邻国丹麦和瑞典的附庸，作为二者争夺的对象而充满动荡变迁，直到20世纪初才逐步摆脱瑞典的控制，获得独立的国家地位。

在挪威的建筑文化中，宗教建筑占据了非常重要的地位。大约在10—11世纪，基督教传来，并被确立为国教，随之而来的便是欧洲大陆成熟的石砌建筑技术。这一时期，挪威兴建了大批教堂，以罗马风格为主，但规模普遍较欧洲大陆为小，装饰简洁朴素，生动的木浮雕和各种铜、银祭祀器皿，巴尔迪绍尔挂毯、以形状不一的玫瑰花为主题的油漆画，还有标志维京海盗的公鸭和龙头图案，都是最具辨识度的装饰元素。特隆海姆市（Trondheim）的尼达罗斯大教堂（Nidarosdomen）是为纪念国王乌拉夫二世·哈拉尔德森（Olaf II Haraldsson，1015—1028年在位）所建，他去世后被称作圣乌拉夫。这座教堂是北欧国家最古老的哥特式教堂，有高耸的尖顶和对称的塔楼，整体风格威严华美。

由于森林密布，木材资源丰盛，挪威拥有悠久的木材建筑传统。这种传统也同时反映在了教堂建筑中，表现为闻名于世的木板教堂。据考古学家的论证，挪威在1100—1300年间建造了近千座木板教堂，目前保存完好的仍有二十八座。木板教堂的结构原理非常精巧：人们将岩石做成四棱见方的地基，以带榫的原木横向拼接做成桁条，再将垂直构件（立柱和顶柱）预制成墙体框架，分别插入地基，房顶可直接安装在墙体之上，或在中央加设一根立柱帮助支撑。木板教堂形式简单，一般只有一个正殿和圣坛，以独立木柱区分出座席区和过道，在入口处搭配精美的手工木雕作为装饰，外立面则完全借助原木的质感和整齐的序列感来呈现朴素的审美趣味，效果非常独特，令人过目难忘，为挪威独有。位于乌尔内斯（Urnes）的木板教堂已经被列入联合国世界文化遗产名录。

在挪威的民间住宅中，木制结构更是最为常见的建筑形式。其构造原理基本与木板教堂相同，但在造型手法上却灵活得多，传统的挪威农舍通常由好几座大小各异的木屋组合而成，布局随地区的不同而变化多样。例如在卑尔根的渔民区，木屋多为联排的高狭三层楼房，陡峭的斜屋顶和长窗，山墙完全以木条拼成，还有石砌的地下室。而在“北角”等地，人们会在屋顶上种植一层厚厚的植被，以抵御严寒的天气，让室内保持温暖。因为距离遥远，欧洲大陆的巴洛克、洛可可等艺术风潮虽也先后传到了挪威，但总体而言对挪威的建筑装饰艺术影响不大。位于卑尔根被称作达姆斯嘉德（Damsgård hovedgård）的洛可可风格的木制乡村庄园可能是其中最具代表性的作品了。

挪威的建筑装饰艺术，在20世纪80年代之后，以功能主义为核心的设计理念是其现代风格的基础，在新老风格的融合和后现代主义的创新上都取得了非凡的成就。例如挪威中央银行总部大楼，占据奥斯陆市中心整整一个街区，成功地与周围的古老建筑融为一体；而利勒斯特罗姆市（Lillestrøm）的圣·马格努斯教堂（St Magnus Church），则完全由模块构件组成，一个两边各有一个礼拜堂的巨大圆形庇护所，虽然是一座彻头彻尾的现代化建筑，却完全符合教堂的传统观念。90年代出现的一系列复合主义建筑作品，恢复了宽大、平滑、清晰的几何形外观，以抽象寓意的线条和材料质感展现设计主题，同样前卫而易懂，引领世界建筑的新风潮。简单质朴的北欧人，与化繁为简的现代风格仿佛有种天生的契合度，于是成为理所当然的领跑者，每每给人意想不到的惊喜。

右页／左上 种着植被的屋顶，是典型的北欧建筑风格，可以在极寒的冬季留住一份温暖。右上 温暖的太阳洒下斑驳的光影，挪威的森林宁静如歌。左下 木材镶拼的民居，原木以整齐的序列感带来独特的审美乐趣。右下 简单的木屋搭配鲜艳的色块，视觉立刻变得生动。

本页／左上 大面积的玻璃材质让墙体从视觉上消失，木框更进一步强调了主人与苍郁的冷杉林之间无法割离的精神联系。右上 座椅的靠背使用了缆绳的造型元素，正贴合墙上帆船的隐喻，航行对于挪威人而言，是无法舍弃的血缘吧。左下 宽敞通透的几何形格局，让室内外空间融为一体，人与自然和谐无间。右页／左上 纤细的手绘墙纸和纯朴的花卉纹样床罩，挪威的田园风光有种遗世独立的美好。右上 清新的绿色搭配简约的木制家具，心情就和落地长窗外的树林一样快乐透明。左下 温馨可爱的厨房，趣致的椅子完全不成套，紫色、橙色和绿色的搭配让稚拙的乡村气息扑面而来。右下 细致的木雕方桌和镜框，展示出挪威人精湛的手工艺技巧。

左页／左上、右上、左下 朴素的原木拼贴是挪威人最喜爱的内饰风格，让空间色彩柔和悦目，且有温暖自然的触感。右下 厚重的石材贴饰为房间平添了肃杀的冰原气质，座椅的皮毛靠垫含蓄地点出狩猎的主题。本页／左上 仿佛雪洞般的造型憨态可掬，壁炉当然是北极之地不可或缺的温暖之源。右上 黑色介入原木与纯白的世界，让朴素的挪威风格多了几分现代的美感。右下 墙上孩子们涂鸦的画片，记录了老房子历年的快乐回忆。

本页／左上 不事雕琢的原木，仿佛刚从树林里砍下，随意削了几下，便堆叠出一个惬意的休闲空间。下 已经斑驳破损的墙面，家具上也都是历经沧桑的痕迹，不知有多少传奇在这里沉淀。右页／左上、右上 原汁原味的油漆装饰技法是挪威最本土的细节元素，手工编制的地毯也传递出生动的家庭氛围。左下 裸露的砖墙，还带着粗犷的原始风味，古典造型的浴缸让人瞬间回到百年前的时空。右下 浅粉色系的靠垫柔软了木板和瓷砖的粗糙及冷硬，让人不由自主地想要亲近。

1833

左页／左上、右上 清晰的直线造型是北欧的一贯风格，让居室明亮宜人。左下、右下 巧妙的屋顶采光设计是北欧人的偏好，这里夜半仍有明亮日照，而变幻瑰丽的极光更是不能错过的风景。本页／左上、右上 明朗的湛蓝象征着神秘悠远的大海，是挪威人最钟爱的色彩。右下 古老的木箱子里面，或许藏着海盗们的弯刀和金币。

# 世界居住艺术百科

第三卷

# Encyclopedia
*of*
# World Home Arts

III

P —— Z

上 海 辞 书 出 版 社

عقباه بالندم

# CONTENTS 目录

LEONARDO DA VINCI

# CONTENTS 目录

# PERU 秘鲁

在丰富而多变的表象下，秘鲁风格却总能呈现出一种纯净到永恒的美感，因此当西班牙人想要表达〝富足和珍贵〞的感慨时，他们总是说：这真是一个秘鲁。

秘鲁位于南美洲西部和中部沿海地区，赤道线以南，濒临辽阔的太平洋，北部邻国是厄瓜多尔和哥伦比亚，东部与巴西、玻利维亚接壤，南端则与智利交界。瑰丽奇美的自然风光孕育出同样神秘玄妙的历史文化。公元前1万多年以前，安第斯山区已经出现了以采集和渔猎为生的原始人群。公元前1200年，秘鲁历史上的第一个国家查文（Chavin）建立了，它带来了高超的纺织技术、大型建筑和精美复杂的石雕艺术。公元初，纳斯卡文化（Nazca）和莫奇卡文化（Mochica）成形。8世纪，以美丽的彩绘陶器和成熟的灌溉技术而发达成熟的的的喀喀文化，留下了大量宏大的建筑来表达对宇宙的理解。其后，瓦里帝国（Huari）、奇穆王国（Chimu）等相继兴起，带来冶金技术的大发展，金、银、青铜艺术品成为秘鲁这一时期最重要的成就。1200年后，印加帝国将印加文化发展成为秘鲁古代最辉煌的土著文明。

在秘鲁浩如烟海的艺术文化成就里，建筑毫无疑问是其中最灿烂的篇章，被视为地球历史上最宝贵的遗产。标志着秘鲁文明最初起源的查文王国，就留下了令人咂舌的宏大纪念性艺术建筑，包括一系列由石头和灰泥建成的梯形地、平台和大厦。基本的建筑形式都是一个“U”形土墩包围出开阔的露天广场，外围有大型的石头建筑群，广场的中心是一个圆或者正方形，内部高达4.5米的画廊，放置花岗岩雕刻的查文王国重要的宗教人物造像、兽形装饰物和复杂的象征性石雕。例如查文·德万塔尔（Chavin de Huantar）神庙，完全用巨大的花岗岩建成，有完美的直角线条，是古代美洲最杰出的建筑作品之一，远古先民的精神世界，至今历历可见。

1000年前后兴起的奇穆王国，为秘鲁留下另一个建筑胜迹——昌昌（Chan Chan）古城。昌昌城建立于12世纪，是世界上最大的一座土砖城。由于昌昌位于秘鲁西部的沿太平洋地区，缺乏山区的石材资源，于是人们将泥土在太阳下烤干后制成土砖作为主要的建筑材料。昌昌城用各种不同样式的土砖筑成，整齐地排列成有序的矩形，具有强烈的逻辑感，虽然看上去非常简单朴素，但土砖之上却以黄金打造的金箔镶嵌出精美的图案，细节之处巧夺天工。昌昌城中心的查珠第城堡，呈现出防御性的城堡格局，围墙高达9米，其中最特别的会议厅是由二十四个座席围成的矩形庭院，内部传声效果不同寻常，坐在不同座位上的人哪怕低声轻轻说话，都能被听得很清楚。而金字塔造型的绿宝石庙和彩虹庙，则以雕刻精美的浮雕艺术著称，在这里可以找到各种神秘奇特的海洋生物、鱼类、龙、蛇等图腾符号，其中的寓意至今未能确切解读。

14世纪，达到成熟巅峰状态的印加帝国，其首都库斯科城至今仍保留着当年荣光的记忆。虽然自然地形高低起伏，但印加人独特的直角设计理念规划出完美的城市格局。垂直交叉的直线和中心广场是连接帝国行省大道的起点，棋盘式的街道布局整齐规范，精美的石雕，严丝合缝的榫接以及趣致的梯形门窗是最典型的特色元素。从城市中心巨石砌造的富丽王宫和威严的太阳神庙，到城墙边低矮朴素的泥瓦民居，印加森严的等级制度以最直观的方式呈现在建筑形式上。城郊的萨克萨瓦曼（Sacsahuaman）古堡是这一时期印加建筑的典范之作，建筑在城外山坡上的古堡是俯瞰库斯科全城的军事防御卫城，全部用巨石垒砌而成，上下共分三层，每一层都有高达18米的围墙，三座塔楼组成稳定的三角支撑，圆形的主塔是国王的行宫，塔内引入温泉，两个正方形的副塔是驻军之处，城堡底部有网状的地道将三座塔楼和整个城堡贯通起来，设计精巧结构复杂，令人叹服。

如果说库斯科城是印加人文明的遗迹，那么马丘比丘（Machu Picchu）古城就应该被视为是神在天空中造就的奇迹了。位于乌鲁班巴河上方安第斯山上的马丘比丘像个巨人栖息在两座高大山峰间的马鞍形山脊上，大约占地2公顷，缕缕白云缭绕其间，花园、通道、神庙和宫殿分列有序，台阶、墙垣都好像是自山壁上自然长出的一般，安静得仿佛从来就毫无人间烟火气。它绵延的城墙和半圆形的宏伟庙宇都是用巨大的花岗岩石块砌成，因此被考古学家称为“世界上最美的石方工程”。

在16世纪西班牙殖民者入侵之后，秘鲁的建筑风格有了明显的改变，在传统的印加样式中，添加了鲜明的巴洛克元素，最典型的就是首都利马和阿雷基帕（Arequipa）古城。“无雨之城”利马由殖民者皮萨罗（Francisco Pizarro，约1475—1541）建立，称为南美洲西班牙帝国的首都。来自欧洲大陆的设计师和当地的能工巧匠们共同缔造出城中华丽优美的混血巴洛克风格：装饰优美的大门和精工细刻木雕的阳台是独特的细节元素，还有大量仿宗主国样式的殖民风格民居组成了利马城独特迷人的风景线。阿雷基帕古城则更是欧洲建筑、宗教和当地传统技术、土著文化和壮丽自然景色的完美合一。

右页／左上 位于秘鲁境内安第斯山脉中的马丘比丘，被称作印加帝国的“失落之城”。“马丘比丘”在印加语中意为“古老的山巅”，古城遗址位于古印加帝国首都库斯科城南部112公里的高原上，海拔2560米。两侧是高约600米的悬崖，峭壁下则是日夜奔流的乌鲁班巴河。右上 著名的的的喀喀湖（Lake Titicaca），其名称来源于印地安语，可能是“美洲豹的山崖”或者“酋长的山崖”的意思。这是湖边的民居。左下 的的喀喀湖中有许多带有古印加风格的豹头船，是当地乌鲁人的交通工具。右下 的的喀喀湖位于玻利维亚和秘鲁两国交界的科亚奥高原上，是南美洲地势最高、面积最大的淡水湖，也是世界最高的大淡水湖之一。

054

左页／上 秘鲁南部古城库斯科。“库斯科”（Cuzco）在印加克丘亚语中意为“肚脐”，也就是世界的中心的意思。图中的老建筑为巴洛克风格的库斯科大教堂。下 库斯科的城堡建筑。本页／上 库斯科广场边西班牙风格的廊楼。右下 利马市武器广场四周的传统建筑，秘鲁总统府就在边上。据说这里起名为武器广场，是因为经常在广场上举行武器展览，此时普通民众也可以近距离接触武器，因而得名。

本页／层层垒垒的泥砖构成独特的装饰风格，虽然简单到了几乎简陋的程度，却和周边壮美的自然景色和悠久的文化传统完美融合。右页／左上 位于秘鲁南部的纳斯卡（Nazca）地区，存在着一个两千年的谜局：一片绵延几公里的线条，构成各种生动的图案，镶刻在大地之上，至今仍无人能破解——究竟是谁创造了纳斯卡线条，它们是怎样创造出来的，神秘线条背后意味着什么。因此纳斯卡线条被列为世界十大谜团之一。在纳斯卡镇，线画元素的装饰无处不在。右上 首都利马的圣弗朗西斯科（San Francisco）大教堂，是带有西班牙风格的巴洛克建筑。左下 高原蓝天下朴素的茅草顶泥砖小屋，是干旱少雨的秘鲁沿海沙漠地带最常见的建筑式样。右下 利马古城区的旧建筑，具有西班牙殖民地风格。

SOUVENIRS Las Lineas

左页／典雅的西班牙宫廷风格居室，细致的人物肖像画，低垂的吊灯，华丽的镜框，丝绒的沙发，处处传递出靡丽的旧大陆气息。本页／右上 敞透的空间充满了美感。左下 典型的西班牙风格餐厅，美丽的玻璃铁艺吊灯是装饰的亮点。右下 土砖风格的餐厅，搭配印加人明亮多彩的手工织物，效果令人眼前一亮。

本页／左上 手工镶嵌的大门和线条单纯的石雕装饰，在狭窄的小巷中静静地展露出独特的风情。左下、右下 质朴的土砖结构房屋，内部是确实令人惊叹的欧洲装饰风格。右页／华丽的吊灯，纤细的铁艺栏杆，优雅的壁炉和大理石饰面，巴洛克式扶手椅，混搭印加风格的石雕和图腾符号，凸显出殖民风格的迷人之处。

左页／典型的秘鲁家居风格，本色的泥砖墙搭配鲜艳浓丽的印加手工织物和兽皮装饰，有种神秘悠远的意境。本页／左上 碎石拼成的背景墙有大海般迷蒙的视觉感，藤艺沙发有度假般的惬意。右上 简约的现代风格盥洗室，木材的古朴和细腻的洁具产生矛盾而又统一的美感。右下 直线和弧线的组合让家居的线条生动多变，粗糙的木材，古典的烛台，让简约的现代风格变得人性化起来。

# PHILIPPINES 菲律宾

迷人的热带海岛景致，加上多元的文化冲突，成就了独具魅力的菲律宾建筑及其居住文化。菲律宾人以其浓郁的亚洲热带风情、敏锐时尚的现代触觉，以及精湛的工艺技术，为热带风格做出了全新的诠释。

菲律宾位于亚洲东南部，由吕宋、米沙鄢和棉兰老三大部分组成。西濒南中国海，东临太平洋，是一个群岛国家，共有大小岛屿七千多个。这些岛屿像一颗颗闪烁的明珠，星罗棋布地镶嵌在西太平洋的万顷碧波之中，菲律宾也因此拥有“西太平洋明珠”的美誉。

1521年麦哲伦踏上这个群岛时，正好是天主教宗教节日，于是就为群岛起了一个有宗教意义的名称——圣拉哈鲁群岛，但未被沿用。1542年，西班牙航海家洛佩兹（Ruy Lopez de Villalobos，1500—1546）继麦哲伦之后来到这里，为了炫耀西班牙帝国的“功绩”，便以西班牙王子菲利普的名字，把群岛命名为菲律宾群岛。1898年6月，菲律宾人民推翻西班牙殖民统治，宣布独立，改国名为菲律宾共和国。

菲律宾聚居着约七千万人口，其中以马来人为主，混合着中国、美国、西班牙及阿拉伯血统的人。长时间西方殖民统治加上世界各地商旅络绎不绝，孕育出一个糅合着东、西方特色的民族。迷人的热带海岛景致，加上多元的文化冲突，成就了独具魅力的菲律宾建筑及居住文化。

历史名城、菲律宾首都马尼拉在展现着菲律宾浓郁热带风情的同时，更显现出其在公共建筑方面的光彩。市区的建筑可谓是东方与西方、质朴与繁华、古老与时髦的混合体。第二次世界大战前，马尼拉市区有十二座天主教堂，建筑都很华丽。战争期间，大部分教堂被毁，只有圣奥古斯丁天主教堂被完整地保存下来。该教堂始建于1571年，墙垣、天花板和地板都用大理石砌成，天花板的石块上雕刻有各种花草，雕工细致逼真。马尼拉卡斯德拉尔天主教堂亦建于1571年，但曾多次受到损坏，共重建六次，1958年重建的该教堂建筑宏伟华丽，是菲律宾建筑艺术的典范。

民居方面，其建筑则是典型的热带气候、海岛式生活及文化传统的结合。最鲜丽的颜色、最朴拙的形式、最天然的材料、最简单直率的搭配，如此造就的生活居所就如同阳光和海水一样自然，毫无雕琢却丽色天成，并与海天连成一片，散发出让人无法抗拒的魅力。

菲律宾地处热带，但其室内设计风格却并非人们所熟悉的、传统的热带风格，天才的菲律宾人以其浓郁的亚洲热带风情、敏锐时尚的现代触觉，以及精湛的工艺技术，为热带风格作出了全新的诠释，无论是优雅知性、乡村田园、异国情调，还是前卫另类，都被表现得淋漓尽致，却又奇妙地统一在椰林树影的热带精神之中。现代感、民族风格和全球化在新热带风格中达到了完美的和谐境界。

菲律宾独特的地理、历史和人文条件赋予了菲律宾特有的、充满融合感的设计文化。很久以来，菲律宾就因品类繁多、极富热带色彩的手工制品闻名于世：从菲律宾竹藤和精致木雕家具、手雕塑像、圣像，到以香蕉纤维或凤梨纤维手织而成的布料，以及家居用的薄罗纱灯、金银珍珠首饰、手制篮子器皿、蛇皮和鳄鱼皮产品、古董及贝壳工艺品等，不一而足。同时，西班牙式的欧洲古典风格、美国式的现代风格、亚洲各民族的土著风貌、天主教的庄严、伊斯兰教的神秘、佛教的淡定从容，都已经成为菲律宾人文血脉中不可分割的部分。各种文化的叠加给菲律宾设计带来的绝非表面化的多元和矛盾，而是水乳交融的迷人魅力。

新一代的设计师将传统的民族手工艺品提升为契合现代需求的设计作品——他们使用本土材料，如火山岩石、森林中的藤蔓、椰子壳、棕榈等，以完全不同的方式，敲打、挤压、打磨、编织、染色，造就了独具菲律宾特色的家居用品；他们结合了金属技术和天然藤条的编结技术，以藤条或蕉麻的编织品包裹立体的钢丝结构，制成拥有完美装饰曲线的扶手椅；他们使用椰子壳、水牛角、珠母等材料制成各种植物和动物主题的餐具和摆设；他们用海草编成时尚躺椅，用手工精制的纸做成灯具。

纤维、嫩枝和贝壳，再加上来自灵魂深处的创意，这就是现代菲律宾的设计——干净简洁、圆润流畅，富于现代感的几何线条，介于装饰艺术和包豪斯工业设计之间的廓形，以及极具自然感和本土气息的材料，既保留了自然的感觉，又如此地具有实用性，让手工的技艺、天然的材料、现代的品位和亚洲的韵味浑然一体，弥漫着一种轻盈的、决不会被混淆的优雅的热带气息。

右页／左上 开敞的空间顺着水池，显得非常舒适和静谧。右上 茅草屋顶、木格栅移门、混凝土基础，现代与传统，混合形成一种新的结构形式。左下 旋转的石材踏步、云石灯柱和日式庭院，有一种宁静的气氛。右下 这间房屋是对热带建筑的新诠释，现代的结构形式是对传统的呼应。

左页／联系着室内外空间的回廊是东南亚建筑的特色。本页／左上 玄关桌上大气的方形镜子、异形花瓶和时尚的树脂装饰盘相映成趣。右上 花园里慵懒的躺椅，以名贵的马六甲藤编制而成，带着优雅的风格。右下 让人一看就想坐下去的两件套躺椅，是在钢管的结构上用草蔓编制而成的，线条优美。

左页／左上 东方式的餐厅宽大而优雅，带着悦目的橄榄色调。餐桌由刻花的木制底座和清爽的玻璃面板组成，而椅子上的套垫则出自菲律宾著名的亚麻制品。右上 现代造型的扶手椅搭配纯手工编制的靠垫，和谐有趣。左下 极具现代风格的三级式落地灯，搭配由黑色皮革编制而成的扶手椅，以及以黑色细绳编结而成的花盆和碗，出乎意料的和谐。右下 简洁的包豪斯造型的扶手椅，由象牙白的皮革缝制而成，搭配漂白的木制导弹形落地灯，现代感扑面而来。本页／左上 规整堂皇的客厅，处处绿意盎然，红木材质搭配现代西式的造型，这一组沙发尤其引人注目。右上 菲律宾式的长椅，带有拿破仑风格的弯头和精美的镶嵌工艺，与墙上名贵的宗教油画相映生辉。右下 这间卧室雍容大气，四柱床底边对称，布置有别致的矮柜，中国文化的影响十分明显。

左页／左上 主人房室外的回廊上摆放着爪哇风格的沙发，清新惬意。右上 宽大的窗户借景出一番天地，原始中有一种日本的味道。左下、右下 屋顶和梁架的设计气势宏大，而之下的起居区域却显得精致优雅。本页／左上 蓑衣被挂在卧室的墙面上，与装饰木柱形成一种自然、原始的肌理。右上 藤编家具和竹编天花以及庞大的屏风，体现出浓郁的东南亚热带风情。右下 传统的中式家具搭配充满“禅”味的现代油画作品，再加上茶几上一盆青翠的观赏竹，整个房间内流动着一股冲淡平和之气。

本页／左上 带有墨西哥风格的房子，岩画表达粗犷，与室内家具也很协调。左下 富有菲律宾地域特质的木梁结构和特色家具。左下 手工木雕和天然石材的组合与对比。右页／左上 空间充满泰式味道，佛像及水缸都具有一种浓烈的装饰感。右上 富有当地特色的织物、藤椅、灯具和装饰细节，令这个拥有非同一般层高的起居室清新可人。左下 对称的布局和精致的藤编工艺令视觉十分愉悦。右下 阳台的装饰一派自然风格，吊床让你度过一个悠然的下午。

本页／左上 属于帝王的奢华床架，床头的镶板上雕刻着繁复美丽的玫瑰图案，金色的帘幔更添贵重之气。右上 美丽的春日庭园，现代家具和古董家具摆放在一起，是如此的协调而悦目。左下 转为小空间设计的组合家具，可以随时随地随意地排列搭配，显示出创意的无限可能。右页／左上 明快的颜色使乡村居住充满了快乐。右上 粉红、明黄、深蓝这些强烈颜色组合在一起，形成一种明快的情感。左下 一个冥想的乐园，由红藤和竹子制成的家具散发出纯美的自然气息。右下 庭院一角，竹墙、碎石地面、原木的凳子、热带植物混合在一起，很有生机。

左页／左上 彩绘玻璃令空间富有殖民情调，但花缸和家具则是中国风格。右上 这里体现出一种完全归于自然乡野的气氛，几乎没有一件现代的物品，使空间还原得更纯粹。下 床幔、座垫，一切都是纯洁的白色，空间通透，同自然环境融为一体。本页／右上 日式风格的客房，混合着热带元素，非常温馨。左下 完全自然浪漫的仿原始居所，是旅行者的安乐窝。右下 精细华美的木雕工艺是视觉的焦点，地毯也在呼应这个主题。

本页／左上 竖条的布窗帘很有构成感，与乳白色的卷帘一起增加了墙面背景的整体感，突出了室内多样的家具。右上 这是一扇有支点可旋转的门，看起来厚实，却更像一个室内的家具。左下 在整洁而宽敞的室内空间，手工艺的木装饰品其尺度与比例关系在室内形成一种雕塑感。右页／左上 粗糙的石制台面成了主人展示得意收藏的舞台，那些可都是精心收集的20世纪70年代的手绘瓦片。可爱的柳条枕头也是手工编制的。 右上 这是一个手盆的巧妙设计，刚好放在门口，方便进出家人使用。下 优雅的乡村风格起居室，沙发由柳条编制而成。

# POLAND波兰

波兰在斯拉夫语中是〝平原〞的意思，这里的确是一片令人心醉的田园：从四月早春天气里星星点点的新绿，到第一批的花蕾和叶芽伴随着温暖明媚的阳光和微凉清香的月光，由初绽到盛放，从浓绿到金黄，再转为飘扬凋落的赭红，进入著名的〝波兰金色的秋天〞。

波兰位于欧洲大陆的中部，东部和东北部与立陶宛、白俄罗斯、乌克兰接壤，北临波罗的海，与瑞典和丹麦隔海相望，西部与德国为邻，南部则是捷克和斯洛伐克。而在历史上，波兰的疆界却是经历过多次反复变更的。根据考古学证明，早在五十万年前的旧石器时代，波兰东北部的维斯瓦河谷已经有原始人类定居。公元前1300年，古斯拉夫人建立起乌日茨文化，到公元前400年左右，古斯拉夫人分为东西两支，其中西斯拉夫人定居在奥德河、维斯瓦河和易北河流域，他们就是波兰人的祖先，而历史学家有时也把波兰人的祖先称为莱赫人。

在度过漫长的原始游牧和农耕时代后，公元966年，以格涅兹诺（Gniezno）为中心的皮亚斯特王朝大公梅什科一世（Mieszko I，约963—992年在位）建立了波兰公国。梅什科一世迎娶捷克公主，并接受了基督教。到其子博莱斯瓦夫一世（Bolesław I，约992—1025年在位）时，波兰已经成为统一而强大的国家。在随后的数百年里，波兰分分合合，起伏跌宕，历经兴衰。1569年，波兰和立陶宛联合成立波兰共和国，统治疆域辽阔，达31万平方公里，包括今波兰、立陶宛、乌克兰、白俄罗斯、捷克等诸多地域。至18世纪波兰国力衰竭，先是1772年被俄国、普鲁士和奥地利第一次瓜分，随后1791年，又被俄、普两国第二次瓜分，1794年，波兰人的起义被镇压，波兰被俄、普、奥第三次瓜分。经此诸多浩劫，强盛一时的波兰几乎被列强蚕食殆尽，濒于灭亡，直到第一次世界大战结束后才得以复国，但随后又在德国和苏联的夹缝中遭遇第二次世界大战，再度失去自主。二战后波兰重新建国，一步步走到今天。

作为一个有着千年历史和华美山川的国度，波兰处处都是茂密翠绿的原始森林和宁静优美的大小湖泊。青翠如织的马佐夫舍草原，白雪如盖的威尔基斯布罗维滑雪场，风光秀丽的波罗的海海滨胜地和俯仰皆是的石器时代遗址，五彩斑斓的琥珀山谷，威严质朴的贵族城堡，古色古香的农庄，端庄肃穆的哥特大教堂、巴洛克王宫和文艺复兴式广场，共同交织出一幅引人入胜的美妙画卷，人文景观和自然风光相映生辉，令人流连忘返。而其中值得一顾再顾的，则应该是华沙和克拉科夫。这两座中世纪就已经建城的古都，拥有波兰人最引以为豪的记忆和容颜。

克拉科夫位于波兰南部的维斯瓦河畔，从10世纪开始就是波兰公国的首都，被波兰人称为“永恒之城”，是历代国王的加冕之地。可能是因为受到上帝的庇佑，克拉科夫奇迹般地没有被两次毁灭欧洲的大战破坏。如今的克拉科夫几乎和14世纪全盛时期完全一样，旧城中央广场有鹅卵石的窄街，传统的粉色房子整齐排列，市政厅、博物馆、教堂林立。文艺复兴样式的纺织会馆是广场上最著名的建筑之一，它有宏大的拱顶，以大量的古典徽章作为装饰。哥特式的圣母玛利亚双塔教堂直指云霄，但两座塔的高度却并不统一，高矮胖瘦各有千秋，是很不常见的建筑格式，传说是出于两位相互竞争的兄弟之手。最古老的瓦维尔城堡建于8世纪，高高立于广场南边的小山丘上，山下维斯杜拉河潺潺流过，千年岁月不惊。

而华沙，无疑是更多的沧海桑田。13世纪建城的华沙，前身是马佐夫舍（Mazowsze）公国在维斯瓦河上修建的城堡，1344年成为公国首都，1596年国王齐格蒙特三世（Zygmunt III Waza，1587—1632年在位）把自己的王宫和整个政府机构从克拉科夫搬到了华沙。1656和1702年，华沙在瑞典人的入侵中两毁两建，在两次大战中90%以上的建筑又被再次摧毁，战后在1966年，波兰人按原样又一次重建了自己的首都：维斯瓦河西岸的红砖城墙，哥特风格的王宫大庭院，巴洛克风格的克拉辛斯基宫，古典主义风格的瓦津基宫，圣十字架教堂，圣约翰教堂，俄罗斯教堂，罗马教堂……堆砌出形式错落、重重叠叠的红色尖顶和箭楼，广场上高耸的花岗岩圆柱上齐格蒙特三世的青铜雕像为当年的辉煌做了最好的注脚。

右页／左上、右上　西部波兰中心波兹南（Poznán）老城区。左下　格但斯克大军械库，文艺复兴风格，建于1593—1612年，是这一年代最与众不同的建筑。右下　克拉科夫大教堂中的西吉斯蒙礼拜堂，文艺复兴风格，建于1517—1533年。

左页／左上 华沙旧城区的传统建筑。右上 马尔堡（Malbork）的条顿骑士团城堡。马尔堡城堡在13世纪由条顿骑士团建立，是目前世界最大的哥特式城堡。左下 格但斯克港口边的民居建筑。右下 白色传统建筑。本页／右上 华沙旧城区。左下 托伦（Torún）老城的民居。托伦是著名天文学家哥白尼的诞生地，城内建有哥白尼纪念馆，并有以他名字命名的大学。右下 格但斯克市中心地区拥有许多汉萨同盟时代以来的优秀建筑。

本页／非常素净的木材内饰和线条朴素的家具为居室带来沉静的气质，单纯的蓝色灯具和赭石色陶罐，还有缤纷的水果成为点睛之笔。右页／左上 朴素的书房一角，原木镶板让居室更加温暖。右上 朴拙趣致的厨房，砖墙和木板搭配出乡村的勃勃生气。左下 华丽的吊灯是餐厅中的装饰亮点，与简单的陈设和低调用材产生强烈对比。右下 原本非常简朴的空间，因为华丽的黑金两色搭配的宫廷式家具，和织锦地毯等细节装饰，就呈现出贵重的氛围。

左页／左上 一直延续到室内的鹅卵石铺地，岁月的痕迹扑面而来。右上 风格强烈的人物肖像画是空间装饰的重点。左下、右下 非常温馨的家庭照片墙，是生命延续的鲜活记忆。本页／右上 壁炉永远是老建筑里的点睛之笔。下 端庄沉稳的起居空间，线条纤细流畅的吊灯成功地带来变化。

本页／左上、右上 普通的厨房，因为琳琅有序的锅碗瓢盆交响曲而表现出生活的喜悦感。左下 挂毯和地毯的图案非常有现代装饰感，让空间变得有趣起来。右页／左上 温暖的起居室，壁炉营造出家庭的气氛，柔和的布艺沙发和靠垫，花朵图案的花瓶都有着明显的女性气质。右上 吊灯的线条和楼梯形成美妙的韵律感。左下 女性化十足的玫瑰粉卧室，传统的欧洲风格。右下 粉色中和了石材和粗犷木门的硬度，让空间显出了几分温柔气息。

本页／左上 古朴的壁画与椅子的原木质感很和谐。左下、右下 简单的卧室以装饰线条和质感上佳的寝具为主题。右页／左上 返朴风格的浴室，有粗犷的男性味道。右上 黑白对比的用色，让盥洗室有古典的大气。左下、右下 镜子的轮廓和亮面折射带来大量意想不到的变化，风格突出。

# PORTUGAL葡萄牙

葡萄牙风格是属于水手的——透过重重海浪和波尔图红酒的模糊光影望去，美丽的葡萄园也会带上了些许乡愁的味道，有点忧郁，但更多的是简单的勇气和执着的坚持，如同这个民族深入血液的布道和冒险情结：它们或许蛰伏，但绝对不会消失，往往在不经意间便如惊鸿一瞥灵光乍现，让世人为之沉醉倾倒。

葡萄牙的名字正是来自port，在拉丁语里意为“温暖的港口”。葡萄牙位于欧洲西南部的伊比利亚半岛，唯一的邻国是西班牙。其国土面积狭长，地势背山面海，北部为梅塞塔高原，中南部为山地和丘陵，由东北向西南逐步倾斜为和缓的平原，西、南两面濒临大西洋。

复杂的历史文化传承和开放的海洋民族性格必然造就出丰富多彩的建筑艺术，它最独特的地方，就是混合。葡萄牙典型的建筑风格是由欧洲与阿拉伯混合而成的摩尔式：阿拉伯式的庭院，搭配哥特式的局部结构，并辅之以大量的螺旋、旋转、盘旋等结构式装饰手法。此外，巴洛克、文艺复兴、新艺术、折衷主义等艺术风格也在这片土地上得到了天衣无缝的交融，展示出葡萄牙独特优美的建筑风貌，其中尤以首都里斯本、古城孔布拉、酒市波尔图，以及被诗人拜伦赞美为“地上伊甸园”的度假胜地辛特拉为荟萃之地。

里斯本传说是希腊神话英雄尤里西斯创建的“海神之城”，历经战乱和自然变迁的沧海桑田，一砖一瓦都见证着葡萄牙的历史。16世纪时，国王曼努埃尔一世（Manuel I，1495—1521年在位）为庆祝发现新印度航路而大兴土木修建的热罗尼莫斯修道院，展示了葡萄牙标志性的曼努埃尔式建筑特征：双层回廊，上层为哥特式，下层为文艺复兴式，由回廊展望阿拉伯样式的方形中庭。位于大西洋岸边的贝伦塔，建于1515—1521年间，结构上堪称葡萄牙文艺复兴式代表性建筑，外观雕刻装饰则体现出深刻的回教文化影响。同样显示了阿拉伯人统治烙印的还有气势恢弘的圣乔治城堡，精巧的摩尔式城墙和炮台轻易就能让人回想起当年城市的盛况。

有一千多年历史的“酒市”波尔图则另有一番特色，更为古色古香也更生活化，这座因为美酒和贸易而繁盛的城市建在绵延起伏的丘陵上，在这里放眼便是蔚蓝的大西洋，古老雅致的栋栋白屋，屋顶以红瓦铺就，外墙上装饰有漂亮图案的瓷砖，精致小巧的阳台上盛开着各色鲜花，绘满了彩画的玻璃窗在明媚的阳光下变幻闪烁，曲折狭窄的石板路穿梭在城中，柔和的粉红、地中海黄和属于波尔图酒的暗紫色构成了城市建筑的主色调，屋前屋后芳草萋萋，树木葱郁，繁花似锦，修剪整齐的几何式花园正体现出葡萄牙人享受生活的独特方式。

有欧洲最古老的大学城之称的孔布拉的建筑堂皇典雅，更为贴近欧洲本土风格，是文艺复兴时期巴洛克样式的典范。著名的孔布拉大学图书馆全部以大理石建造，屋顶有将近5米高，分为上下两层，房屋采用拱状结构，内墙和天花装饰有优美繁复的壁画，豪华木造贴金箔的书架更显出贵重的气势，各式挂毯和瓷砖画装点，反映了宗教、战争和历史的主题，有着一份来自深厚文化底蕴的、内敛的华丽感觉。

历史悠久的王室度假胜地辛特拉，是位于茂密森林中的古老山城，历代葡萄牙国王均选择在这里修建自己的梦幻宫殿。从14世纪开始建造的王宫融合了哥特式、摩尔式等多种风格，尤其以独特的室内主题装饰而闻名：天鹅厅的天花板上描绘了二十七只形态各异的美丽天鹅，人鱼厅则完全用雕花的壁砖铺设而成。而仿修道院风格的潘娜宫外观朴素类似中世纪的城堡，以山红色的墙面为特色，内部装饰则同样汇集了多种风格，宗教功能和世俗功能完美结合，显示出强盛的海权王国特色。

在装饰材料方面，葡萄牙最为突出的特色是蓝花瓷砖：一种上釉的陶瓷砖，一般为白地蓝花，图案丰富，涉及宗教传说、历史故事、风土人情、自然风光等，尺寸和规格也非常多样，被大量地用在室内和室外的墙面和地面装饰上。瓷砖画艺术最早由阿拉伯人传入葡萄牙，在伊比利亚文化进程中占有非常重要的地位。人们在烧制的砖石上绘制图案，再施以光亮的釉面，变成美丽的上光花砖。最初因为工艺复杂而价格昂贵，只在教堂、修道院、广场等公共建筑以及王宫和贵族的宅邸中才能见到，但后来这种装饰艺术日渐普及，成为葡萄牙随处可见的标志性装饰手法。

在材质方面，葡萄牙人喜爱用质地朴素的天然石材以及陶土烧制的砖瓦建造房屋，家具则选用当地特产的软木，由南美漂洋过海而来的巴西红木也广受欢迎。在色调选择上则偏爱柔和的天然色调，如粉红、粉黄、米白等，与典型明快的地中海色调相比，葡萄牙人的色彩多了几分忧郁斑驳，但依然有着近乎直率的纯美。此外，在细节装饰上，航海和宗教的主题也是葡萄牙人最为钟爱的元素：帆船、水手结、锚具、世界地图、圣经人物、十字架等都是频频出现在纺织品、瓷器、雕刻品上的图案和纹样，而代表殖民地的象牙、贵金属制品，以及各种异域风情的陈设品也是葡萄牙风格常见的构成元素。

右页／左上 自然云纹大理石搭配亮丽的瓷砖，房子外观顿时充满了活泼的艺术感觉。右上 庄重堂皇的巴洛克大宅，展现出葡萄牙王室曾经拥有四海的繁华往事。 左下、右下 精美的石雕装饰是葡萄牙人常用的装饰手法，被大量地运用在建筑中，《圣经》人物则是笃信宗教的他们最喜爱的形象。

左页／左上、右上 序列感极强的长窗，外立面均采用质地高贵的大理石，扑面而来的是浓郁的古典欧洲风格。左下 朴素的修道院样式城堡，带有苍凉的中世纪气质。右下 阿拉伯样式的庭院在葡萄牙建筑中很常见。本页／左上、右上 陶土色的墙面艳丽明媚，是朴拙的民居风格。右下 充满乡村自然气息的小小宅院，绿叶快乐地爬满墙头，在风中沙沙作响。

本页／左上、右上 美丽的白地蓝花上釉瓷砖是最富葡萄牙特色的建筑装饰元素，宗教传说、历史故事、风土人情、自然风光都是其受欢迎的图案题材。左下 精美廊饰，绘有详细的生活场景，来自摩尔人的建筑风格。右页／左 彩绘的天顶图案是房间装饰的亮点，家具则由名贵的巴西红木制成。右上 门的装饰仿照国王的皇冠，极尽奢华。右下 厚重而具有质感的石材让居室有种朴素的贵重气质。

左页／整幅墙壁用瓷砖铺就是葡萄牙标志性的装饰元素，宽裕的面积让瓷砖图案也格外丰富。本页／厨房的墙面以上釉的白地青花瓷砖装饰，清爽宜人，琳琅的厨具挂成一排，流露出主人对生活艺术的热爱和独特表达。

本页／会客室的墙壁上装饰着大幅的连续形瓷砖宗教画，搭配古典的硬木古典家具，正是独一无二的葡萄牙风格。右页／左上 手工精致的木质家具是典型的古典风格，华丽的螺旋装饰让简单的陈设柜变成了令人称叹的艺术品。右上 别致的拱廊结构流露出阿拉伯人独特的审美口味。左下、右下 高大轩敞的大厅，墙上巨幅的油画，璀璨的水晶灯，无不显示出无可置疑的欧洲王室气派。

本页／左上、右上 家庭成员的肖像果然是最恰当的装饰品，搭配颇具特色的传统墙纸图案，让空间充满温馨的味道。左下 墙面的装饰画展现出典型的热带风格，正是葡萄牙人游历四海的写照。右页／欧洲样式的卧室，室内装饰细节又明显地接合了阿拉伯的某些元素，却天衣无缝。

# RUSSIA俄罗斯

或许确实很难用某种理性的思维去分析俄罗斯，但当品尝过地道的俄罗斯黑面包、鱼子酱和浓烈的窖藏伏特加后，冒着清冷的北风和雪花再漫步于红场或冬宫前面的广场，就一定可以感受到那份独属于俄罗斯的沉静雍容——因为它过往拥有的光荣和辉煌，也因为它至今绵绵不息的勇气和力量。

俄罗斯横跨欧亚，拥有欧洲东部和亚洲北部的大片土地，北邻北冰洋，东濒太平洋，西接大西洋，东西最长为9000公里，南北最宽为4000公里，有38000公里漫长曲折的海岸线，是目前地球上幅员最为辽阔的国家。俄罗斯大部分地区处于北寒带，气候寒冷，原始森林苍郁葱茏，富饶广袤的平原上遍布农田，沉默的伏尔加河静静地流淌，夏季青翠如染，冬天冰雪纯白……这幅宛如上帝精心绘制的油画，令观者一见心折。

俄罗斯的建筑历史最早可以回溯到一千多年前的先民时代，居住在森林周围的人们习惯以木材搭建居所，并形成了独具风格的“木刻楞”。木刻楞以粗长圆木和各式板材建造而成，技术简单（如接榫、栓合等），造型灵活，有陡峭的斜顶对付漫长冬季的积雪，在房檐、门檐、窗檐上喜欢运用木雕和彩绘等工艺进行装饰，于粗犷中见细腻，质朴中却透出奢华，如同树林中的一道亮丽风景，是俄罗斯传统民居的经典风格样式。

公元988年，基辅罗斯公国的弗拉基米尔大公（Великий Князь Владимирский）命令全体国民受洗为基督教徒后，东正教即成为俄罗斯的国教。宗教变革为俄罗斯带来了一种极易辨识的建筑风格——华美的“洋葱头”样式教堂。“洋葱头”教堂源自中世纪的拜占庭帝国，其形式典雅大方，高阔端正，主建筑结构搭配多个矗立上端的半圆形顶盖。初期的圆顶通常较大较扁，后来渐渐往上拉长拉尖，也往旁发展趋饱满，最终定型为人们熟悉的“洋葱头”。最早的洋葱顶教堂是1037年建于基辅的索菲亚大教堂，共有十三个圆顶，建筑整体感觉崇高圣洁，有如神迹。

15世纪后，俄罗斯宗教建筑渐渐摆脱拜占庭的拘谨形式，形成了自己独有的特色。首先出现的是独立塔形建筑样式。塔型的下半部结构缩小，但维持了原先完美均衡的比例，每个立面均三等分切割，代表圣父、圣子、圣灵的基督教义，并采用木刻楞的堆砌添加手法，在“十字”或“米字”轴线上组合扩充，形成盘根错节的宏大气势；其次是在建筑外部的石材墙面上普遍使用传统木刻楞的雕刻装饰技巧，文饰从宗教人物故事到俄罗斯民间流传的花草、鸟、兽等传统主题图案，内容丰富，风味十足。

俄罗斯最著名的“洋葱头”建筑位于莫斯科的红场周围。红场在俄语里是“美丽的广场”之意，其上矗立着庄严的瓦西里大教堂和华美的克里姆林宫（意为城堡）。瓦西里大教堂是1555年沙皇伊凡四世（Иван Ⅳ Васильевич，1547—1584年在位）为庆祝攻下喀山汗国而下令修建的，共有九个圆顶，红砖白石，帐幕式的塔楼挺拔耸立，相互之间以回廊连接，色彩缤纷，缀饰繁复，气概非凡。而享有“世界第八奇景”美誉的克里姆林宫建筑群则由高大的城墙、塔楼，以及四座建筑极美的教堂（十二使徒教堂、天使教堂、圣母升天教堂和圣弥额尔教堂）组合而成，意大利文艺复兴风格与东正教精神在此合而为一，俄罗斯建筑风格确立无疑。

在俄罗斯，传统的欧洲古典风格建筑同样占据重要的地位，尤其以被称为“北方的威尼斯”的圣彼得堡为典型。18世纪，雄才伟略的彼得大帝（Пётр Ⅰ，1682—1725年在位）全力打造了这座以他的名字命名的城市。典雅的古典风格，豪华的巴洛克风格，纤美的洛可可风格，折衷风格，哥特风格和文艺复兴风格均可轻易在圣彼得堡找到，严整柔和的线条，高大宏伟的结构，富丽堂皇的装饰，整齐宽敞的街区和道路，让这座城市显得格外高贵恢宏。

而俄罗斯人注重华丽和堆砌的室内装饰风格，也在圣彼得堡得到了最淋漓尽致的展现。在沙皇的冬宫和夏宫里，圆柱、回廊数不胜数，喷泉、瀑布和水道随处可见，金银铜等贵重金属和水晶、孔雀石、大理石以及各种宝石制成的装饰品点缀各处，丰富多样的色彩流露出俄罗斯人开朗的天性，巨幅的油画、雕塑、彩绘、马赛克镶拼壁画等艺术品彰显出一贯的艺术品位，来自东方、西方的奇珍异宝则昭示着沙皇时代无以伦比的财富和权力。或许放在别的地方会有些过于繁琐和雕饰，甚至是俗气，但在俄罗斯，所有的叠加和堆砌都变得如此自在和理所当然，深厚的底蕴中和了装饰品本身的浅薄之气，并将之转化成独有的气度和品位，配合高挑华贵的空间，气派出自天成。

还有一种必须提及的俄罗斯建筑装饰风格，那就是20世纪30年代后形成的“斯大林风格”，中央的主楼高耸，两侧或四角的配楼较矮，顶部细长的金色尖柱和尖顶上的五角星是这种建筑风格的点睛之笔。外墙以白色大理石装饰，明快大方，门厅内挂枝形吊灯，富丽堂皇。与其之前在俄罗斯城市中广泛流行的欧陆各时期的建筑风格不一样，在斯大林风格中可以找到以往各种风格的基调，又能感觉到独有的“社会主义”烙印和“英雄主义”气质，是一种完全可以与欧洲古典和现代建筑兼容和媲美的艺术风格。

右页／左上 华西里升天大教堂。右上 耶稣升天教堂。左下 莫斯科国立罗蒙诺索夫大学主楼。右下 伊凡大帝钟楼。

左页／上、左下 莫斯科克里姆林宫外景。右下 彼得堡冬宫外景。本页／左上 莫斯科红场一角。
右上 彼得堡复活大教堂。右下 彼得堡圣埃撒教堂夜景。

本页／左上 克里姆林宫大殿内景。右上 彼得堡圣埃撒教堂内景。左下 克里姆林宫圣母升天大教堂内景。右页／左上、右上 看似简洁的浴室设计，但名贵的材质是塑造俄罗斯风格的关键。左下、右下 璀璨的水晶吊灯和线条柔和流畅的古典家具并不罕见，但墙上琳琅的绘画作品却彰显出俄罗斯人深厚的艺术修养。

1864

左页／房檐、门檐、窗檐的木雕纹样体现了朴素美丽的传统俄罗斯装饰风格。本页／尖尖的斜顶适应冰雪气候，“木刻楞”是典型的俄罗斯民居样式。

本页／左上 三种鲜亮的彩色用在同一套房里，炫目之余又带来丰盛的华丽气质。左下、右下 经过改良的古典风格床幔，纯白和深红同样可以让人享受到贵族般的气质。右页／原木别墅是俄罗斯人冬季度假的天堂，粗大的木材、温暖的原色、熊熊燃烧的壁炉，搭配朴素的手工纺织品，冰天雪地同样舒适宜人。

左页／左上 质朴的农庄风格，是难得一见的清新。右上 小块的手织地毯总是能让简陋的空间立刻化身为舒适的个性居室。左下 精工雕刻的镀金画框和玲珑浮凸的金器陈设，打造出一个典型的奢华俄罗斯。右下 全配置的厨房，是否已经闻到了著名的罗宋汤的香味？本页／瑰丽的深红是俄罗斯人钟爱的色彩，闪光的丝绒、精致的蕾丝、织花的地毯和幽暗的吊灯，组合出暧昧奢靡的欧风韵味。

本页／左上 墙上的装饰是沙皇专用的双头鹰盾纹，雕饰华贵的宫廷样式大床与粗糙到毫无修饰的砖墙、地板，形成强烈的对比效果。右上 飘拂的窗纱兼有轻盈和华丽的双重效果，让高挑的空间气韵流动。左下 繁花图案虽有琐碎堆砌之嫌，但重叠使用却能收到意想不到的华美效果。右页／左上 古典风格的浴室，细腻的木质搭配明亮的金属配件，奢华味道呼之欲出。右上 典雅的起居室，台灯下正适合静静地阅读老托尔斯泰的文字。左下 色彩变化总能让房间产生一种柳暗花明的视觉效果。右下 大理石制成的立式面盆赋予浴室高贵的古典气质，花式简洁的瓷砖让浴室更添生动感。

# SCOTLAND 苏格兰

就像绚烂的苏格兰短裙一样，建筑和装饰同样诉说着苏格兰人的历史和归属。苏格兰拥有鲜明的民族特色——空灵悠远的风笛、温暖艳丽的格子短裙，以及五个多世纪来全世界饕餮们的梦想——采集红色花岗岩缝中涌出的清泉精心酿制而成的高地特产——苏格兰威士忌。

苏格兰位于大不列颠岛的西北部，是英国的一部分。苏格兰是英国最优美的风景区，也是最多变的地理区，被高地断层线从中心区一分为二，北部是荒凉光秃的高地地区，南部则是绵延的丘陵和农业平原。

苏格兰在历史上曾是一个独立的国家，自1604年开始并入英格兰，接受斯图亚特王朝的统治，但它依旧保留了自己的货币。独特的地理和历史条件，使苏格兰人一直保持着较少的人口和空旷的土地，也因此孕育出一种遗世独立的非凡气质，被誉为“欧洲最后的荒漠”，静静地向世人展示着超乎想象的寂静之美。

苏格兰的人文风光同样令人惊艳。首府爱丁堡是一座历史悠久的古老的盾形城市，宝石般镶嵌在洒满金色阳光的苏格兰南部中心地带，有“英国最美丽的城市”之称，迷人的中古韵味和浓郁的艺术气息是它最突出的特色。城内中古时期的街道巷弄与超过十个世纪之久延绵的精致联排屋随处可见，从以火山岩为基础建构而成的神秘古朴的城堡到庄严的苏格兰王宫“圣十字宫”，各种古希腊式、古罗马式、文艺复兴式风格的建筑无所不有，整个城区都带有一种维多利亚时代迷人的风度。而世界上历史最悠久、规模最大的国际性艺术节——爱丁堡国际艺术节自1947年创立以来，至今仍是全球爱好艺术的人士每年一度的神圣节日。

苏格兰的另一座重要城市是格拉斯哥，它是全英国最大、最有趣的城市之一，也是最具有苏格兰风格的城市。在著名的乔治广场四周满是维多利亚时期留下的精致建筑，其中最具代表的是东侧一栋朱红色的建筑，1888年于维多利亚女王时期启用，大厅的拱顶天花板，大理石和纯白雪花石做的阶梯，处处都体现着这个“最伟大的维多利亚城”的品质。格拉斯哥大教堂建于1136年，是向格拉斯哥的守护神圣蒙哥（St. Mungo）致敬的伟大工程，由高低两个教堂组成，历经三百年才完工，并奇迹般躲过了宗教革命的冲击而保存至今。还有建于1451年的格拉斯哥大学，它是苏格兰第三古老、英国第四古老的大学，建在小山丘之上，多为哥特式建筑，那高耸的塔楼及其尖顶令人惊叹不已。

不过除了这些，格拉斯哥得享盛名，很大程度上还应该归功于这座城市在“新艺术运动”中的贡献，尤其是在建筑和装饰方面杰出而独到的表现。“新艺术运动”是兴起于19世纪末20世纪初的艺术运动，其内容几乎涉及到所有的艺术领域，包括建筑、家具、服装、平面设计、书籍插图以及雕塑和绘画。“新艺术”在表现方式上注重造型的自然线条，如蔓草、花卉、鸟兽、藤麻等，其风格来自于欧洲中世纪艺术和18世纪洛可可艺术的造形痕迹和手工艺文化的装饰特色，同时也带有东方艺术的审美特点以及对工业新材料及新技术的运用，显示了人们对过去的怀旧和对新世纪的向往和激情。从1880年到1910年，在近三十年的时间里，先是整个欧洲与美国，后来又波及到全世界，“新艺术运动”对现代的设计和文化艺术产生了巨大的影响，被许多批评家和欣赏者看作是艺术和设计方面最后的欧洲风格。

这场伟大的艺术运动起源自英国，而英国的“新艺术运动”主要在苏格兰的格拉斯哥。格拉斯哥学派在运动中发展了独具特色的直线风格，与其他国家所发展的流动曲线风格形成对比，并主要表现在建筑、室内设计和壁画上。这种直线风格影响了德国、奥地利等国的“新艺术”风格，与法国和比利时等国流行的曲线风格共同形成了“新艺术”风格的两大特点。其中取得最令人瞩目的设计成就的就是“格拉斯哥四人团”（Glasgow Four）：查尔斯·麦金托什（Charles Rennie Mackintosh，1868—1928）、赫伯特·麦克内尔（James Herbert MacNair，1868—1955）、玛格丽特·麦克唐纳（Margaret MacDonald Mackintosh，1865—1933）、弗朗西丝·麦克唐纳（Frances MacDonald，1873–1921）。这个小小的群体的设计不仅囊括了工艺美术、建筑，而且在形状和装饰方面表现了崭新而独特的构思。在19世纪90年代至20世纪初，他们在格拉斯哥城内的建筑、室内设计、家具、玻璃和金属器皿等方面留下了许多天才的作品，形成了独一无二的苏格兰“新艺术”风格，即柔软的曲线和坚硬高雅的垂线交替运动的新表现手法，让这座城市变得风格独具。最能说明这种独特的苏格兰风格的，就是希尔住宅（Hill House）。

希尔住宅，意思是山丘上的住宅，是麦金托什的设计，也是苏格兰典型的建筑形式。希尔住宅的外立面有一层类似灰泥的石膏，这种外立面也是对多雨的苏格兰建筑的传统处理方式。石板屋顶则赋予房子一种严峻的神情。在室内，简洁的立体图形与地板的同类图形相呼应，这种基调延伸到长方形门框、天花板、墙板和几何灯具，简洁的格子形主宰着室内，配色柔和，汇成简洁而空旷的整体效果。玫瑰是麦金托什和格拉斯哥派最常用的装饰图案，家具都具有高度的装饰性，有些家具纯粹是装饰，是摆放在那里的艺术品。白色的主调也是希尔住宅的常用元素，配合阳光变动、季节变化和绿色植物，展示出与自然的融合愿望。

右页／形态各异的乡间古堡是苏格兰高地的标志之一。

COLERIDGE

左页／左上 安逸舒适的起居室，是阅读和休闲的好去处。右上 典型的苏格兰乡村风格厨房，夏天十分阴凉，到了冬天却又温暖干燥，舒适宜人。左下 墙上的油画肖像让非常私人化的起居室平添了不少历史感。右下 大厅里展示的是苏格兰特有的兵器，流逝的岁月扑面而来。本页／左上 镀金的雕像和古老的十字架都是17世纪的古董，让这个门厅展示出一种沉稳的气度。右上 用斯图亚特王朝专用的格子纹样装饰的墙面，上面悬挂的是主人狩猎的纪念物。右下 玄关处的镜子设计非常贴心，朴素的木椅是当地手工艺人的作品。

本页／上 温暖的客厅有弧型的落地长窗，院落中的景色一览无余。左下 宽敞的大厅有一种乡间特有的粗犷味道，天花板用等边的三角图案装饰，非常特别。右页／左上 著名的法国博韦挂毯装饰的大客厅。右上 格子图案的装饰是苏格兰人的最爱。下 客人房中有美丽华盖的大床。

本页／左上 格子花呢是苏格兰人的灵魂图腾，随处可见。左下 拱型的天花板和门廊让餐室带上几分哥特的味道。右下 曲线优雅的楼梯为整个空间带来一种上升中的欢快气氛。右页／左上 对称的帘幕和摆饰呈现出一种庄严堂皇的美感。右上 刀枪剑戟的陈列，显示出苏格兰人尚武的遗风。左下 温馨的一角，随意摆放着家人的相片。右下 拱型的门廊是哥特风格的韵味。

# SINGAPORE新加坡

各地背井离乡的移民们把各自无法割舍的传统文化带到了这个开放的岛国——新加坡，在多年的交融和传承中形成了今天既多元又统一的艺术风格，反映在民俗民风、歌舞戏剧、建筑装饰等各个方面，呈现出独特的魅力。

地处东南亚马来半岛南端的新加坡，自古以来是名副其实的面朝大海。它位于马来半岛南端，马六甲海峡的出入口上，正是太平洋和印度洋的交汇处，亚洲、欧洲、非洲和大洋洲海上交通的枢纽点，北隔柔佛海峡与马来西亚相邻，南跨新加坡海峡与印度尼西亚相望。新加坡国土呈菱形，由新加坡本岛及附近大大小小五十多个岛屿组成，面积近700多平方公里，峭壁浅滩，丘陵山谷，密林溪流。由于距离赤道很近，所以气候温暖多雨，四季草木葱郁，鲜花盛开，映衬着碧海蓝天，艳阳清风，处处景色秀丽，风光宜人。

新加坡的名字最早出现是在1160年，传说苏门答腊的室利佛逝国王子桑尼拉优塔摩（Sang Nila Utama）来到岛上游玩，看到一只“行动敏捷美丽，艳红身躯，漆黑头颅”的奇兽，王子非常惊奇，于是问随从这是什么动物，随从说这是SINGA（马来语中“狮子”的意思），王子认为是吉祥的征兆，于是就决定定居下来，并为这块地方起名叫SINGAPORE（狮子之城），这名字就此沿用至今。圣尼罗优多摩王子建立的新加坡王朝（旧译信轲补罗王朝）一共传了五代，在公元13—14世纪曾兴盛一时，新加坡成为繁荣的海港城市，阿拉伯、波斯、印度、中国和欧洲的商人云集此地，贩卖运输香料、丝绸、瓷器、珠宝、茶叶等各类商品。

在历史上，新加坡就是一个非常典型的移民国家，从早期的马来人，到后来的印度人、华人、阿拉伯人、葡萄牙人、英国人、菲律宾人等，他们的交融和传承令新加坡的艺术文化呈现出独特的魅力。例如华人精致细腻的景泰蓝配色风格和匀称庄重的多顶建筑形式，马来人斑斓多彩的审美取向和伊斯兰风格庭院设计，印度人妖娆妩媚的莎丽服饰和室内装饰，以及英国人留下的堂皇华丽的文艺复兴样式的公共建筑……

从传统建筑风格而言，值得一提的是甘榜格南区苏丹王朝留下的苏丹回教堂和王宫，金黄色的圆顶显示出伊斯兰风格的庄严和圣洁，小印度区的阿都卡夫回教堂为砖木结构，鲜艳的奶黄色外墙和玻璃圆顶是印度传统风格和阿拉伯风格完美融合的结果。而在芽笼区则可以看到英国殖民时期留下的欧洲古典建筑群落，高等法院华丽轻盈的科林斯柱式和青铜圆顶，灰白石材的罗马风格市政厅，装饰着彩绘玻璃窗、威严高耸的圣安德列哥特大教堂，无不流露出文艺复兴的优雅人文气息。

不过最具有代表性的新加坡民间建筑风格应该是华人聚居区牛车水的店屋。店屋通常沿街而建，两层或三层整齐排在一起的小楼，底层是商店或作坊，上层是住宅。店屋有着狭窄而精致的门面，雕梁画柱，以中国风格为主调，融合了马来风格和欧洲风格的装饰细节，并粉刷成不同的颜色，呈现出整体统一而局部多变的矛盾美感。在建筑格式中，店屋有几个极具辨识性的特点，一是五脚基的骑楼，在一层形成遮阳挡雨的长廊，在热带阴晴不定的天气里，即使不带雨伞也可以滴水不粘地回到家。这种建筑文化一直延续到今天新加坡的现代化都市市政规划上，可谓影响深远。界墙则是另外一大特色，作为店屋之间的墙壁，它会比屋顶高出一点，两边颜色不同，形成独特的建筑轮廓线，美妙非常。还有就是回纹，在店屋的屋檐下有一排垂直于地面的木雕装饰，源自马来的民居传统，但喜爱使用金木水火土，以及凤凰、蝙蝠、如意等中国传统纹样，因此店屋的装饰风格也被称为“中国巴洛克风”，很具特色。

现代的新加坡风格，是在上述传统风格中成长起来的，东南亚热带风情是它的基调，但又更多地融合了简约的国际化发展趋势，在材料的使用和空间分割上更加灵活和大气，在20世纪90年代真正形成了属于新加坡的建筑语言和个性风格。传统的坡屋顶被继续发扬光大，但引入了玻璃和高科技材料，成为创新。热带风格里的庭院被消弭了室内外的区别，混为一体，将周围的景观引入空间内部，低矮的墙体，装饰屋檐，木板和竹子的镶面、石墙等，组合成通透开放的建筑，与环境相生相容，非常协调。具代表性的莫里路小屋，外观简约的直线条映衬热带植物，是典型的东南亚度假风格，而内部的中央庭院则营造出苏州式的庭院风格，结构和气氛过渡自然，毫不牵强，是“柳暗花明又一村”的真实体验。温沙园村是恬静优雅的欧洲乡村风格，但使用通透的玻璃窗和有盖走廊串联，与热带气息妥帖相合，正适于眺望远处的大海，四周的鲜花。

右页／挑空的高脚楼是沿袭自店屋的传统，多雨燠热的气候最适合遮阳又通透的结构，玻璃材质的运用让空间更加精致简约，模糊了室内外的界线。

左页／澄澈的蓝天映衬着雪白的墙垣，青绿的树影在阳光下摇曳，投射出美丽的倒影，热带的生活，仿佛呼吸都有阳光和海水的味道。本页／完全现代感的直线设计，却在温柔的水波中荡出一圈圈的涟漪，令人见之忘俗。

本页／大面积的玻璃墙，把室外的绿意引入室内，简约平直的线条在晃动的树影和水影间也变得丰富起来。右页／左上 舒缓的坡顶，细细堆砌的石墙，错落有致的线条，让空间仿佛有种旋律流动。右上 建筑物中央庭院中的绿色植物，成为设计中不可或缺的亮点，让木屋更加生动。左下、右下 遮阳帘和避荫的穿廊，有阵阵微风穿过棕榈树而来，阳光也就不那么刺眼了。

左页／黑白的对色让空间好像是在庭院中搭起的帐篷，有种随意又舒适的美丽。本页／雨林中的卧房和客厅，有鸟鸣和虫叫的声音，也有花瓣盛开和叶子舒展的声音，是何等快乐的享受。

本页／水上的火景借鉴自活泼的泰国风格，餐厅的植物搭配却来自日式含蓄的禅味，新加坡的热带风格就是开放而又兼收并蓄的设计语言。右页／完全敞开的休息和用餐区域，每一处都可以让人安静地发呆。

# SLOVAK 斯洛伐克

如果地球上真有一个地方可以承载童话的美丽，那斯洛伐克必定是其中之一，因为它迷蒙青翠的万年山谷，也因为它坚固高耸的千年城堡，还有那些世世代代发生在英俊勇敢的骑士和温柔腼腆的女郎之间浪漫、曲折、坚贞，并且一定有着美满结局的爱情故事。

斯洛伐克深藏在欧洲中部腹地，北部与波兰接壤，东部与乌克兰为邻，南边连着匈牙利，西面则是奥地利和捷克。斯洛伐克地区的人类活动痕迹最早可以追溯到公元前25万年的远古时期。公元5—6世纪，西斯拉夫人开始在此定居，而斯洛伐克之名便是来源于斯拉夫，意为“光荣”。830年建立的大摩拉维亚帝国是斯洛伐克历史上最早的国家，10世纪以后，斯洛伐克一直为匈牙利人所统治，后来又成为奥匈帝国的一部分。1918年斯洛伐克与紧邻的捷克联合成立共和国，经历了第二次世界大战和“冷战”时期的几番动荡更迭，直到1993年，捷克斯洛伐克联邦解体，斯洛伐克才最终成为一个独立的国家。

漫长历史进程中无数次的聚散离合，使得斯洛伐克无论是在自然地理，还是人文艺术、风土民情上都很难和其他邻国，特别是和捷克划出清晰的分界线。这种混合性在建筑和装饰艺术上表现得尤为明显：早期的城堡要塞忠实地保卫着古罗马帝国东部边疆的通商道路，10世纪之后的宗教建筑和世俗建筑也都带有不容错认的日耳曼和撒克逊化的罗马式艺术特征，如波霍利、斯比施或者高塔特拉等城镇中的房屋；其后，14世纪兴盛一时的卢森堡王朝为斯洛伐克引进了当时最受欢迎的哥特风格，位于科希策市的圣阿尔日贝塔大教堂被认为是欧洲建筑中最耀眼的宝石；16世纪，意大利人又在这块土地上刮起了一阵文艺复兴的艺术风潮，格拉萨勒阔维奇宫（目前被用作总统官邸）就是巴洛克建筑风格在本地最杰出的体现。

种种这些各具特色的艺术流派最终取得了典型的斯洛伐克式妥协，并与当地的民间建筑元素相融合，逐渐发展成一种独特而美丽的新风格——由于群山环绕的地形而导致的某种一定程度的封闭性，这种风格的各个发展时期都被完美地保存了下来，直到今天，成为世界文化遗产的一部分。

要体会斯洛伐克的建筑之美，城堡是最好的着眼点。虽然学者们一直也没有弄清楚远古时期的斯洛伐克人到底为什么会热衷于修建如此多大规模的城堡，但是可以肯定的是，在首都布拉迪斯拉发的城堡中，最古老的部分在古罗马恺撒时代就已经以箕踞之势俯瞰多瑙河的滔滔急流了，又经过了近千年的反复重建和扩建，才形成如今让人叹为观止的建筑群落。1113年建造的斯比施城堡，是现存中欧中世纪最大的城堡，作为波罗的海重要贸易通道上的一座皇家要塞，它气度沉稳：坚固的石墙，高耸的塔楼，堂皇的四方型宅院，细部装饰古老的皇室徽号，有种不形于外、威严厚重的神圣气质。与之类似的，还有大型庄园和高楼，显示出旧日中欧贵族不可一世的奢侈排场。

除了城堡庄园之外，独立的宗教社区和世俗集镇也是斯洛伐克最具特色的建筑风景线。线条简单优雅的古典主义型制，辅以巴洛克风格的局部装饰，以小型广场为中心的街道规划整齐，功能齐备，房子都有着可爱的赭红色屋顶和简朴的粉色系列外墙，似乎几百年来都没有太大的改变。始建于14世纪的哥特式小城巴尔代约夫是其中典型的代表，城中有保存完整的城堡、哥特式和文艺复兴时期的建筑，圣伊吉迪亚斯教堂和市政厅都属国家级古迹，林木荫天，绿草如织，漫步其中仿佛置身童话王国，令人见而忘忧，流连不返。

就建筑本身而言，木结构在斯洛伐克拥有超然的地位，这种习惯的形成与大自然赐予的丰富多样的木材资源密切相关。在宗教建筑方面，无论是东正教、天主教或者新教，都留下了众多大小不一的木结构教堂，其建筑风格异常简朴，特别注重与自然环境和地理风貌的协调性，有些教堂甚至不使用钉子和金属材料，完全依靠精密的隼接构建。民居方面也是一样，斯洛伐克人对山野气质的偏好更是发挥到了极致，他们用云杉树原木盖房子，斜屋顶则使用混合了黏土的干草层层铺垫，无论是在材质还是功能上都完美演绎了返朴归真的建筑理念。

在室内装饰细节方面，宗教题材的设计元素得到了相当广泛的使用，圣婴、圣神的形象经常出现在墙面装饰、雕像、绘画和织物主题中，而属于皇室贵族的华丽细节同样也是斯洛伐克室内设计的重点。经历了卢森堡王朝和哈布斯堡王朝的浸润，阴柔唯美的哥特式线条、堂皇富丽的巴洛克式修饰，还有纤细妩媚的洛可可式造型统统被保留并融合使用，打造出独特的奢侈靡丽感觉，实实在在的琳琅满目，美不胜收。斯洛伐克人非常偏爱蓝色，各种粉彩色也很受欢迎。反映世俗生活题材的木雕作品是当地特有的工艺品，来自民间艺人巧手之作的趣致陶器、金属和草编类艺术品，对于打造斯洛伐克风格也可以起到画龙点睛的作用。

右页／上 作为仅次于首都布拉迪斯拉发的第二大城科希策（Kosice）位于斯洛伐克东部。欧式的建筑被完整地保留在老城区内，即使是失修的建筑，其斑驳的红色墙面也显出极具风情的建筑语汇。下 图中的主体建筑为科希策老城内具有新巴洛克风格的波罗达克（Janko Borodác）大戏院，前方花园中呈现的是巴洛克雕塑的遗迹——圣母玛利亚圆柱。

AVÍZO
Inzertná kancelária
Mlynská 27
HVB Bank
BANKOMAT
MLYNSKÁ 7
DREVNÝ TRH

左页／ 奇奇马尼（Cicmany）是个如同化石一般的村庄，是关于古老传统和民居的化石原生态样板。这里的木屋外装饰着几何造型的白色纹样，如图腾一般，其历史可以追溯到两百多年前，村民还将这种纹样用世代流传的民间工艺十字绣以红、黄两色丝线演绎在白色的面料上。本页／左上 古老的村庄并没有因为传统而让人放弃对新事物的追求，这户人家的窗户玻璃选用了丰富的色彩进行排列，仿佛一幅抽象色彩画。右上 道路两侧的铸铁街灯华美的弧形卷叶造型，极富装饰性。右下 科希策的老城被定义为与中心街道Hlavná平行或相交的周边街道所共同涵盖的区域。主街Hlavná中央岛以及两侧的街道当初在规划时就考虑到了建筑的观赏性，因此具有很丰富的层次——教堂、歌剧院、花园、休憩区域，甚至是轨道电车，都被合理地穿插而建。

本页／左上 风格各不相同的家具布置在室内的不同区域，倒也不用担心凌乱。左下、右下 Sabato是家非常有古风遗韵的古董级旅店，让人犹如置身中世纪的岩穴城堡中。右页／中世纪的骑士盔甲呼应着哥特式的天花线条，让人仿佛穿越了时空。

左页／安德拉希家族庄园内的狩猎厅，里面展示着贵族们打猎的所获，是一种生活方式的炫耀，羚羊、黑熊、雄狮的生命停滞在空间，线条虽优美，却也显出生之无奈。本页／左上、右上 陶瓷铸成的壁炉独立于墙体之外，那是斯洛伐克特有的取暖设备，如此大型的壁炉，一般用于城堡的取暖系统，可以保证整个高大空间的供暖。右下 城堡的室内装饰仿造当年法国城堡的样貌，很有巴洛克的趣味。

本页／左上 形态优美的双人床，配合着墙面的画像与天花的弧线，造型互为融合。左下 几何纹样的装饰在欧洲民间早已流行，留传到现代则更加简洁了许多，用色也比过往明亮多了。右下 地下层空间的高度相对较低，曾经是辅佣人员的居所。右页／新婚卧房的室内色彩相当明亮，配上亮粉的床褥则显出喜气，金色装饰在细节上体现出贵族的奢靡。

左页／安德拉希家族庄园的墙面上装饰着三百多幅不同人物的画像，有家族成员，也有家臣部下的画像，记录了当时的岁月。木质的护墙也因为这些画像而显得不那么清冷。本页／ 华丽的沙龙位于安德拉希家族庄园的三楼，各沙龙风格各不相同，极尽奢华。在古老的岁月，印刷技术并不发达，因此墙面装饰大多由织物精纺制作而成，光影效果较之如今的墙纸更加丰富，不由得显出奢华的味道。

本页／左上、右上 圆形的城堡角楼装饰着精美绝伦的大理石地面拼贴，让人不由为之惊叹。左下 古老的城堡窗户总是小小的，也许是出于安全的考虑，也许是为了照顾取暖，也正因为如此，天花处的水晶吊灯便显得异常通明，映照得底下波斯地毯的纹样也格外清晰。右页／波切尼斯城堡（Bojnice Castle）内最美丽的金色大厅，它的名称来自于天花上由松木雕成的镀金叶形装饰，天花中央有一浮雕雕像，其中天使环抱着城堡最后一任主人帕尔费（Pálffy）伯爵的家族盾形徽章。

# SOUTH AFRICA南非

人们常以番茉莉花来比喻南非风格的文化特质：开放第一天是深蓝色，第二天是浅蓝色，第三天则成为纯洁的白色。如同它充满哲理和诗意的名字：昨天、今天和明天，迥然不同却又浑然一体。无论是昨天、今天还是明天，生命中美好的盼望始终不变，幸福也就在掌握之中了。

大航海时代为今天的地球版图增添了许多不同凡响的新名字，每个名字背后都有一个神奇的故事，有的惊险，有的浪漫，有的充满勇气，有的盼望无限……而关于好望角（Cape of Good Hope），无疑是其中最引人入胜的篇章之一。谈起它，人们轻易就会联想到海天尽头处艳丽的阳光，雪白的象牙，璀璨的钻石，闪烁的黄金——那段曾经辉煌，并且依旧灿烂的彼岸传奇，仿佛最熟悉的陌生人，素未谋面，却似乎是生命中久远微痛的记忆，纵然岁月荏苒，也不会抹去些微的痕迹。

南非位于非洲大陆最南端，东、西、南三面濒临印度洋和大西洋，北与纳米比亚、博茨瓦纳、津巴布韦、莫桑比克和斯威士兰接壤，国土面积122万平方公里，约有三个英国的大小。东部的德拉肯斯堡山脉和南部的开普山脉是内陆高原与两洋沿海平原的天然界线，内陆高原自东南向西北递降，形成丰富多样的自然地貌：东北部高地草原是上好的天然牧场，气候温暖植被茂密；中层草原灌木丛生景色奇特；低地草原则毗邻河谷，肥沃舒缓林木苍翠。呈半圆状环绕内陆高原的沿海平原，两大洋冷暖交汇的海流带来丰沛的降雨，使得这里气候湿润宜人，鲜花如织，果林密布，盛产葡萄、柑桔、甘蔗、烟草、棉花，全境植物种类达一万八千多种，交替开放，四季不同，为南非带来“七彩王国”的美称。蔓延近3000公里的漫长海岸线风光旖旎，港湾林立，好望角航线更是被称为“西方海上生命线”，昼夜船楫往来，繁忙不歇。因为地处南半球，每年十月至次年二月是夏季，六月至八月为冬季，因终年阳光明媚日照充足，更有“太阳之国”的美誉。

历史上的纷乱熙攘并不会稍减南非文化的美丽，反而让这种奇妙的传承更加显出动人的魅力。十分有趣的现象是，来到南非的，没有一个把自己当外人，都是落地生根的。于是无论非洲的，欧洲的，亚洲的，也无所谓荷兰的，英国的，印度的，马来的，更加不介意伊斯兰教、基督教或者印度教风格，统统和茅檐草顶的部落村庄一样，成为理所当然的南非风格的一分子，蓝天白云下，只有绿树红瓦、生机勃勃的花园是不可或缺的基本元素。

开普的荷兰风格建筑是阿非利加人血缘和历史的最直接体现：陡峭的茅屋顶、白色的粉墙、奇异的山形墙和可以活动的百叶窗，庭院角落里别致的装饰和长形的房间都体现出无可质疑的荷兰之根，在遥远的异国开出奇异的花朵。在开普敦城中和西开普省，以及盛产葡萄酒的地区，这种样式的建筑是最典型的传统风格。而在气候更加炎热的内陆地区，开普荷兰风格显示出灵活的本土化特征：平顶，饰有三角楣饰，门前有玄关，屋外是半封闭的走廊，是拓荒迁徙时代的纪念品。维多利亚风格同样是过往岁月中凝固的美丽风景：朴素的石材，华丽的山墙，弯曲的雨篷，让建筑物看上去如同老式的婚礼蛋糕，很有书卷气息，在东开普省的小城格拉汉姆顿微雨后的高街上，仿佛有牛津和剑桥的味道。而在开普敦和伊丽莎白港，大量的乔治风格和摄政风格的排房展现出优雅的英伦气质。亚热带的彼得马里茨堡，人们则喜用当地擅长的烧砖工艺，呈现出橙红色砖制建筑，波纹铁屋顶和精工的熟铁锡艺，同样是维多利亚风格的典型元素。亚洲风格也是南非城市中不可多得的风景，例如德班市中心巨大恢宏的灰街清真寺，以及印度人区内妩媚端严的印度寺庙。

特别值得一提的，是南非本土风格的建筑。南非本土民居以夸祖鲁纳塔尔乡村地区为代表，曾经被戏称为“祖鲁蜂窝”，其低矮的圆柱形屋身由板条和灰泥混合砌成，屋顶则为茅草编制的穹型蜂窝顶。但今天，西方样式的长形房间已经越来越多地为南非黑人家庭所接受，并运用在民居之中。恩德贝利人的建筑装饰风格是当今南非民居中又一种突出的样式，明亮的色彩与几何形线条设计就是其最大的特点。这样的图案经常可在恩德贝勒家庭的外墙上看到，他们从来不用尺子等工具来测量是否对称、比例是否正确，那些看上去非常完整的边角也都是信手拈来，但朴素的茅草顶、绚丽多彩的墙面装饰，以及复杂的庭院和前庭结构又让人们可以轻易辨识，并从中了解到含义深厚的恩德贝利部落文化内涵。此外，散布在开普敦碧蓝青绿海岸线上的众多五彩渔民小屋，因其单纯强烈的对比用色，成为纯粹热烈的南非风格的最佳注脚，让人过目不忘。

右页／左上 海边的花洒实用，也是不多见的沐浴感受。右上 露营地令人倍感舒适的迷你游泳池，茅草编制的穹顶和石材镶嵌工艺体现出黑非洲的神话图腾。左下 悠闲惬意的私人空间处处与大自然融为一体。右下 度假屋的石墙按照部落的习惯精心搭建，大斜屋顶让空间凉爽通风。

EN
RE

L" HECHTER
PARIS
BARBER SHOP

TEN HAIR SALON
HAIR
STYLE
ALON

ISEX BARBING SALOON
UNISEX

左页／最具种族隔离特点的贫民区，是当年专给黑人居住的。用简陋的波纹铁皮随意搭建而成，寒冷的冬天只能用石蜡取暖，随时有引发大火的可能性。居民们把商店的招牌，或其他被认为是重要的信息写在外墙上作为提示，时间久了倒也成为颇具特色的装饰。本页／恩德贝利部落经典的几何线条装饰纹样，以棕色为基础色，搭配红、黄、蓝、黑、绿等鲜艳的纯色，绘制出各样迷人的图腾作为外墙和室内的装饰主题。

本页／左上 小斑马的装饰让这个现代风格居室有了明确的非洲感觉。左下 错综复杂的木制装置艺术，同时也是别致的书桌，是来自非洲本土设计师的杰作。右下 旧工厂改建的空间，非洲的色彩让管道和仪表盘都成了艺术的一部分，柔软缤纷的麻布沙发让空间愈加舒适。右页／恩德贝利部落的几何纹样图腾有丰富的表达方式，从具象到抽象，大多由部落中的女性随意描绘而成，不加雕饰，浑然天成。

HER·Mahlangu

左页／左上、右上 象牙造型的支架和现代风格的吊灯完美结合，一个舒适的餐厅就此诞生。巨大的吊灯灵感来自象牙，用铜丝精心缠绕而成，石头的壁炉里火光熊熊，原野气息扑面而来。左下、右下 火炉前的欢宴是狩猎小屋里最热闹的时光，古老的金属镶嵌工艺让空间装饰如此特别。本页／右上 大树从屋中贯穿而出，仿佛一根巨大的柱子。下 风格活泼的起居空间，仿18世纪英格兰样式的椅子和古董基里姆挂毯是装饰的重点。

本页／上 艳丽的用色是非洲风格中普遍的特色。左下 柳条编制的屋顶始终带有丛林的气息，热烈的红、黄两色搭配。右页／左上 柔和的粉色加上美丽的铸铁工艺，是古典风格的最佳体现。右上 大胆的蓝色是壁炉设计中不常见的，但却非常阿非利加风格。左下 让人宁静的绿色浴室，与窗外的林木相互映衬。右下 朴素的上下两截式木门，是民居中常见的实用设计。

左页／左上 质朴的材质给予厨房空间一种独特的氛围，金属器皿中菲利普·斯塔克的柠檬榨汁器显得十分抢眼。右上 弧形的长椅与墙体贴合无缝，部落面具和野兽头骨成为最合拍的陈设品。左下 半开放的浴室来自著名设计师的灵感，雕刻的落地木窗让空间有通透的隔断。右下 厕所的墙面上镶了一块金属的漏空装饰板，很有现代气息。本页／右上 整齐的茅草屋顶搭配恩德贝利部落具有强烈辨识度的几何纹样，风情独具。左下 茅屋里的桌球台，四周装饰的兽头更添几分男人俱乐部的雄性气质。右下 混合了英格兰风格和阿非利加风格的餐厅，石墙和柳条的家居非常匹配，椰树纤维的靠枕给人松软舒适的感觉。

左页／上 卧室里到处是椰树纤维制成的软垫和靠枕，深色光亮的柚木地板上是麻质的地毯。左下 油灯是丛林黑夜唯一的光亮。右下 斑马纹是非洲原野的符号，厚重的石材搭配通透的大面积玻璃窗，让空间内外联通。本页／左上 灵活的错层设计让空间流动舒适，软装饰是明显的非洲风格，但墙上的画作却流露出主人印度风格的血统。右上 舒适而隐秘的浴室空间，可以完全地释放生活压力。右下 朴拙的鱼型雕刻龙头显出神秘的远古风情。

本页／左上 造型各异，色彩奇趣的石雕头像，每一个都是活生生的阿非利加灵魂。下 开普敦的房子起居室外都有小小的庭院，用作户外餐厅。右页／左上 落地灯的弧度和牛角不谋而合，丰润的毛皮流露出狩猎特有的快感。右上 墙边的长桌子来自一个工厂，曾经是一个工作台，在设计师的手下成为别致的家具。左下 大面积的深蓝配以原木的屋顶，空间也就丰满得多了。右下 兽皮装饰着桌子，显得颇为奇特，金属吊灯是开普敦街头常见的款式。

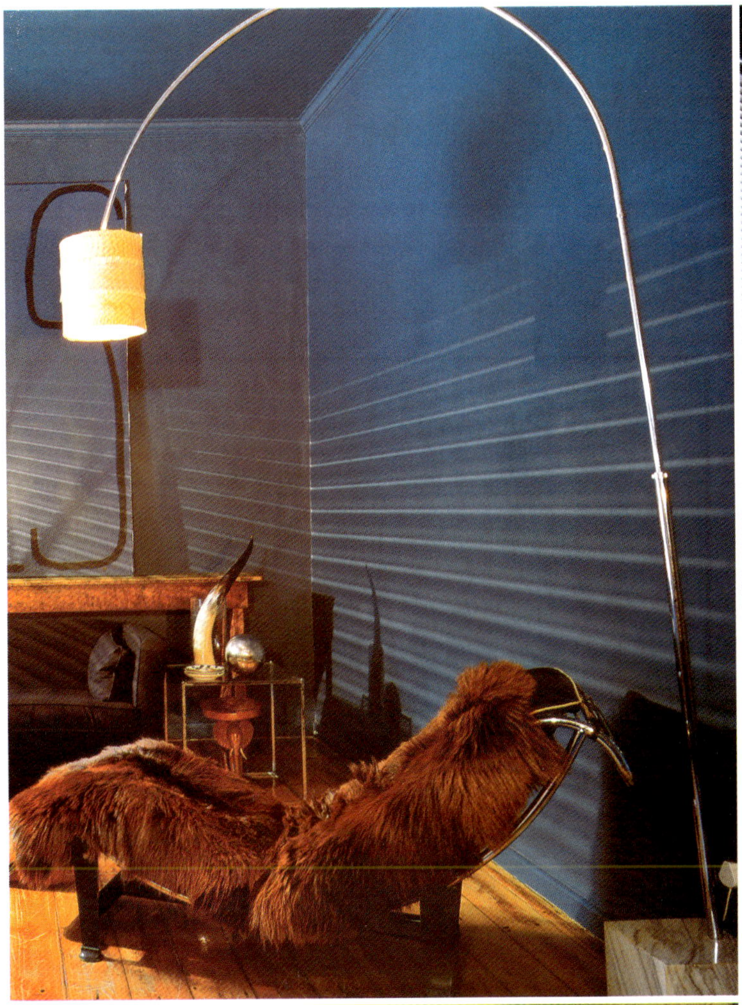

RAGE
RAGE
AGAINST

# SPAIN西班牙

在风起云涌的当代建筑世界，西班牙人依旧有着宽广的胸襟和浪漫的才情，不管是敞开胸怀接纳弗兰克·盖里在比尔巴鄂设计的具有解构主义特征看似怪异的博物馆，还是本土建筑师圣地亚哥·卡拉特拉瓦在塞维利亚建构的理性却优雅的阿拉米罗大桥，西班牙人对新旧事物的热情一如他们的舞蹈一样，自由而奔放。

西班牙位于欧洲西南部，与葡萄牙同处于伊比利亚半岛，东北部与法国及安道尔公国接壤，北濒比斯开湾，西邻葡萄牙，南隔直布罗陀海峡与非洲的摩洛哥相望，东和东南临地中海。它的领土还包括地中海中的巴利阿里群岛，大西洋的加那利群岛，以及在非洲的休达和梅利利亚。

公元前8世纪起，伊比利亚半岛先后遭外族入侵，长期受罗马人、西哥特人和摩尔人的统治。1492年，西班牙人取得了反对外族侵略的“光复运动”的胜利，1516年查理一世（Carlos I de Espana，1516—1556年在位，也是神圣罗马帝国皇帝查理五世）以特拉斯塔马拉家族的外孙资格继承卡斯蒂利亚、莱昂、阿拉贡、瓦格纳等国的王位，建立了欧洲最早的统一中央王权的共主邦联的国家。1837年伊莎贝尔二世（Isabella II，1833—1868年在位）在通过君主立宪的法案之后将其正式合并为一个国家，并决定用西班牙一词命名。1931年王朝被推翻，成立共和国，1939年佛朗哥（Francisco Franco，1892—1975）通过内战夺取政权，1947年宣布为君主国。

回首整个西班牙的历史，一直包含着侵略与被侵略，征服与被征服，因此所谓的西班牙样式其实也是各个时代强势文化的融合，不仅在其本土，还包括其殖民地，西班牙样式都显得那么醒目和印记鲜明。地中海国家的建筑一般都以单纯、明快的色块来传递不同地域那种只能意会不能言传的微妙却丰富的情感和性格。西班牙建筑崇尚自然和淳朴的风格也同样影响着室内。大方格的陶砖，白色的墙面，原木的家具，深色的木框，几乎完全天然的材料配置手工地毯，使装饰在这里显得十分随意，不必费心考虑是否与主题一致。自然粗犷的材料使得空间有一种雕塑般的感觉，空间就像是从地面刻出来的一样。特别是在马洛卡岛上，传统的住宅室内风格与风力雕琢过的山谷洞穴，其墙上的泥浆涂抹得凹凸不平，搁架、壁炉、长凳经常镶嵌在墙里，像当地吹制的玻璃瓶子一样。在宽敞的厨房里，橱具根据需要减少到最低限度，整齐排列着长短不一的木制勺子，大理石菜板，石头做的洗槽和当地的瓷碗，这些用具不仅具有当地特有的强烈质感，也富有不受时间影响的特征。有时连橱柜也建造在墙壁里，使得空间最大化，杂乱无章最小化。它把我们带到了更为简洁的时间和空间中，那么尽情地享受生活。

西班牙的卧室要比其他房间更舒适，其中纺织品最为重要，这是调和石材墙面、陶制地面粗犷冰冷感觉的重要工具。卧室中，床是中心，精制的刺绣棉布或薄纱从木制或铁制的窗杆上垂落下来，小块毛毯给卧室又增添了一份柔软的效果；地面用瓷砖和木板铺成，点缀在上面的小地毯为卧室增添了色彩和舒适感；平面编制的棉布沙发罩和菠萝麻纤维及其他植物纤维质地的地毯也是室内普通的装饰物，它们反映了多种传统风格的融合，有的图案复杂，散发着神秘色彩，有些仅仅有单一明快的色调，但同样效果不凡。

浴室可以混用几种不同图案的瓷砖来营造出一种复杂却成熟的效果，防水墙或浴盆周围精美的伊斯兰风格图案，瓷砖边上可以用朴素的几何图案，地面砖与墙面可以有反差悬殊的镶边装饰，而水盆、淋浴器又可以是另一种做法，镶边和装饰瓷砖常常衬托出墙与地的色彩和图案，与浴室其他部分构成一个完整的视觉整体。

同时，西班牙人对旧建筑的改建与扩建也值得推荐。西班牙人早就知道房屋的装修必须注入现代元素才能满足当今功能的需求。新与旧的元素和谐共生最大程度保护了城市原有的风貌和精神特征。为了保留原有古老的建筑外观，同时又考虑到安全因素，建筑师在旧的宅门上镶嵌了玻璃，从室内你就可以清楚地看到室外景象，那川流不息的街景就像放电影一样，室内，哥特式的拱券、文艺复兴时期的壁画、现代简洁的台灯与家具形成了奇妙的对比。但是显然，这种对比有复合成新的魅力。同时，在西班牙一些现代公寓里，人们通过墙体和地面的颜色，古旧的家具和陈设，与地域和历史自然呼应，营造出的气氛就显得特别富有意韵和沉淀。

当然说到西班牙，有一位建筑师不得不被提及。安东尼奥·高迪（Antonio Gaudi Cornet，1852—1926），塑性建筑流派的代表人物，属于新艺术建筑风格。他曾就学于巴塞罗那省立建筑学校，毕业后初期作品近似华丽的维多利亚式，后采用历史风格，属哥特复兴的主流。他的主要作品有：巴塞罗那的神圣家族教堂（也称圣家族教堂，1883年始建至今仍在建设中），这是一座极有个性和感染力的建筑物，还有米拉公寓、巴特罗公寓、吉埃尔礼拜堂和古埃尔公园等，都无不成为西班牙被辨识的杰作。

右页／左上 蜿蜒的街道有正中的门洞向两边伸展，宛如剪不断的思绪。右上 右侧斑驳的黄色墙面和左边的油绿色窗形成鲜明对比。左下 鹅卵石铺就的路面每年都承载着西班牙奔牛节的欢乐。右下 后院的各色鲜花点缀着淡淡的浪漫气氛，就连铁质路灯也随之婀娜起来。

27

左页／左上 阳光穿过细藤编成的阳光棚，在天蓝色的墙上刷上斑驳的纹路。古式的灯笼和抽象的雕像，皆是由废物利用的金属做成的。右上 蓝色的浴室有着一面亮黄色的隔墙隔出淋浴区，徒手绘上的蓝色线条组成类似钻石的图案。下 西班牙新艺术运动的代表人物高迪设计的米拉公寓内景。本页／米拉公寓采用了较多弯曲的线条来表现主题，我们还可以从其充满个性的色彩运用和形态构思，感受高迪对工业和机械的拒斥，以及西班牙人丰富的想象力和创造力。

本页／左上 楼层颇高的琴室拥有 8 米高的墙，墙壁高端的位置出人意料地安置了一扇窗——这正是典型的马洛卡式样。左下 西班牙风格的住宅室内空间情致。右下 漂亮的楼梯构成有雕塑的感觉。右页／上 室内保持着原始的结构，尽管局限，但白色粉刷和充满情趣的木雕使其情趣盎然。左下 铸铁的烛台放置在斑驳的柜子一旁，柜子上摆满了风格各异的装饰品。右下 精致的壁炉有优雅的细部，草编的沙发是特意的设计。

INTER

左页／左上 风格独特的浴室被安置在一个抬高的区域，多层次的开放空间被合理地构建在了一起，砂砾的色彩代替了石灰水粉刷的墙及天花，令空间显得更为柔和。右上 吸烟室由摩洛哥装饰元素构建：沙发上的枕垫，圆几上及墙上挂的铜灯，还有沙发对面玫瑰木的椅子。整片的土黄色墙壁上描绘着英国艺术家 Gary Cook 的饰画。左下 屏风上细褶边的纱幔被用在了台盆的柜体上，裸露的原木梁与草藤编织的矮凳面则显出十足的田园风貌。右下 中国的瓷瓶里插着干花，桌面的摆放显示了主人丰富的经历。本页／左上 壁炉由毛石修筑，木构造的层顶，堆积的木柴形成一种乡村的情趣。右上 壁炉与有着些微弧度的墙体连成一片，一旁由原石打造的沙发则似浑然天成，其实这些都是由手工制成。右下 马洛卡是很多艺术家的工作坊，在这里可以获得很多灵感。

本页／左上 青绿色的家具被安置在卧室里，地板由黑白相间的瓷砖构成，不常使用的边门被漆成了绿色，放置一把黄色的沙发同墙壁的颜色协调了起来。左下 高挑的木制屋架承托了房间的高大，相比之下的窗门洞使得房间有些昏暗，这是西班牙风格的特征之一。右下 三道拱门分隔了人们通向卧室空间的视线，宛如中世纪艺术里的宗教三联画。 右页／左上 配色的灵感来自地中海甚至墨西哥，加之墙面的挂饰，在这里会有多重的欣喜体验。右上 精美的19世纪毛毯由红、金二色构成，织锦的边缘是植物的纹样；墙上的壁龛里放置着女神Tanit的半身陶土像，在古代信仰中，她掌管着土地的丰收。左下 这间房间体现的是非洲风格，从颜色、肌理及纹样上有明显的表示。右下 在起居室里，整片的墙涂抹上不均匀的紫灰色，像是在模拟灰泥的效果，暗蓝色的瓷砖则用来铺设地板，家具与窗框又使用了纯净的白色，这样的配色营造了不一般的视觉效果。

B.D.M

TAPIES
MIRÓ
KLIMT

左页／这个海滨住宅中白色与蓝色最能反映空间的气氛，无论从瓷砖、墙砖还是靠垫，你都可以找到关系。本页／上 各种瓷盘是空间最好的装饰，同时与桌面的质感产生对比。右下 床罩边缘使用蓝色织锦面，其上的图案是传统的摩洛哥式样。

本页／左上 落地窗使得室内外联系紧密，整洁的寝具在阳光下异常素净和温暖。右上 传统的雕花、木床与床头柜同由勒・科布西埃设计的躺椅形成了鲜明的风格对比。左下 当地洞石制做的长条餐桌，瓦格纳椅子的围合，室内纯净且温暖。右页／左上 斑驳的墙面上依稀可见古旧的壁画，历史仿佛瞬间凝固在这个阅读空间中。右上 室内一角：墙面的色调与白色的床单和陶罐的盆花形成温馨的和谐。左下 内凹的斗室拥有木制的天花，带有明显的摩洛哥风格，其精致的手工集中体现了15世纪安达卢西亚人的技术水准；沙发上的革质靠垫满布着摩洛哥式的纹样。右下 在这个带有阁楼的室内，沙发与麻质的地毯配合形成一个舒适温馨的空间。

左页／左上 由砖瓷砌制的拱顶与陶砖的地面、原木书架、布艺沙发的气氛十分吻合。右上 卧室连着卫浴间，仅有一扇开敞的门与之相连。整个台盆基座的灵感来自于菲利普·斯塔克的设计，不平整的青灰色混凝土墙衬托了入口处蜂蜜色的石料墙。左下、右下 不同的餐厅风格，同样的西班牙感受。本页／右上 在具有现代主义风格的西班牙室内，你仍可以从整体色调、局部的装饰感觉到明显的地域性。下 弧线、木门、藤椅、鲜花，一切仿佛都是不对称的，但又格外和谐。

# SRI LANKA 斯里兰卡

水是斯里兰卡居住中不可缺少的，通常较大的房子前总有一汪清澈的水面，成为一个自然的降温池，同时也映衬着外廊式的建筑。屋檐下通常会摆放一组陶罐，这种储水的器皿在此变成一种装饰符号，更成为景观不可缺少的一部分。

斯里兰卡作为印度洋上的岛国，位于南亚次大陆南端，西北隔保克海峡与印度半岛相望，它如同印度半岛的一滴眼泪，落在广阔的印度洋海面上。它的历史可以追溯到公元前6世纪，从公元5世纪至16世纪，岛内僧伽罗王国和泰米尔王国之间征战不断。16世纪起先后被葡萄牙和荷兰统治。18世纪末成为英国殖民地，并在第二次世界大战中成为盟军在南亚对抗日军入侵的海军基地。1948年获得独立，定国名锡兰，1972年改称斯里兰卡共和国。1978年再次改名为斯里兰卡民主社会主义共和国。

由于地理因素，印度文化对她的影响是最直接而深远的。而近五百年的被殖民历史，葡萄牙、荷兰和英国的痕迹也被深深地烙在这片土地上。欧洲的建筑样式和生活方式在这个岛国生根开花，并和“狮子国，无畏山，僧迦罗人，佛足上的彩绘，五色宝石，红茶”等意念混合在一起，构成复杂的句法。

斯里兰卡的建筑是最典型的南亚地方建筑：狭长而弯曲的街道有效地阻止了风沙，街道两旁的建筑层层出挑，挑檐深远的外廊、游廊或阳台，既能遮挡烈日的暴晒，也为人们提供了舒适的休闲场所。水是斯里兰卡居住中不可缺少的，通常较大的房子前总有一汪清澈的水面，成为一个自然的降温池，同时也映衬着外廊式的建筑。屋檐下会摆放一组陶罐，这种储水的器皿在此变成一种装饰符号，更成为景观不可缺少的一部分。这也是东南亚建筑普遍的特色。但与泰国和巴厘岛传统木构造建筑不同的是，作为完全殖民地的斯里兰卡，其表现更有自己的特点：西班牙式，法式，或英式的建筑和水池，与成片的椰子树搭配，形成一种时空交错性，外来的旅人很容易找到与家相似的感觉。

斯里兰卡家居的室内都是向环境开放的，半封闭和开敞空间形成室内的主要景致。一方面是气候所致，另一方面也是本地的建筑平面布置特色。在这个炎热的地区，开放的空间让环境和室内界限变得模糊，很多两层建筑的底层都是架空的，成为开敞空间，摆放着家具，变成露天客厅。很多大户住宅中都设有凉亭，坡屋面的凉亭四面开敞，适应了四季风雨的变化，也成为家里的另一个聚会厅。斯里兰卡人很会利用这些只有顶棚的空间，通过适当的家具布置，就可以将其变成餐厅、厨房或卧室。在一些房子中，门是四面八方都开启的，这既是使用的方便，更是通风的需要。与文化传统相似的邻国印度繁复绚丽的装饰相比，斯里兰卡室内空间中的颜色是简单的。白色是他们常用的颜色，代表着“五行”中的空气。白色的室内：白色的墙面和地面，浅色的布艺家具，既减少了辐射热和阳光直射，又对热量进行了反射，而且还可以使空间显得宽大。

斯里兰卡家居中的室内家具颇为多样，这反映出斯里兰卡本身文化的多样性和主人不同的文化喜好：笨拙厚实的荷兰衣柜，精巧细致的法国圈椅，甚至还有舒适简单的“宜家”家具，都可以和谐地组合在一起。同样对于中国文化的迷恋，从郑和下西洋起开始，从中国传来的茶叶，在斯里兰卡发扬光大，成为其最重要的标志产品。中式的画轴、匾额、瓷器、家具，都是室内布置中经典的场景。看来混合搭配是东南亚殖民地区装饰的一个通法，这里也是流行世界“混搭”风格的发源地之一，斯里兰卡的装饰因而表现得没有太多地方符号，显得更加国际化。电风扇也是室内外常用的降温工具，在室内也是场景中的一部分，电扇的微风和轻轻的声响，是宁静下午的伴奏，陪伴人们度过那些记忆中悠闲的美好时光。帐幔是热带居住卧室中不可缺少的，白色的帐幔隔离出一个不受干扰的空间，也给室内增添了几许柔和的情趣。散淡而闲适的生活态度从家居的装饰中无不透露出来。

斯里兰卡殖民地的建筑遗产十分丰厚，无论是荷兰殖民地样式的村庄，还是ART DECO风格的大厦，在这片土地上形成多样性的视觉景观。而新的斯里兰卡人却结合传统，又创造性地构筑出很多新的家园，它们脱胎于传统，形式却更加简洁：出挑深远的陶瓦坡屋顶，开敞的底层空间，几近落地的带形长窗，四周被玻璃围合起来，传统在新旧材料的结合和新的工艺形式中复兴起来。与气候结合是这里最大的特色，你很少看到纯粹的国际样式，这些对热带生活方式的提炼和对国际式的再组合，更加让来自世界各地的旅者享受到现代生活的舒适，并充满欣喜。

右页／左上 门外餐厅的设计适应了南亚高温和多雨的特点。右上 土黄色的墙面在环境中非常醒目。左下 封闭的墙体上点缀着百叶窗，赤陶的瓦片，水泥的楼梯，浓郁的色彩，整个建筑有一种西班牙殖民风格的味道。右下 内院，蓝色非常醒目，使得空间充满了个性。

左页／左上 混合搭配是南亚殖民地区装饰的一个通法。右上 室内以白色为主，显得十分清爽，两个拱券间悬挂了具有 ART DECO 风格的钟，带有滑轮的旅行床是舒适生活的体现。左下 悬挂在餐桌上的石膏雕刻吊灯是法国艺术家格拉涅的作品。右下 花园中的凉亭向四面开放，家具围合出一个交流的空间。本页／左上 室内以白色的木隔栅为主题，不大的空间显得整齐而宽敞。右上 白色是室内空间中常用的颜色。右下 一间卧室，斜的木屋面，粗糙的宽木地板，洁白的床上用品，当地图案的蓝色靠垫，具有质朴的乡村特色。

本页／左上 室内的对称布置富有简洁的特质，深色的家具显得非常沉稳。左下 这间多用途的房间由厨房和会客厅组合而成，木制的躺椅适合坐卧，墙上的油画其肌理和墙面涂料有一种呼应。右下 以茅草为顶的凉棚，墙面是彩色的图腾，充满了原始的味道。右页／左上 乡村厨房一角，四周通透的隔栅使得空气可以自由流通，保持了室内的干爽。右上 这间装饰性很强的起居室的墙面挂满了各种兵器和木偶，沙发上绚丽的靠垫非常惹人注目。左下 两幅中国古代官员夫妇的长轴是室内装饰的重点，低矮的沙发和茶几与之形成对话。右下 宽敞的外廊遮住了强烈的阳光，从而使卧室显得十分静谧。本地艺术家创作的油画悬挂在床前，具有浓郁的地方气息。

左页／左上、右上 内庭园的天井由水池构成，中间布置着大缸，具有禅的味道。左下 门窗和墙的细部雕花充满了南亚情调。右下 内天井，室内通风和采光及储水功能具佳。本页／左上 起居室搭建出一个小小的阁楼，通过竹梯连接成为书房，而整个室内装饰充满了中国味道。右上 水面上的木屋，通过百叶窗分隔出私密空间。右下 斑驳的涂料肌理是主人率性而为，整个空间显得有些混乱，但整体还是有一种内在的秩序。

本页／左上 半室外的餐厅，挺括的混凝土餐桌台面，老式的木框玻璃橱柜，灯悬吊在桌子中央，典型的混搭风格。左下 室内家具的形态在挑高的空间显得特别丰富，斑驳的木构架支撑的玻璃茶几非常具有现代感。右下 厨房中的混凝土搁架，其粗犷的肌理和精细的玻璃及陶瓷器皿形成对比。右页／左上 花格门套、花织床罩都极富民间艺术的气质，油然而生亲切感。右上 床、家具和绘画都体现出一种精致和低调。左下 白色的床是空间中的主体，落地窗可以观赏更大视野的海景。右下 卧室一景，墙面上的木隔栅和门窗上的镂空铁艺都可以加强通风，房间有四扇独立的双开门可以方便到达相邻的房间。

左页／左上 高耸的中厅使得室内空间非常宽敞，多个入口方便空间的连接。右上 挑高的空间，木屋架显得十分醒目，浅色的沙发与环境融为一体。左下 白色主调让你情绪温柔，忘记尘嚣。右下 四柱床通过纱帘形成一个舒适的就寝区域，整个空间以白色为主，高耸的柚木门在空间非常醒目。本页／左上 浴室的布置，浴缸作为主体，使得沐浴成为享受。右上 茅草屋顶的亭子作为餐厅，其家具由原始的木料构成，非常具有设计感。右下 斑驳的房门和整洁的四柱床，同亚麻制的床上用品形成对比。

# SWEDEN瑞典

瑞典一定是世界上最适合爱情停留的地方：美丽宁静的森林中携手散步采蘑菇、水光滟潋的海湖边相依垂钓看夕阳，有5月花树下缱绻的白夜之约，也有12月篝火旁露西亚女神陪伴的浪漫永夜……一切的一切，仿佛遥远的童话故事降临眼前，完美无缺。

瑞典地处北欧，位于斯堪的纳维亚半岛的东部，东北部与芬兰接壤，西部和西北部与挪威为邻，东濒波罗的海，西南与北海相接，海岸线绵延漫长，有2000多公里。瑞典的地势由西北向东南倾斜，北部为诺尔兰高原，南部及沿海多为平原或丘陵。

瑞典是个淳朴温馨的国家，SWEDEN的意思就是"亲属"，而在近现代两次世界大战中保持的中立态度更让这个地方显得卓然世外，气质平和，很有些天下一家的味道。不过历史上，这片土地也曾几度变迁，经历了海盗时代、中世纪、宗教改革期、波罗的海霸权时代的洗礼，当年维京人纵横睥睨的海盗热血，古斯塔夫二世（Gustavus Ⅱ Adolphus，1600—1632年在位）的王朝盛事也都深深铭刻在记忆之中，只是辉煌过后聪慧的瑞典人选择了回归人性最初的本源：充分享受上帝赐予的这片土地，在春夏秋冬的季节交替中体味生活的乐趣。这也是人们称瑞典为世俗化国家的原因，宗教并不是人们精神生活的绝对重心，大自然的相生相长周而往复才是生存的快乐和意义所在。

丰厚的历史底蕴和对大自然的热爱，让瑞典有能力为世界奉献出令人叹为观止的建筑与装饰艺术成就，或华美庄严，或风韵天成，无不打上了不可错认的瑞典风格烙印。早期的瑞典建筑受到罗马艺术风格的影响，多为木结构禅板式，建筑物高大，形制变化丰富，在南部地区还喜爱以塔楼作为装饰手法，比如亚当教堂、圣佩尔教堂、圣奥拉夫教堂和隆德主教堂，都极具特色。

17世纪后，这里的建筑样式深受德国和尼德兰文艺复兴风格的影响。著名的圣雅各布教堂由九个穹顶组成星形，是当时最有特点的教堂建筑。瑞典王室所居的王宫则以巴洛克风格为基调，融入瑞典传统的世俗形式，实用与美观在这个王宫的构建中达到了高度的统一。18世纪以后，瑞典东印度公司海上贸易的成功让斯德哥尔摩的艺术风格更加华丽而且充满异国情调，洛可可艺术开始影响瑞典的建筑，玲珑纤细的装饰风格大量出现，瑞典人甚至仿中国的古典木结构宫殿形式，在王后岛上建起了一座装有蓝绿色琉璃屋顶、深红色藻井的"中国宫"。整个建筑呈弓形，宫门宫窗两侧的边框以中国式图案组成，类似对联装饰，墙上则挂满水墨山水、工笔花鸟的条幅和画卷，多洛尼库尔摩王宫（Drottningholm）更是被誉为"北欧凡尔赛宫"。

19世纪后，一种纯朴而市民化的元素逐步渗透到新古典主义建筑之中，折衷主义风格成为主流，罗马、哥特式的建筑元素也被广泛运用，瑞典建筑开始进入现代时期。完成于1923年的斯德哥尔摩市政府大楼，被认为是城市的象征，也是20世纪欧洲最美丽的建筑。其特色的黄金之屋，其四壁用一千九百万块约1厘米见方的黄金和各种彩色玻璃小块镶成的一幅幅壁画，其辉煌令人咋舌不已。

除去城堡、教堂、王宫和其他大型的公共建筑，瑞典的民居同样有着自己独此一家的特色风格。出于对大自然的热爱，瑞典人在民居建筑中首要考虑的是房屋与周围环境的协调性，因此这也成为其民居外观的一大特点，没有非常突出的廓型，但与环境融合，成为整片风景的一个组成部分。而角度平缓的屋顶，是为沿袭在屋顶上种草而做的特别设计，坚固的木结构乡村居所，形制简单不多装饰，外墙多为红色或黑色，以便在偏冷的北欧保持室内的温暖。

在装饰方面，瑞典人的传统文化贡献了最大的特色。在常规的欧洲大陆巴洛克、洛可可风格装饰手法外，瑞典人在陈设上非常偏爱绘画作品，尤其是以自然景色、乡村风情和历史人物和家族祖先为主题的绘画被大量用于室内装饰。同时，以航海和动植物为主题的金属工艺制品也很常见，它代表了早期维京人的血脉传承。瑞典另一个传统的装饰元素就是画石，这种在石头上绘制的彩色陈设品，主题大多是反映斯堪的纳维亚英雄的历史故事，场景宏大，内容丰富，是非常吸引人的艺术品。宗教雕像也是这个波罗的海国家早在11、12世纪就开始大量输出的特色产品，着力表现《圣经》人物和故事，但人物形象又非常贴近世俗，反映出瑞典人对于宗教的独特感受。此外，瑞典清澈的湖泊让其成为非常著名的工艺玻璃出产地，晶莹剔透的玻璃制品同样是最具瑞典特色的装饰元素之一。

不得不提的，当然还有瑞典独步世界的板式家具。瑞典人对自然的喜爱已经渗透到他们生活的各个方面，无论是在家具的设计风格还是材料选用上，都体现得淋漓尽致，而这种家具风格在如今有一个非常响亮并恰如其分的名字：宜家——简单、实用、摩登、舒适、健康。瑞典风格的家具，并不十分强调突出的款式或者个性，但非常注重功能性与环保性，多采用瑞典本土随处可见的松木、白桦制作，有时也用柚木等高档木材，偏爱原色和淡雅的自然色调，追求便于组合的层叠结构，线条明朗，气韵流动，总能在极简中表现出宛如天成的美感、现代感和协调性，和瑞典连绵的森林、珍珠般的湖泊、童话般的木屋相映生辉——或者，那就是北欧自然生活的最佳写照吧。

右页／左上、右上、左下 简单质朴的木结构房屋是瑞典民居的传统形象，舒缓的斜屋顶上常常种着草本植物，深红带黑是属于森林树木的原色，这样的房子本身就是一道美丽的风景。
右下 堂皇的大宅，风格显然受到尼德兰样式的影响。

1708

左页／有早期岩画风格的壁画作品，反映出不会错认的斯堪的纳维亚基因。本页／右上 花草纹样和人物故事让居室平添不少历史风情。左下 高大堂皇的穿堂，陈设品的安排却又带上了几分轻松随意，足以让客人摆脱拘谨。右下 在挂满四壁的艺术品的陪伴下，朋友小聚倾谈一定更加惬意。

本页／结构简单的民居，用布幔和楼梯划分出相对独立的功能空间，而布幔和楼梯本身也是一道不错的风景。右页／左上 碗橱以及橱内精美的碗碟成了简洁空间里的装饰亮点。右上 地上的彩色条纹手工地毯让斑驳的门厅显出温馨的家居感觉。左下 青蓝花纹的瓷砖，绘法朴拙，很有伊比利亚风情。右下 适合一个人冥想祈祷的宁静角落。

古老的乡村居所，餐厅的木质镶板已有了斑驳的岁月痕迹，青铜的人物雕像是装饰重点。

本页／左上、右上 大量华丽纤细的洛可可装饰手法，让房间几乎有种花团锦簇的热闹感觉，是瑞典式的奢华。左下 别具一格的对称式墙面装饰，据说是得到了中国古典宫殿的启发。右页／以珍贵深色柚木装饰的住宅在瑞典虽不多见，但也总有一二精品：沉稳优雅的图书室，奢华端严的客厅，富丽雍容的卧室是属于王室的尊荣。

左页／上 款式典雅的高背椅子是来自17世纪的古董收藏品。下 纤细优雅的青铜吊灯是整个房间的点睛之笔。本页／右上 带着几分土气的彩色编织品让居室多了些山野的淳朴味道。左下 马赛克的运用可能是来自西班牙的灵感。右下 东方的丝绸让起居室多了几分神秘的奢华气息，银灰色的搭配倒是老练的欧洲品位。

本页／上 巴洛克样式的古董沙发和铁艺吊灯，是欧洲一贯的优雅气质。左下 精工雕刻的镶板，堪比瑞典人造船的绝妙手艺。右页／瓷板装饰画是一种特殊的装饰手法，翠绿与金色的搭配和螺旋花饰则是新古典主义时期的典型手法，《圣经》故事的世俗化表现方式更是瑞典的特色。

BRITA
1906

左页／左上、右上 绘画是瑞典人喜爱的装饰元素，让房间充满了人性化的艺术气息。下 私密的会客空间，门上墙上都是主人心爱的绘画小品。本页／淡雅的自然色系是瑞典家居的主调，这样的厨房和餐厅无疑是最让人舒服放松的地方。

# SWITZERLAND 瑞士

瑞士是一个很容易令人着迷的国度，不独是它那秀美瑰丽的自然风光，点缀在冰川雪湖间的那些古老的城市、民居、修道院、教堂更是这个多民族联邦国家文明传承中最闪亮的明珠。无论是华丽的巴洛克、端严的罗马风、高耸的哥特式，还是田园牧歌式的夏莱小屋，抑或是现代风格的新简约主义，在瑞士都有着最精彩的呈现。

瑞士深处欧洲中部，东部与奥地利、列支敦士登接壤，南部毗邻意大利，西边是法国，北部紧靠德国。略过早期的人类遗迹，这个区域有文字可考的历史开始于公元前1000年左右，克尔特人中的一支海尔维第部落在此定居，他们在今天瑞士的中部建立了十二个城市和四百多个村落，因此现在有人还是会以“海尔维第”作为瑞士的别称。

老城是瑞士建筑文化的骄傲，几个主要城市的历史都可以追溯到遥远的罗马帝国时代。斑驳的城墙、细石子铺就的街道、中心广场的喷泉、街道边风格独特的凸肚悬窗、威严耸立的教堂和钟楼、华丽的公共会堂，构成了老城美丽的风景线。有“花园村庄”之称的钟表之都伯尔尼早在1983年就已经登上世界文化遗产的名录，从高处的山丘上俯瞰，它一片红褐色的斜屋顶显得静谧宜人，著名的钟楼并不算高大，但却有一个设计精巧的小舞台，每逢正点钟声敲响，小丑木偶、公鸡、小熊便会依次而出列队游行。据说这美妙的钟声曾给予伟大的爱因斯坦喷涌的灵感。正是在伯尔尼，爱因斯坦度过了他的“金色1905年”，发表了包括广义相对论在内的数篇重要论文。以钟表和首饰闻名的日内瓦城老城区，哥特风格的大教堂矗立在城市中心，蜿蜒狭窄的石子街道穿行在摩肩接踵的古老民居之间，别有一番思古之幽情。建于公元4世纪的洛桑，是著名的“国际文化之城”，欧洲许多著名文学家如伏尔泰、拜伦、卢梭、雨果、狄更斯都曾先后在此居住，写下了许多不朽的名篇。城中哥特式天主大教堂被誉为瑞士最精美的建筑，市郊的奇隆堡依山濒湖，是中世纪城堡的典型代表，巨石堆砌的高墙、钟楼、吊桥，古色古香令人神往。金融中心苏黎世建城历史已超过两千年，最初是罗马人设立的税卡。城中的圣母教堂和大教堂都是罗马风格的建筑，以精美的壁画和镶拼花色玻璃装饰而闻名，而利马河边的水教堂则是轻盈高挑的哥特风格，与水景相互映衬挺拔秀美。圣加仑老城的修道院是瑞士又一处引以为傲的世界文化遗产，其加洛林式的柱头装饰、哥特风格的平面布局、巴洛克式的主题装饰，在这里和谐地融为一体，成就了建筑史上的一件杰作。

纵观瑞士各地的建筑装饰风格，几个共有的特色元素是非常鲜明的。其一是街道上的拱廊，这种拱廊与人行道并行，可为行人遮挡雨淋日晒，最先出现在伯尔尼，之后传至其他城市，成为瑞士常见的建筑样式；其二是街心路口的喷泉。喷泉中有装饰柱，上面有丰富的雕刻和彩饰，顶上有动物或人物的塑像，常以鲜花装饰，使得街道景观呈现出富于节奏的层次感，非常具有变化和亲和力；其三是带顶的廊桥，瑞士城市多建在河流湖泊之畔，廊桥在水面上画出优美的弧线，棕红的廊顶与青绿的湖水辉映成趣，徜徉其中实在是非常的惬意。廊桥也并不是一定建在水面上，有时也依山势盘旋而上，是最佳的步行旅游路线，随意漫步或凭栏眺望，处处美景如画。其四是突出于墙外的凸肚悬窗。瑞士降水丰沛，气温较低，所以居所非常注意保暖和防潮，喜欢四面开窗，每面墙开窗达四扇之多。凸肚悬窗来自古罗马时代，翅托支撑，起凉廊的作用。结构有单层、双层、三层，排列有左右、上下和错落多种方式，材料有木制、土石制和金属制。四框及正面多用雕金彩饰，十分精致华丽，并配有木质百叶窗，周围还饰有木刻花纹。雕刻着水果和蔬菜的，表示该建筑为蔬菜水果店，使用希腊、罗马诸神作为悬窗支柱的，则表明主人有着高贵的身份，忠实地反映出几百年前当地的古朴民风；最后是外墙上的壁画，这种装饰形式始于文艺复兴时期，人们在外墙上描绘希腊神话和《圣经》人物故事，成为非常有艺术感的街道装饰。此外瑞士的公共建筑喜欢在窗板上涂抹锯齿形花饰，颜色则采用本州的州徽，沃州为绿色和白色，瓦莱州为白色，格里松州就是黄色和蓝色。

夏莱小屋是瑞士最具代表性的本土民居样式。所谓“夏莱”，原是指瑞士农牧民在山上搭建的小木屋，现在已经成为瑞士最有文化认同感的传统民居。它以石头或木桩作地基，用木材搭建，屋顶呈人字形，可以起到分散冬天积雪对屋顶的压力的作用。瑞士各地的“夏莱”款式也有细节的不同。意大利语区的“夏莱”比较小，主要以山石为原材料，结实耐用；中部地区的“夏莱”规模较大，巨大的人字形房顶倾斜下来，几乎碰到地面，内部则有两层或三层结构，以木梯相连；法语区的“夏莱”规模则介于两者之间。瑞士人喜欢用鲜花将“夏莱”装饰得绚丽多彩，原木的小屋与栽满鲜花和绿色植物的院落浑然一体，给人返璞归真的感觉，仿佛童话世界。这也正是瑞士风貌最具吸引力的地方。

右页／左上 贝林佐纳（Bellinzona）地处阿尔卑斯南部咽喉地带，境内有多处城堡扼守着欧洲中部通往意大利的交通要道。图为蒙特贝罗城堡。右上 卢塞恩（Luzern）被大仲马誉为是瑞士这枚蚌壳中最闪亮的一粒明珠，而卡佩尔廊桥是卢塞恩的象征。左下 拉玻斯维尔城堡主体部分用石头垒成，比例匀称，朴素硬朗。右下 圣莫里茨（St. Moritz）原来的恩加丁农场建筑现在成了当地著名的餐厅。

CHESA VEGLIA
Garten Terrasse

River Bike
Volg

zurWahrheit
MCMXXXVI
erker

左页／上、左下 施泰因（Stein am Rhein）市政厅广场两侧的住宅建于15世纪前后，它除了高高的尖顶、美丽的桁架外，几乎每幢建筑的二楼都有一个装饰漂亮的凸窗，外墙也绘有精美的壁画。右下 圣加仑（St. Gallen）老城依然保留着中世纪的城市格局和风貌。本页／左上 圣加仑的大街小巷处处可见各种形态的熊。右上 瑞士首都伯尔尼号称泉城、熊城，街心雕塑随处可见。右下 整个圣加仑老城里保留着一百十多个形式各异的凸窗，造型独特，雕塑精美。

本页／上 拉玻斯维尔（Rapperswil）的建筑屋顶变化丰富，体现出瑞士特有的风格。左下 作尔兹（Zuoz）的石头建筑大多建于16世纪，典型的恩加丁样式。其特点包括厚厚的墙，小小的窗，由内向外扩展，呈漏斗状，室内可以得到最大可能的采光，冬天时暖气也不易从屋子里逃逸。顶楼会有凸窗，并加盖一层木头屋顶。右页／左上 位于阿尔卑斯山山谷中的拉格斯（Ragaz）以温泉著称，它的街头雕塑也丰富有趣。右上 沙夫豪森（Schaffhausen）的骑士之家建于1566年，其外墙由沙夫豪森最杰出的壁画家托马斯•休提曼于1568—1570年绘制。下 恩加丁谷地群山环绕，这里的建筑被保持得非常完好，人们说着全瑞士只有1%的人口说的罗曼语，平静而美丽地生活着。

CONCORDIA RES PARVÆ CRESCUNT MAXIMÆ DISCORDIA DILABUNTUR
HOTEL
CRUSCH
ALVA

左页／左上 盘绕卷曲的铁艺楼梯给空间带来丰富的装饰效果。右上 偏重的色彩在暖调子的灯光和烛火的映衬下也柔和起来。左下 古典风格的书写台，与橱柜融为一体，或许拜伦就是这样写出那些优美诗篇的吧。右下 细致考究的欧洲风格家具，花卉主题的挂毯是装饰的亮点。本页／左上 线条柔和流畅的扶手椅子非常耐看，让写作成为一种行为艺术。 右上 朴素的山间度假小屋，粗犷的木门呈现出浓郁的乡间风格。右下 现代风格的几何形茶几，搭配古典的壁炉和扶手沙发，丝毫不觉突兀。

本页／左上 依然是原木装饰的厨房，大理石水池和精致的金属龙头为淳朴的田园气质带来一种细腻的触觉，圆形的窗子是非常别致的设计。下 原木家具与石材壁炉搭配，显出跃动的韵律感，寒冷的阿尔卑斯冬日，暖暖的炉火和柔软的布艺沙发是最惬意的休闲空间。右页／左上 华丽的宫廷式床幔，中世纪的贵族或者就是这么享受的。右上 典雅的传统盥洗室，精心打磨的大理石浴缸有少见的美丽花纹。左下 富丽华贵的手织地毯让简单的门厅变得丰富起来。右下 简约的直线与冷硬的金属材质组合出超然的现代气质。

AGA AGA

左页／左上 宽敞的餐厅，华丽的吊灯是视觉的焦点，通透的落地长窗将室外的青翠绿色延入室内。右上 慵懒的起居空间，软软的沙发靠垫让人有种赖在里面的冲动，烛台、古典台灯和现代沙发阅读灯的组合非常新鲜。左下、右下 大胆的黑色主题厨房，不规则的地砖平添了几分随意的艺术感。本页／左上 虽然是冬天，精心布置的花艺仍然让室内充满春天山野的味道。右上 令人欣喜若狂的古董四脚白色浴缸，搭配墙上银饰的镜子，浴室是满满的浪漫。右下 红白搭配的浴室，有非常清新的感觉。

# TANZANIA坦桑尼亚

沿海地区开放的发展史孕育出的斯瓦西里文明，与坦噶尼喀内陆土著文明一同成为这块土地共同的精神核心，造就了坦桑尼亚丰富多元的文化传承，土著风情、欧洲结构、阿拉伯和亚洲元素的随机混合，在达累斯萨拉姆和桑给巴尔石头城的建筑装饰风格上表现得尤为明显，展示出独特的坦桑尼亚风格特征。

对于大多数人而言，坦桑尼亚就仿佛一个狂野的、浓墨重彩的远游之梦：广袤无垠猛兽出没的辽阔草原，巍峨高耸冰雪环绕的乞力马扎罗山，波光粼粼水鸟斜飞的维多利亚湖，棕榈迤逦细沙胜雪的碧蓝海岛，浓绿如荫异香醉人的热带雨林，还有曲巷幽深楼台林立的古老石城……非洲大陆的自然之美在这个东部的濒海之国隐隐然集了大成，如同它独产的名贵稀有的坦桑蓝宝石，蓝中透紫清澈澄净，每一个转折都能发散出变幻迷人的光彩。

坦桑尼亚地处非洲中东部、赤道以南，北部与肯尼亚和乌干达接壤，南部与赞比亚、马拉维、莫桑比克毗邻，西边与卢旺达、布隆迪和刚果（金）为邻，东部则面向浩瀚的印度洋。1498年，葡萄牙人达伽马率领船队抵达东非沿岸，在当地城邦建立了临时的殖民统治。到17世纪末，阿曼人的舰队占领了桑给巴尔岛，阿曼苏丹甚至将首都从阿曼本土的马斯喀特迁到了桑给巴尔，开始了残忍血腥的奴隶贸易。19世纪后，欧洲探险家和传教士开始涉足东非海岸，德国人控制了坦噶尼喀，英国人则夺取了桑给巴尔。第一次世界大战后，英国人驱逐了德国人，取得了事实上全部的殖民权利，其统治一直持续到20世纪60年代，坦噶尼喀和桑给巴尔先后独立，合并成立了今天的坦桑尼亚联合共和国。

首都达累斯萨拉姆正如它的名字那样，是非洲和阿拉伯完美结合的产物。这个被称为“和平之地”的港口城市，印巴人带来了商店、茶室、饭馆和寺庙；德国人留下了巴伐利亚式的火车站、罗马天主教圣约瑟夫大教堂和路德派阿扎尼亚教堂；英国人带来了鲜花盛开的公园、林荫大道和运动俱乐部。桑给巴尔的石头城，则是斯瓦西里文明的最佳注脚，大大小小五十多座清真寺，大多以珊瑚岩建成，都有着中东风格的天井回廊，是早期贸易时代的纪念，更多的则是融合了阿拉伯、印度、非洲风格的斯瓦西里样式建筑。它们通常以榜树做支柱，珊瑚岩和石灰浆垒成的墙壁和漆成暗红或白色的铁皮屋顶无疑出自本土的血统，雕画门窗是来自印巴的审美趣味，敞开的阳台和狭窄的楼距则显示出明确的阿拉伯风格。其大门的样式最为特别，被称为“桑给巴尔门”。“桑给巴尔门”通常都是用当地产的菠萝蜜树或从非洲大陆和印度进口的柚木等硬质木料制成，高大厚重，每扇门上都装饰着四至五排铜制尖饰钉，还有各种雕图反映出主人不同的嗜好，大门的外圈都要刻上一条链子，预示平安祈福之意。而建于1873年的英国圣公会基督教堂，更是奇妙地糅合了哥特风格和阿拉伯元素，成为无法替代的标志性风格建筑。除此之外，德国式的木楼、葡萄牙式的小房子在坦桑尼亚也是随处可见。

坦桑尼亚的民居非常别致。传统的村庄大多以树枝、细棍插在地上，围成圆形，用横梁加以固定，房子上部为伞状顶盖，整个房子成圆锥形。树枝和细棍外面涂上泥巴、牛粪，房顶铺上茅草，每个部族的民居在细节上有微妙的区别：住在沿海地区的扎拉莫人，其屋顶与墙壁都用皮革做成，外面铺上压平的树皮，房子里呈圆形或长方形；伦迪族人的住房小而简朴，多以柳条为材料，建成碗状；住在隆格威地区的部族住房几乎全部用竹子搭成；查加人的“姆巴”小屋则是将许多长木棍插入地中，棍顶拢在一起捆扎牢固，使其呈圆锥形，尔后用泥涂抹，再以茅草、香蕉叶盖顶，非常趣致可爱，与周围的环境有着说不出的和谐感，正是非洲土著风格的典型代表。

在室内装饰方面，木雕和绘画是最具坦桑尼亚风格特色的点睛之笔。木雕分乌木雕和油彩木雕两种。乌木雕以坦桑尼亚特产的、世界上质地最密实的木材之一乌木为雕材，雕刻主题常为家族树、马塞人以及非洲动物等。上乘的乌木雕一定是单材整雕，油彩木雕则以普通木头为雕材，再涂以重色油彩，主题为手指脚趾不足五个的夸张人物造型，质朴天然。坦桑尼亚风格的绘画作品主题多为土著人、动物或景观等，色彩亮丽，无立体透视，审美效果非常特别。此外，以烙铁在鞣制后的野牛皮光面上烙刻动物形象或几何图形的兽革画，还有在椰子树极薄的内层纤维上绘制而成的树皮画，都是常用的装饰单品，在营造气氛方面常常能起到出乎意料的作用。

右页／左上 露台上丰盛的蔬果大餐，放眼便是满目青翠的山林，令人心醉神迷。右上 锥形的茅草屋，奢华的毛皮装饰，坦桑尼亚的世界总是有种原生态的美好活力。左下 浓密的树荫在木屋上方形成天然的遮盖，赤道炎炎烈日仿佛不再那么灼人。右下 能够远眺印度洋的露台，繁琐富丽的软垫铺设正是阿拉伯人带来的斯瓦西里风格。

左页／上 织锦团花的古董长椅，让朴素的起居多了几分引人遐思的空间。左下、右下 舒适的木屋，保留了所有用材的天然风貌，虽然粗细方圆曲直各异，让简单的结构也能呈现出丰富的变化和层次。本页／上 整块木材打造的休闲榻，让人充分领略原始粗犷的风情。右下 狩猎风格的树屋，兽骨是最好的装饰品。

本页／左上 品着白兰地聆听丛林中隐约的狮吼鸟鸣，假期就是如此美妙。下 清爽的热带风格，通透的空间让室内外的气韵流动起来，处处可见印度风格的痕迹。右页／上 温柔雪白的纱幔让燠热的空气变得宁静清凉，藤木躺椅上正好一个白日梦。下 全敞开式的度假屋，卧室、起居、盥洗、更衣各个功能空间被巧妙地集中在一起，却毫不拥挤凌乱，别有一番纯朴的味道。

左页／露台被改造成一个舒适的会客室，百叶窗透出的光线让空间有了富于层次的变化感，躺椅更是典型的殖民地风格元素。本页／左上、右上 华丽织锦长椅和古典大床兼有印度和阿拉伯风格装饰元素。手工精致的实木家具是来自桑给巴尔巧匠的心水之作，凝重内敛的风格与轻盈飘拂的幔帐配搭妥帖，相得益彰。右下 传统民居的屋顶是用香蕉树的叶子编制而成的。

本页／左上 轩敞通透的大厅，几乎与丛林世界融为一体，雪白蓬松的靠垫堆叠出舒适的休闲空间。下 典型的殖民风格餐厅，原木的梁柱和堆积如山的热带水果与欧式水晶吊灯和餐具形成有趣的对比，令人印象深刻。右页／上 坦桑尼亚的民居非常别致。传统的村庄大多以树枝、细棍插在地上，围成圆形，用横梁加以固定，房子上部为伞状顶盖，整个房子成圆锥形。下 彩色的条纹带是土著班图族人的传统装饰手法。

# THAILAND泰国

绚丽神秘的泰国有着娇艳动人的热带风光，而经典的泰国设计，则更是一种渗透着人生哲学的千年锤炼，一种"拈花微笑"的智慧，充满着无处不在的优雅、沁人心脾的沉淀，反映着心灵深处对简单和宁静的眷恋。

泰国东临老挝和柬埔寨，南面是暹罗湾和马来西亚，西接缅甸和安达曼海，拥有着娇媚动人又绚丽神秘的热带风光。泰北森林密布，山峦起伏，东部及南部海岸海滩绵长，肥沃平原上则是青翠如玉的稻田，其间到处是金碧辉煌、尖角高耸的庙宇和佛塔，有着无处不在的精美佛像、石雕与绘画。

泰国原名暹罗，先后经历了素可泰王朝、大城王朝、吞武里王朝和曼谷王朝。19世纪，葡萄牙、荷兰、英国、法国等殖民者先后入侵。1855年，英国强迫暹罗签订了《英暹通商条约》，此后列强纷纷效法，暹罗沦为了西方殖民国家的半殖民地。1896年英法签订条约，规定暹罗为英属缅甸和法属印度支那间的缓冲国。1932年，拉玛七世（Rama VII，1925—1935年在位）王时期，民党发动政变，改君主专制制为君主立宪制。1939年更名泰国，后经几次更改，1949年正式定名泰国。

佛教对泰国的政治文化、社会生活都有极深远的影响，宫殿建筑与佛教寺庙成为泰国最主要且引人注目的建筑样式。宫殿建筑有着明显内凹曲线的多层屋顶，覆以彩瓦，配以镀金的雕饰细节，极尽奢华；皇宫内部则受西方装饰的影响，有罗马壁柱、维多利亚式家具和具有繁复线脚画框的油画等，这种泰西合璧的手法十分奇异地显示着王权的威严。泰国的寺庙通常分为公共祭祀部分和僧侣住房两部分，公共部分金碧辉煌，僧侣居住地则非常俭朴，很少装饰。佛寺的门向来是艺术家表现的中心，双扇的木门成为日常生活与宗教世界之间的过渡。门上的浮雕是精美工艺的杰出代表，门神和植物是常见的题材。

除公共建筑外，泰国民居也独具特色。为防止野兽的袭击，便于空气流通，这里的民居通常都建在外露的桩基上，三角形的外形，陡峭的山墙，由一个拉长的塔形渐变成弯曲的火焰形，这种复杂的轮廓展示了一种独特的热带风情的优美景象，其结构特征来源于对热带暴雨和季节性洪水的适应。民居都有自然开敞的平面布局，全木结构的形式，没有钉子的楔接，其形式与结构自然而完美地结合。泰国人的房间四面都开启窗户，拥有宽广的视野，从室内任何一个角度都可以看到室外葱茏的绿色植物的硕大茎叶，真是一种清新且赏心悦目的风景，同时也是对全木装修及暖色调的平衡。室外通常情况下总有一池碧水紧邻其旁，水便于灭火，这对于木建筑来说非常重要，当然也利于温度的调节。基于东南亚传统，泰国人一般席地而居，因此就特别需要保持室内的洁净。家里很少有家具，一般以芦席铺在地上方便坐卧。精而少的家具给生活以极大的自由度。

泰国具有一种先天的美丽，这种美表现并延伸到一些极小的物品上，随之而生的便是掌握千年的精致的手工艺。典型的泰国器物，都因为其锥形的样式、繁复或简单的雕饰和恒久流传的独特工艺，而令人一眼认出只属于泰国的独一无二。艺术家和工匠们竭力创造着美丽的物品，以表示对宗教和王室的尊敬，这些物品包括壁画、经书、陶器甚至水勺、米篮、椰子刀等，而其中最重要的当然是佛像。无论泰国如何现代化，佛教都千年不变，在泰国人日常文化和生活中扮演着重要而复杂的角色。大到一座寺院，小到一个家庭，都至少有一个佛台和一尊佛像，它们都造型优美，佛像的神态安详。更虔诚的信徒甚至会用一个单独的屋子来供奉佛像，犹如一个私人小教堂。佛像一般由不同的材料制成，风格各异，它是工匠与雕刻师手工技艺的体现。

另外，泰国早在几百年前就有了独立的丝绸生产作坊，相比较精美的中国丝绸，泰国的产品相对质地粗糙、不平滑，有细微的棘手感。但正因为有此所谓的有结现象，这种不完美却造就了一种特殊的美，形成能迅速被识别的自然且手工制品的凭证，受到世人青睐。泰国人的装饰灵感还延伸到了花卉和蔬菜上，这些寿命短暂的物品经过再创造，变成了与原来物体形态完全迥异的美丽物件，如把胡萝卜雕成玫瑰花，木瓜做成菊花，黄瓜做成树叶，或仅用蔬菜就做成一个五彩缤纷的花篮等。使用最多的是白色茉莉花和黄色的金盏菊，它们被制成素雅的花环，散发着迷人的芬芳。这种技艺一直用于皇家的仪式和烹饪上，并发展成与众不同的装饰艺术。

右页／左上 卧在水上的凉亭，飞檐翘角均倒映在如镜波光之中，整体格局上的平衡美态毕现无余。右上 泰式宫殿的一角，金顶白墙搭配得华美醒目。左下 特有的皇冠形屋顶，铺设着明丽的彩色琉璃瓦，庭院则西洋风味浓厚。右下 通体镏金的佛塔富丽堂皇，充分显示出泰国皇室和国民对于宗教的虔诚。

左页／上 卧室的阳台外廊被辟作小书房，僧侣造型的木雕立在两旁，栏杆之外便是婆娑树影。左下 开放式的餐厅可以俯瞰花园，庭院中花木扶疏，与室内陈设的花瓶和茶几相映成趣。右下 不寻常的挑高空间能让更多的阳光进入，也有利于空气流通，令休闲时间更舒适自在。本页／右上 由刻花床架改成的坐榻给小起居室增添了一份说不尽的体贴之感，绵软的锦垫也让人禁不住想要拥抱。左下 古典气息浓重的墙饰，搭配精致的木质和瓷器陈设品，整个屋子流露出不同于一般的贵重感。右下 深色调的木质墙壁和天花板搭配乳白色的西式皮沙发非常协调，壁上和茶几上摆放的各种精致泰式工艺品更彰显主人的身份和品位。

本页／左上 古朴的木屋却在梁间悬了一挂西洋水晶灯，匠心独具，射灯照耀下的佛像更觉雍容神秘。右上 传统布置营造出温馨的起居空间，精雕细刻的茶几和器皿让奢华变得内敛含蓄。左下 盆栽式的茶几是如此令人悦目，天然材质的运用在最大程度上突破了室内外的空间分割，藤编的沙发、手工的窗帘和靠垫、木雕灯座，无一不是天人合一的最佳诠释。右页／左上、右上 经典的泰式高脚橱柜和木箱，上有精细的彩绘宗教故事，佛头和瓷碗也是常见的摆设。下 以精美的泰国纺织品装饰的主卧处处散发着华美的气息，窗下古朴的雕花木橱是来自阿富汗的收藏。

左页／左上 四面敞开式的餐厅具有通透的视野，飘拂的纱幔平添了几分浪漫的气息。右上 巧妙的窗阁设计让室外的绿树成为墙上的装饰画，精美的传统瓷器搭配剔透的玻璃酒具，组合成独特的殖民风格。左下 布置在门廊里的起居室是典型的泰国风格，墙上装饰的是木雕的揭路荼（印度神话中鹰头人身的金翅鸟）。右下 这间屋的设计融合了大量的西方元素，从家具到墙上的油画都可以得到印证，但装饰的象牙又明白无误地表明了主人的身份。本页／大到寺院和建筑物的大门，小到放置经文的橱柜，如同守护神般的人物图案是很常见的装饰。宗教、文化以及制作者个人的奇思妙想就充分地反映在这些栩栩如生的造型上。

# TUNISIA突尼斯

生长在沙漠和海洋之间的突尼斯，是沙漠这边人们的梦想，是大海对面人们的憧憬。碧海黄沙的瑰丽，熙熙攘攘的街市，热情俊朗的小伙子，艳丽明媚的女郎，抽着水烟闲散的老人，每一个回眸，都是千年如一的美丽。

突尼斯位于非洲北端，地中海南岸的中段，与南欧各国隔海相望，其海岸线长达1300公里，有时陡直险峻，有时舒缓低平，拥有迷人的海湾景色。最北部的邦角半岛（Cap Bon），被称为"北非之角"，与西西里岛、意大利半岛连成一线，扼居地中海腰腹重地，与欧洲近在咫尺。在南部，突尼斯与阿尔及利亚、摩洛哥、利比亚等国接壤，背靠着黄沙漫漫的撒哈拉大沙漠，一派典型的非洲风情，是世界上少有的集海港、沙滩、山林、阳光、沙漠、城市于一体的国度。

突尼斯最早可知的历史是同古国迦太基（Carthage）相关的。传统认为公元前814年从腓尼基来到突尼斯湾的移民，在这里定居兴建了迦太基。对此，一直以来流传着动人的故事。公主蒂多为了爱情，躲避兄长的追杀来到突尼斯，土著柏柏尔人不允许外邦人占有大过一块牛皮的土地，容貌与智慧并重的蒂多于是把牛皮剪成细细的长条连接起来，以此圈得了自己想要的大片地盘，建起了新城迦太基。在腓尼基语中，迦太基的意思就是"新城"。也有人说，突尼斯的国名就来自于腓尼基人崇拜的女神"提尼斯"，她是象征着光明的美丽女郎。迦太基因地处要冲，又掌控了地中海贸易，一时成为海上强国，并向海外殖民，所及远至今西班牙东部、西西里、撒丁岛和马耳他等地。迦太基城也蔚为壮观，其城墙长达36公里，居民逾四十万，实行贵族寡头统治。后在与罗马帝国争夺地中海统治权的战争中落败，成为罗马的海外行省。虽然将军汉尼拔（Hannibal，前247—约前183）的威名至今如雷贯耳，但这片土地曾经的辉煌终究不再。

丰富多变的人文历史，是突尼斯建筑装饰艺术的丰厚土壤。在这里，柏柏尔、迦太基、古罗马、拜占庭、阿拉伯、土耳其，甚至是法兰西等各种文化都留下了自己深刻的印迹。数千年的岁月流逝，它们在地中海温柔的波光中逐渐融为一体，形成了独树一帜的风格样式，成为今天世人竞相赞叹的绝美风情。

看突尼斯的城市，最抢眼的莫过于它纯白的建筑了。希腊神话就曾提及英雄尤里西斯率领船员航行于地中海，忽然望见突尼斯城仿佛一朵圣洁的白莲花，被枣椰树、棕榈树和橄榄树的绿荫簇拥着，漂浮在碧蓝的海水中，于是一见钟情就此流连不返。且不论故事的真假，白色墙蓝色窗的房子的确是突尼斯最迷人的风景之一。其实这种建筑风格完全来自阿拉伯人的审美口味，尤以小镇西迪布赛义德（Sidi Bou Said）为最。蓝白两色既是伊斯兰文化中标志性的色彩，也是地中海自然风光的注脚。尤其是窗上的铁艺栏杆，款式多边，门上则采用黑色的铆钉排列出各样美丽的几何图形，每家的庭院里都是修剪整齐的草地和花木，观赏花卉和果树相映生辉，一派世外桃源的感觉。而伊斯兰圣城凯鲁万更是阿拉伯建筑艺术在突尼斯的代表之作。城中的麦地那古街弯弯曲曲、纵横交错，两旁房舍也是墙面纯白，门窗湛蓝。一座座清真寺尖塔、礼拜寺半露在街旁巷内，沿街店肆林立，货摊鳞次栉比，眼前的商品琳琅满目，耳边叫卖声此起彼伏，让人不由自主就陶醉其中了。

古罗马的痕迹则更多留在了迦太基。今天人们去迦太基，虽然说是瞻仰迦太基的遗迹，但实际上，那里所剩的都是罗马行省时代留下的建筑。两千多年前的罗马人一如既往地在自己领地上大兴土木，他们带来令人至今瞠目结舌的大型剧场、公共浴室、水利渡槽等工程。站在比尔萨山丘黄褐色的山头上，随处可见厚大巨石砌成的残壁，雕着花篮形、卷叶形、铃形、荷花形、棕榈叶形、兽形、扇形等各式纹样的罗马柱头，断裂的花岗石圆柱沉默不语，却清晰地传递出当年神庙有过的辉煌和壮丽。尤其是圆形阶梯式露天剧场，完全由石头层层垒叠而成，观众席一直达到山顶，从任何一个座位都能以舒适的角度看到舞台，并能清晰听见演出的歌声和台词，正是罗马全盛时期的气派。还有位列世界三大斗兽场之一，苏斯的埃尔·杰姆（El Djem）斗兽场，高36米，建有五百个门，是可容纳四万人的罗马大戏院，层层拱廊相连，宽阔高大，构筑典雅，被誉为罗马帝国在非洲存在的标志。

作为原住民的柏柏尔人同样为突尼斯贡献了令人惊叹的建筑艺术。聚居于马特马塔山区的柏柏尔人发明了独特的地下建筑形式。他们依着丘陵地势，在地下挖掘圆柱形大洞，直径可达10米，深度则有6～7米，在坑底沿着墙壁凿出窑洞式的居所，坑的中央部分则成为露天庭院，窑洞有单层，也可开拓成上下两层，通过楼梯相连，非常方便，又在四周遍植棕榈树，使得地下房屋冬暖夏凉，空气清新，完全不受沙漠地区恶劣天气的影响，非常奇妙。

右页／蓝色的窗门色彩，黑色的铆钉装饰，包括几何纹样在内，都集中体现了伊斯兰风格的装饰特色。

左页、本页／黑色的铆钉令原本粗犷的大门充满了装饰的细节。

左页、本页／ 粗犷的碎石搭建出千年的沧桑。沙漠风格的房子，质朴的多层窑洞造型充分配合了撒哈拉的自然地理特征，是土著柏柏尔人的传统民居，在沙漠夕阳的映衬下，有种说不出的苍凉和雄浑。

本页／左上 阿拉伯风格的精致庭院，瓷砖装饰是视觉的重点。左下 半敞开式的露台，条纹风格的软装饰，夕阳下的午茶总是分外的惬意。右下 土耳其风格的室内设计总是这么华丽，弧线和手编床毯是重点元素。右页／左上 简洁和富丽、古典和现代可以在一个浴室空间中达到完美的和谐。右上 这么华丽的卧室应该属于某位深宫的公主吧。左下 瓷砖始终是伊斯兰风格的最佳体现。右下 艳丽的软装饰材料和明亮的镜子装饰，是典型的奥斯曼土耳其后宫风格。

左页／上 传统阿拉伯样式老宅子，配搭西式的家居陈设，体现出突尼斯独特的混合风格。下 经典的多层穹顶设计，让房间有种生动的韵律感。本页／装饰的重点在于穹顶的线条，多层次富于变化的天花、装饰窗和壁龛让房间气韵流动，暖调子的灯光让本来稍嫌刻板的气氛变得柔和了许多，而漂亮的铁艺和欧式家具使得整个空间充满独特的设计感。

左页、本页／纯朴的阿拉伯风格，以艳丽的色彩软装饰和几何纹样作为点睛之笔。

本页／左上、右上 室内的水池设计是土耳其风格和阿拉伯风格的混血产物。左下 弧线分隔有阿拉伯风格和欧洲中世纪哥特混合的味道。右页／纯正的伊斯兰装饰风格，以蓝绿为主要色彩，满铺的瓷砖让地面和墙面显得丰润富丽，明亮的玻璃和银器陈设更显贵重气质。而瓷砖和羊毛毯是最典型的突尼斯元素。

# TURKEY土耳其

土耳其的自然风光秀美，人文胜迹无数，希腊人庄严的纪念柱，罗马人宏伟的水道桥，清真寺高耸入云的宣礼塔，大教堂遮天蔽日的穹顶，高原上盐柱般的洞穴居所，城中熙熙攘攘的集市……处处都是独一无二的美丽。

今天的土耳其，是安纳托利亚无可置疑的主人，拥有地中海和黑海之间的广袤土地，疆界从欧洲的巴尔干半岛东南部直抵亚洲的小亚细亚半岛大部，东部与伊朗接壤，东北临格鲁吉亚、亚美尼亚和阿塞拜疆，东南邻叙利亚和伊拉克，西北则与保加利亚、希腊毗邻，北滨黑海，西隔地中海与塞浦路斯遥遥相望。土耳其人古称突厥（Turk），在鞑靼语中意为“勇敢”，是公元6世纪左右从中亚腹地崛起的一支剽悍的游牧民族。奥斯曼一世（Osman I，1299—1326年在位）在安纳托利亚的比提尼亚建立了一个真正属于突厥人的国家——奥斯曼土耳其，1394年阿拔斯哈里发授予其“苏丹”王号，1453年穆罕默德二世（Fatih Sultan Mehmet，1444—1446、1451—1481年在位）攻占君士坦丁堡，将之改名为“伊斯兰堡”——伊斯兰之城。奥斯曼土耳其帝国最强盛的时候，疆土跨越欧亚非三大洲，从维也纳到黑海，从阿拉伯半岛到北非埃及，统治着世界上六分之一的土地，土耳其苏丹成为全世界伊斯兰教徒的哈里发，将辉煌的王朝延续了四百多年，直到1923年土耳其共和国成立。

想要为土耳其的建筑装饰艺术归类是非常困难的一件事。土耳其风格正如安纳托利亚高原上层层叠叠的“丘”（hüyük），又仿佛伊斯坦布尔城中包罗万有的“大集市”（Bazaar），是一颗由数千年岁月孕育淬炼而成的华美钻石，每一个转折都有炫目的光彩，每一个侧面都是凝固的传奇，就像月光下托普卡帕宫、圣索菲亚大教堂和蓝色清真寺构成的天际线在博斯普鲁斯海峡波光中闪烁的倒影。

土耳其的建筑文明起源于“城墙和水”的希腊-罗马范式，严整规范的城市规划、宽阔的道路，高大的公共建筑，为安纳托利亚的城市轮廓定下了基调，精致的三花墙、内向的庭院式居所、赤陶土手绘的外立面、熟铁家具、松木屋顶、华丽的石材浮雕和鹅卵石或马赛克镶拼技法成为基本的装饰元素。拜占庭建筑是土耳其风格的第一个巅峰，罗马人穷尽国力建成了中世纪的财富之城君士坦丁堡，无数的喷泉和廊柱，剧院和广场以及埃及的方尖碑，让同时代的欧洲城市立刻沦为“村落”，而圣索菲亚大教堂就是罗马皇帝权杖上最耀眼的明珠，开启了拜占庭穹顶风格的时代。

迄今仍被称为“世界上最美丽的教堂”的圣索菲亚大教堂，是人类在宗教建筑上最伟大的贡献之一。其造价已经不可考，但仅仅拜占庭帝国皇帝查士丁尼一世（Justinian I，527—565年在位）对教堂内部的重修，就动用了32万两黄金和近一万名能工巧匠。其巨型无支撑圆顶，仅以拱门、扶壁、小圆顶等来分担穹顶的重量，连续的彩绘半圆拱高窗让人不由自主地仰望天堂的圣洁和美好。穹顶设计的力学要求，让传统的罗马神庙长方柱式结构让位于十字架型平面布局，一种全新的建筑风格由此诞生。而圣索菲亚大教堂的内部装饰，则以巨幅的有色大理石镶嵌马赛克《圣经》故事拼图闻名于世。

土耳其风格的第二个巅峰来自奥斯曼杰出的建筑师们。当君士坦丁堡变为伊斯坦布尔，伊斯兰风格也随着一系列的清真寺-经学院的建成而确立。奥斯曼人的建筑并非纯粹的阿拉伯风格，由于地域邻近的关系，波斯风格对之有着深远的影响，而原住民赫梯人和希腊人也在奥斯曼人的审美口味上留下了或多或少的痕迹。奥斯曼建筑师偏爱非常精细的线条和奢华的装饰，他们在砖瓦的烧制方面获得了令人惊叹的成就，其经典的绿松石色和番茄红色在今天的科技手段下都无法仿制。和阿拉伯人一样，奥斯曼人喜用微型画和书法作为基本元素，繁复瑰丽的纹样被大量用于墙面、纺织品和家具器皿的表面，成为土耳其风格的标志性装饰。

奥斯曼建筑师的杰出作品当首推蓝色清真寺。它建于1609—1616年间，堪称伊斯坦布尔的奇迹。它由建筑师阿迦（Mehmet Aga）所设计，“蓝色清真寺”的得名来自其内壁两万多块蓝色调的彩釉瓷砖嵌饰，透过正中央圆顶的二百六十扇彩色玻璃窗射入的光线反射在其上，放出奇幻迷离的光芒。如果从空中俯瞰，就会发现其长方形布局上三十多个层次分明、大小不一的大圆顶向直径达41米的中央主殿圆顶聚拢，规模庞大气度优雅，全世界独一无二的六座宣礼塔环绕四周，高挑尖耸，轻盈端严。粉红砾石和大理石石柱及拱门勾勒出肃穆的庭院，洗礼用的喷水池宁静悠远，令人不由自主地屏息凝气起来。

土耳其民居同样是其整体风格不可分割的一部分，尤以被列为联合国世界文化遗产的萨弗瑞博鲁（Safranbolu）著名。萨弗瑞博鲁旧称藏红花城，因盛产藏红花和其他香料闻名，同时也因皮革、铜器和铁艺著称于世。土耳其民居最大的特点就是因地制宜，房屋地基均配合起伏不平的丘陵地势，高高低低自成韵律。基础部分用石材和土砖堆砌而成，房屋结构则采用安纳托利亚林区的木材为主，漂亮的多扇出墙式方形的木窗户是外立面装饰的重点，红瓦尖顶白墙，有趣致高耸的烟囱，房子之间的间隔非常窄，密布着古老的石板路，让人恍惚间便回到了中世纪的时光。

右页／上 伊斯坦布尔苏莱曼清真寺（Suleymaniye Camii）。该寺是世界上最好的清真寺之一，16世纪奥斯曼帝国苏莱曼大帝统治时期，由土耳其最伟大的建筑家希南（Mimar Sinan）设计，施工始于1550年。下 落成于公元360年的伊斯坦布尔圣埃里尼（Hagia Eirene）教堂是世界最古老的教堂之一，其建筑充分表现了拜占庭风格的特点。

左页／左上 伊士坦布尔老城区俯瞰，近处是著名的室内大集市。右上 圣索菲亚大教堂，它不仅是仍矗立在伊斯坦布尔的主要拜占庭建筑，也是该城毋庸置疑的最亮景点和世界上最伟大的标志性建筑之一。左下 被列为世界文化遗产的萨弗瑞博鲁城的丘陵地带。土耳其民居最大的特点就是因地制宜，房屋地基均配合起伏不平的丘陵地势，高高低低自成韵律。右下 从空中看伊斯坦布尔著名的室内大市场，它几乎比一个街区还要大。本页／左上 伊斯坦布尔街头的饮水建筑，由德国威廉皇帝赠送。右上 艾哈迈德三世时期建造的供民众使用的饮水建筑。右下 阿卜杜勒·马吉德在1849—1855年建造的用于休闲的夏宫。

本页、右页／在安纳托利亚的大街小巷，到处可见这种民居，宽出底层的二楼由木架支撑，还偶有趣致高耸的烟囱，房子之间的间隔非常窄，密布着古老的石板路，让人恍惚间便回到了中世纪的时光。

左页／上 托普卡帕宫内祈祷的休息区。下 穆拉德三世的房间，由建筑家希南设计，建于1578年。墙上装饰了许多16世纪的精美伊兹尼克（Iznik）瓷砖。本页／托普卡帕宫内苏丹年轻儿子们的房间。

本页／左上 穆拉德三世的房间。右上 艾哈迈德三世时期建造的甜品屋，在托普卡帕宫内。左下 托普卡帕宫内的巴格达厅。这个八角形房间是穆拉德四世 1639 年为庆贺占领巴格达而建造。右页／左上、右上 托普卡帕宫内后宫一角。此宫在 16 — 19 世纪是奥斯曼帝国的皇宫，这个巨大的宫殿成为许多历史事件的演出舞台。左下 艾哈迈德一世的阅读室，这房间原来是穆拉德三世的，也在托普卡帕宫内。右下 “征服者”穆罕默德清真寺的室内，为纪念奥斯曼帝国苏丹穆罕默德二世而建立。因周围遍布学校，所以被认为是伊斯坦布尔的第一个科学中心。

左页／上 苏莱曼清真寺苏莱曼的墓室室内，周围装饰以精美的伊兹尼克瓷砖。左下 苏莱曼清真寺内苏莱曼大帝的妻子胡蕾苏丹的墓室。在装饰的深蓝色瓷砖上，用白色阿拉伯文字描绘了《古兰经》中的句子。右下 苏丹妻子瓦丽德的房间，周围墙上描绘了圣城麦加的景象。本页／左上 土耳其人对于色彩的爱好在这里反映得非常鲜明。空间装饰的手法不乏伊斯兰特色，如弧形门窗或雕刻的花纹，还有不时出现的壁龛，总体布局也比较复杂，开阖、转折之间表达了细致周详的设计思路。右上 柜门上用颜料画出了独一无二的几何抽象图形。右下 客房里只摆放了一个单独的沙发，墙壁凹处摆放了塞玛（Sema）创作的图画和一些她收集来的古老器皿。

# UKRAINE 乌克兰

乌克兰是个颇有些矛盾感的综合体：作为一个国家它是如此年轻，在1991年之前从未真正以独立的姿态立足于世；但作为一个文化的存在，它却实在足够古老，甚至被看作是更早于俄罗斯的东斯拉夫文明源头。

乌克兰位于欧洲东部，东与俄罗斯接壤，北部紧邻白俄罗斯，西面邻国分别是波兰、斯洛伐克和匈牙利，南部则同罗马尼亚、摩尔多瓦相连，隔着黑海和亚速海与土耳其隔海相望。乌克兰的大部分国土面积是广袤的东欧平原，喀尔巴阡山脉和第聂伯河从北向南贯穿全境，青峦叠嶂，翠湖棋布，横卧黑海的克里米亚半岛上峭壁陡立，细沙白浪，山林葱茏，景色幽深静美，是东欧地区著名的度假胜地。

“乌克兰”一词最早见于公元1187年成书的《罗斯史记》，但其历史则可以上溯到距今50万年前的旧石器阿雪里文化时期，外喀尔巴阡山脉地区已经发现了古人类居住的遗迹，稍后的姆斯特艾文化、奥里亚文化和玛格德林文化则前后承继，现今乌克兰的疆域上出现了早期人类克罗马努人。公元前2000年左右，基米里人在乌克兰草原定居，前7世纪开始，北部的斯基泰部落、萨尔玛特部落，以及从希腊半岛上迁徙而来的希腊人先后在这片土地上定居并建立起分散的城邦国家。前1000年末，第聂伯河畔的农牧部落古斯拉夫人逐渐兴起，形成具有国家雏形的部落联盟，直到公元6—7世纪，部落联盟中强大的波利安人首领基伊、谢克和霍利夫三兄弟建立了以基辅为都城的公国——基辅罗斯。

基辅罗斯公国在12世纪达到鼎盛，13世纪蒙古鞑靼人入侵东欧，乌克兰大部分地区成为金帐汗国的属地，14世纪后这里又归属立陶宛大公国和波兰的统治。虽然饱经战乱离合，乌克兰民族却在此期间逐步成熟起来，地理和语言的属性也基本明确。1654年，为了免受波兰人入侵，乌克兰的哥萨克首领决定向俄罗斯请求保护，至此并入俄罗斯版图，直到1991年独立建国。

绵延数千年的历史，在乌克兰凝固成一个个美丽的文化遗迹：独一无二的早期原始社会公社村落遗址，扎波罗热州捷尔佩尼耶尼耶村附近的岩鱼石头坟墓，西徐亚人和萨尔马特人的古坟和古城堡遗址，克里米亚半岛上古希腊移民的大型石雕。古罗斯文化的印记则在基辅和切尔尼戈夫的历史建筑古迹中得到了充分的体现。

基辅是乌克兰的首都，号称“俄罗斯诸城之母”，被公认为是世界上最美丽的城市之一，乌克兰和俄罗斯都看它为本国历史的源头，国家和民族的根。基辅绿树成荫鲜花遍地，第聂伯河穿城而过，罗斯时代的古老建筑静静伫立在两岸，画出优雅庄严的城市天际线。基辅最引人入胜的古迹是出自古罗马拜占庭风格的石砌宗教和世俗建筑，宏伟的金门遗址，佩切尔斯基男修道院，别列斯托夫拯救者大教堂，还有生气勃勃的克列夏季克大街……而布满了众多镶嵌艺术品、壁画和吊灯的华美如歌的圣索菲亚大教堂始建于11世纪，是拜占庭东正教的经典风格，结构复杂，装饰繁丽，自建成以来就是乌克兰宗教、政治和文化的中心，上千年来基辅的居民们都在这里望弥撒、听经文，举办婚礼、做洗礼，大公们在此接见使节，签署条约，一个民族的历史就这样鲜活地留驻在用白石砌成的圆顶下，日日夜夜的累积，传承至今。而切尔尼戈夫保存的大量建于12世纪的古建筑，则更多的是城堡和军事要塞，披戴着岁月风霜的坚固堡垒，是当年大公远征波洛伏齐人的见证，其中最著名的要数风景如画的杰斯纳河高地上的谢韦勒斯基城，显示出古典主义和罗斯风格的完美结合。

除了古罗斯风格，在乌克兰的众多名城中，从巴洛克、洛可可到古典主义和俄罗斯帝国风格，各样的美丽建筑遍布在山间水边，与秀雅的自然风光融为一体，堆积出独特的城市风貌：黑海之滨的敖德萨市壮美的波将金石阶、古交易所、沃罗佐夫宫；雅尔塔市充满田园风情的葡萄酒庄；乌日哥罗德的古城切尔诺夫策，卢茨克市建于14世纪的柳巴勒塔城堡；第聂伯罗彼得罗夫斯克的波将金宫殿，波尔塔瓦为纪念击败瑞典人而建的“光荣纪念塔”，哈尔科夫的大叶卡捷里宁斯基宫殿……每一处都是线条严整，造型柔和，大量地使用花纹砖和彩色瓷砖装饰，带出明媚的乌克兰感官印象。

右页／左上 切尔尼戈夫州的传统建筑。右上 文尼察州(Vinnytsia)的教堂建筑，文艺复兴风格。左下 西南部切尔诺夫策的神学院教堂。右下 首都基辅著名的基辅－彼切尔洞窟修道院(Kiev—Pechersk Lavra)，建于1015年，内有许多教堂及博物馆，其中洞窟教堂历史最为悠久。

本页／左上 捷尔诺波尔（Ternopol）的波恰夫·拉弗拉（Pochaiv Lavra）修道院。右上 乌克兰西部利沃夫的城市结构与建筑是东欧、意大利、德国建筑和艺术融合的一个突出代表。这是利沃夫老城最高的建筑考尼克塔（The Korniakt Tower），文艺复兴和巴洛克风格的混合体。左下 苏梅州的莫切斯基修道院（The Molchansky Monastery），建于17世纪初。右页／左上 利沃夫郊区的旧民居。右上 敖德萨是乌克兰最美丽的城市之一，这是其海边的古堡建筑。左下 西北部沃伦州的茨恩（Zymne）修道院。右下 黑海边克里米亚半岛上被称为“燕子窝”的城堡。

左页／左上、右上 满墙镶拼的装饰手法，具有典型的乌克兰民族风格，把信仰和家庭放在一起成为生活的乐趣。 左下、右下 复古的漆木家具已经有些斑驳，随意地放置在通透的空间里，不经意间就带出几分慵懒的气质。本页／右上 趣怪的木门，整个玄关都生动了起来。下 粗木地板搭配线条纤细的古典家具，有对比的美感。

本页／左上、右上 柔和的淡绿色，流丽的铸铁线条和细腻华丽的家居配饰风格相得益彰，打造出非常女性化的居室空间。左下 淡色的亚麻布沙发让起居室充满舒适自然明亮的色彩感觉。右页／左上、右上 原木材质是乌克兰家居的常用元素，搭配出清新的田园风格。左下 充满温馨感觉的乡间起居室，热烈的橙色和粉色主调让古旧的老家具呈现出深具传统的家族特色。右下 用明亮的橘色和软隔断作为书房装饰的亮点，非常具有视觉冲击力。

左页／明朗的彩色让原本粗陋的空间有了不一样的独特气质。本页／纤细线条的装饰是浓郁的古典欧洲风格，典雅的绘画和瓷器更添加画龙点睛之笔。

本页／上 简单的书架，优雅的高靠背椅，让空间即刻多了几分从容的气质。左下 纯白的阁楼卧室，手工的粗麻地毯点缀出质朴的乌克兰民族风情。右页／上 特别的壁炉装饰，无论是细腻的陶瓷还是粗犷的碎石，都令普通的空间多了精致的细节感觉，呈现出截然不同的风格特色。下 粗犷的原始风格壁炉旁斜倚着通往纯白阁楼的原木木梯，精致和粗放相得益彰。

# UNITED STATES美国

作为一个年轻的移民国家，美国的建筑风格具有先天的混合特征，英国、法国、意大利、德国、西班牙等欧洲国家的文化传统、风俗习惯、建筑和装饰艺术都在这片土地上显示出了各自的影响力。

美国东濒大西洋，西临太平洋，北靠加拿大，南接墨西哥，国土面积超过962万平方公里，位居全球第三。虽然立国仅两百余年，美国的历史倒正应了一句俗语：浓缩的，总是精华的。尽管无法与文明古国比较源远流长，但却有着它独树一帜的精彩。没有人会去质疑英国对于美国的意义，事实上，正是英国人缔造了这个国家。独立后，美国的领土迅速向大陆的西部和南部扩张，经历了铁血夕阳的淘金开发和争夺棉花与奴隶的南北战争，年轻的美国成为强盛而统一的国家。

美国的建筑风格具有先天的混合特征，虽然混合风格并非美国独有，但这里的混合风格确是独一无二的。不是渐进的演绎融合，而是几乎同一时期的兼收并蓄，众多成熟的艺术风格比邻共处，并因务实开放的新大陆式审美倾向而呈现出富于想象力的功能化创意，常常予人耳目一新之感。正因如此，要对美国的风格化建筑进行分类是颇困难的，它们有各自不同的流行时间，但又在相当长的时期内同时并存，大致上可以分为古典风格、中世纪哥特风格、文艺复兴风格、现代风格等几大类。

美国的古典风格分罗马风格和希腊风格两种，罗马风格在18世纪前风行一时，简单的三角型屋顶、大方的三角楣、按中心轴排布的长窗是其典型的外观要素。希腊风格则在19世纪中前期十分盛行，例如十二棵橡树庄园，便是以经典的希腊柱式承载着人们对优雅古典文明的敬意和怀念，以及对简单平静的田园生活的向往。

中世纪风格，对于美国来说主要就是都铎风格。混合着哥特式的陡峭双面尖顶、雉堞、塔楼，但又已经结合了古典的对称构图，独特木构架修饰出独特的露木效果，深色木坡材和淡色墙面非常具有形式美感，并且很容易予人深刻的印象。

文艺复兴风格在美国最为突出的代言人是流行于整个18世纪的乔治风格和亚当风格。乔治风格是意大利文艺复兴风格传入英国后的派生物，也是对美国建筑影响最大的艺术风格。摒弃了神权的象征，乔治风格非常注重和谐、对称、均衡的建筑构图法则，正立面常有古典门廊，喜欢以长方形雕花图案作为装饰。亚当风格则是乔治风格的延续和升华，亚当兄弟偏爱的加长屋檐齿饰以及有装饰窗修饰的墙面，至今仍是新英格兰地区最富代表性的建筑符号。

现代风格是最具有美国本土特质的建筑风格，流行于20世纪早期的草原风格和工匠风格是其最有影响力的代表。草原学派的芝加哥建筑师们突破性地将整体协调观念引入设计风格，注重建筑与环境、家具、陈设品的和谐统一，通过宽敞、舒展的露台和盘旋式缓坡屋顶，搭配美国中西部苍茫大气的自然景观，同时以开放式的室内空间布局满足人性化的功能需求，在美国现代建筑史上留下了不可磨灭的印记。而工匠风格的缔造者格林兄弟（Charles Sumner Greene，1868—1957；Henry Mather Greene，1870—1954）同样成就非凡，他们以传统精致的手工艺传递出木、砖、石等自然材质的美妙质感，那些精雕细刻的橡木、柚木和桃木被天衣无缝地嵌入建筑的各个角落，尤以花园和消闲的凉廊为最，完美地展现出设计的精髓，使建筑本身成为不可复制的工艺品。此后，衍生而出的还有L形的平面布局，低坡度屋顶；大型的后花园牧场风格和分层风格，平坡屋顶且立面简单光滑；柱梁外露的现代风格，屋顶分割成几个不同朝向的斜面；墙面以水平、垂直、对角的细长木条排列装饰的棚屋风格……多种现代建筑风格，均为沿用至今的基本民宅款式。

此外，西班牙风格也是美国极具特色的建筑风格之一，以多弧形的墙面、窗户和装饰线条，连续立柱支撑的长廊，以可爱温馨的红色瓷瓦屋顶、小巧玲珑的庭院为主要特色，与加利福利亚南部宜人的热带海滨风光相映生辉，别具一番意趣。

右页／左上 小巧别致的都铎风格民居，外墙修饰却别具匠心，展示出奇妙的拼贴效果。右上 密密的爬山虎弥补了建筑物漫长的营造期带来的风格冲突，绿叶摇曳间都是快乐的成长记忆。左下 阳光下华美白柱将门廊高高挑起，田园中的豪宅是乔治风格的最佳体现。右下 朴素的红砖房子，是新移民飘扬过海的梦想，打造出内敛沉稳的新英格兰风格。

左页、本页／门窗设计一直是美国民居的装饰重点，木质栅格，砖砌的拱形楣带，斑驳的色彩搭配丰富的绿化点缀，淳朴古老的乡村风味便扑面而来。

本页／左上 朴素的民居，室内以木质隔板划分功能空间。左下 精工细作的餐桌椅展示出 19 世纪工匠们非凡的手艺，玲珑的线条与房间华丽的色彩风格非常吻合。右下 清爽简单的小餐厅，只有古旧的壁炉和墙上的肖像画能让人联想起这房子悠久的过往。右页／门窗成为装饰的重点，鲜明的色彩和传统的弧形搭配总是能生出千变万化的效果。

左页／舒适精美的私人图书室，是美国南部豪宅的标准配置，按照主人喜好摆设的既有维多利亚书桌，也有造型奇趣的靠椅，非常适合男士们点着雪茄，高谈阔论指点天下。本页／上 华丽的大起居室，家具风格多样却丝毫不见杂乱，统一在艳丽的墙幔和繁花图案地毯的色调下。右下 木质隔断能在室内兼具空间分隔和装饰的双重功能，细致的手工更让人产生温馨的触感。

本页／上　典型的西部农舍，原木的板壁和毫无修饰的家具，淳朴的格子花布带来牛仔粗犷的温柔。左下　布艺沙发，碎花的墙纸，还有织物装饰画，主人一定是个布艺爱好者，居室也极具温馨感。右页／左上　隆重的雕花木架大床，沿袭了贵族的品位，精致的窗幔是同样低调的奢华。右上　楼梯的角度略显陡峭，为房间增添了现代感，但优美的画框，古典的镜台依然流露出世家的风度。左下　虽然空间不大，但舒适的沙发和壁炉让居家的气氛越发浓郁，炉边细语正是一天中最温暖的时刻。右下　宽大的图书室集合了所有学人的梦想，独具巧思的木质内门框成为一道风景。

左页／上 爱好狩猎的主人精心布置这个展示骄傲的空间，粗犷和优雅得到奇异的链接。下 明亮的奶油色正合适用来铺衬油画的质感，随意悬挂的画作让居室极具艺术情调。本页／人物画是美国人喜爱的装饰品，无论是艺术品位还是家族历史，在他们华美的起居室里都可以一一领略。

本页／左上 围绕在壁炉前的沙发，是孩子们听故事的天堂，四壁的图书，为他们未来的道路昭示了方向。左下 祖父的小书房，简单的陈设却有最多的回忆。右下 古典风格的床幔和简洁的居室搭配出和谐的美丽。 右页／繁琐细致的墙面及壁炉饰边，是后期移民喜爱的维多利亚风格。

左页／上 明亮的大厅中优雅的弧形楼梯盘旋而上，是乔治风格的典型符号。下 彩纹地毯搭配纯白色的床饰，可能主人对阿拉伯风格情有独钟吧。本页／左上 田园大宅里，总是有着盘旋往复的楼梯和长廊，是属于开拓时代的奢华。右上 统一图案的床饰和窗幔，一定是某个庄园千金的梦幻闺房。右下 出挑的蓝色让整个空间有了不容忽视的存在感，白色的壁炉、窗台调和了强烈色彩带来的视觉冲击力，而秀丽的古典木器家具又恰到好处地改善了略显前卫的居室风格。

# NEW ENGLAND新英格兰

简单坦白的美国人绝对以新英格兰为荣，为它的传统而自豪，为它的景色而倾倒。如果说中国的田园意境是"小桥流水人家"，那么美国版本的归隐理想，就应该是在新英格兰了：天高云淡的日子里，悠闲地坐在古木船改装的餐馆里大啖龙虾，面对大西洋临风把盏，晚间在红枫环绕的牧场里借住一宿，这样的享受，言语几乎无可传达！

新英格兰，也被称为"扬基之地"(Yankeeland)，指的是位于美国版图的东北角，包括缅因州、新罕布什尔州、佛蒙特州、马萨诸塞州、康涅狄格州和罗得岛六个州域在内的大片土地。其纬度大约在北纬43度左右，相当于中国的沈阳和长春之间的位置。它倚山伴海，气候湿润，风光旖旎，经济发达。从阿帕拉契亚山脉到东部沿海，其间点缀着波士顿、宾夕法尼亚、纽约等大名鼎鼎的都市。

新英格兰是短暂美国历史的起源之地，也是现代美国文明的发祥地。1620年的秋天，一艘名叫"五月花"号的木帆船载着一百零二个在欧洲已经走投无路的英国清教徒，在海上航行了两个多月后抵达了北美大陆。逃亡者在这里找到了天堂般的乐土：安静的港湾，鲜美的鱼虾；远处有山峦重叠，近处有土壤肥沃，仿佛上帝为他们安排好了的新生之地。感激涕零的人们怀着对未来的憧憬定居下来，并以故乡的名字为新的家园命名——新英格兰。

优美的自然地理风光则是新英格兰风格赖以存在的母体。在这片纵横2500英里的山林大地之间，有茂密的松树林，耸立海面的礁岩、绵延的细沙海岸、蔚为奇观的海礁喷洞，有丰富多姿的山色和雪景，精致的城镇，宁静的河流湖泊，还有帆樯林立的海湾及悠然意远的湖泊……所有的这一切，让朴素的红砖、残留着松脂芬芳的木窗、四四方方的房子、尖尖的坡顶都成为人们对居住形式再自然不过的选择，结构简单却意境深远，如同拂过枫林的清风，正是新英格兰精神的最佳诠释。

是的，新英格兰建筑最大的特点是四方结构、尖顶和木作。在格式上讲求朴素大方，功能实用，带有强烈的手工艺美感。这种特点的形成，主要是由于早期的移民需要在最短的时间内建造起能够满足基本生活需要的住宅，不能过于追求外观的精细和华丽，而新英格兰地区盛产木材，也使得木框架结构成为房屋建筑的主要形式。木材的大量使用还促使建筑装饰产生了新的手法：将木板劈开成为墙裙和嵌板，或使用木瓦来覆盖屋顶的斜坡等，由此形成一系列具有温暖舒适的自然色系、坚实而牢固的美式农舍风格：陡峭的尖顶，上面盖着白色檐板的名为科德角式；长度大于宽度，又有倾斜屋顶的称为牧场式平房；如果房子是方形的，则称为邦家陆平房；如果是两层的房子，就算是"殖民式"；房子并排而建，一边略高于另一边的是错层式（既有错层式科德角小屋，也有错层式牧场平房）。

除去上述美洲本土特征，新英格兰的建筑风格主要沿袭自大洋彼岸，最初带有都铎和伊丽莎白时期的特点，多数有带垂饰的悬垂部分和宽大的中央烟囱，窗户比较小，数量也少。后期，乔治风格传入美洲，并逐渐成为建筑风格的主流。乔治风格是由意大利文艺复兴风格传入英国后派生发展出来的，在英国殖民国家中整整流行了18世纪约一百年的时间，可以说是对美国最有影响的一种风格，也是美国建筑中历时最为悠久的。乔治风格具有严格的对称、均衡的比例以及古典的特征，匀称而庄严。它的外表装饰通常集中雕琢位居中央的入口，出于对称性和私密性的考虑，大厅居中的平面设计演变成拥有较大房间和设计更多特殊用途的房间，如餐厅和图书室。

在细节方面，新英格兰建筑中白色石膏的不断增多带来了更多雕塑般的内部装饰，以及精致的预制飞檐和屋顶的花边雕饰。在前门两侧，人们通常会各悬一只灯笼，造型类似黄铜或黑铁皮做的老式车灯，高高的白色门柱上则另有一盏灯来照亮门前的小径。屋顶上安装着可拆除的圆形风向标，并在前门上雕刻黑色镀金雄鹰，暗示主人为之骄傲的"早期美洲住民"身份。

回到城市的整体印象，新英格兰的规划大多以公共绿地为中心，这也是典型的英式布局风格。绿地平面呈矩形，用于豢养牲畜和作阅兵场，公共建筑如教堂、会堂沿着这些开敞空间的四周而建，所有店铺的门脸都沿用殖民时代的砖石式样，质朴宁静，历史的遗迹不时点缀着翠绿的美景，风景如画的河流从市中心蜿蜒而过，注入海湾……处处显示出新英格兰崇尚精神、务实而不露富的传统审美倾向。

右页／庄重质朴的民宅，显示了新英格兰人内敛、务实的审美取向。四方的结构、人字型的尖顶和精致的木工是新英格兰建筑的常见风格。

左页／纯白的外观和尖尖的钟楼正是新英格兰教堂的典型样式。本页／左上 舒适的起居室，随意搭配的沙发和高背椅感觉格外温馨。右上 铸铁的风灯是新英格兰人钟情的装饰元素。右下 简单的胡桃木家具让朴素扑面而来，墙上的画像更增加了房间的历史感。

本页／上 孤零零的椅子和砖砌壁炉俨然是当年清教徒的精神风格。左下 陈设简单的小卧室，地上有些年纪的织毯记录着这个家庭的幸福岁月。右页／左上 阁楼被安排为孩子们的卧室，宁静中带着些童话的趣味。右上 整齐排列的调料瓶显示出主人的生活态度，百叶窗中透出的阳光又为厨房增添了不少新鲜气息。左下 家庭工具房，乡村生活所需要的一切这里都可以一一找到。右下 略显粗糙的砖砌壁炉带有几分早期移民的气质，旁边的摇椅是炉边闲话的最好伴侣。

Bone Suckin' Sauce

# WESTEN DESERT西部沙漠

荒山、茫野、乱石纵横，铅灰色中透着赭红，那些耐得奇旱酷热的植物顽强地伸展出点点绿色，高速路上是偶尔呼啸而过的汽车，远处却可见骑着青色烈马的壮汉，身着牛仔装，头顶卷边毡帽，右手一杆猎枪，向着山边的落日两腿一夹疾驰而去……这就是美国的西部沙漠。

威斯康星、明尼苏达、衣阿华、内布拉斯加、科罗拉多、犹他、亚利桑那，这些名字仿佛是一个个传奇。从落基山到洛杉矶，广袤的中西部在人们眼前展示出各式各样令人惊叹的景致：连绵的落基山脉，大片直上直下的红色大全景山崖，林立着石钟乳的布赖斯峡谷，当然还有气势恢弘的科罗拉多大峡谷……一直以来，西部便是壮丽的自然风光、原始野性的力量、传奇的侠客和浪漫爱情的集合体，带给全世界人们无尽的遐想与憧憬。虽然经过一个多世纪的移民经营，旧金山、洛杉矶、西雅图乃至拉斯维加斯等先后崛起，成为与东部同样繁荣时尚的区域，但西部仍然是西部，那已经深入骨髓和血液的淳朴与狂放是无须也不会被改变的。上天赋予的美丽景色和崇尚自然的人生哲学相结合，让这个多变而严酷的自然环境中的家居生活，习惯于从粗犷中展现精细，在野性中彰显艺术，呈现出一种兼顾实用和审美的独特趣味——沙漠风格。

从古老传统的土石结构建筑，到时尚现代的露天浴室和游泳池，沙漠风格早已超出了传统的西部生活形态，把托斯卡纳乡村风格、西班牙殖民风格和现代简约风格，用一种极具创造性的设计思想加以串联，加入了特别的喷泉和游泳池等水景设计和绿色植物，创造出沙漠绿洲般的终极乐土。

与环境协调是沙漠风格的主要特点。为了不破坏充满神秘之美的沙漠景观，房屋的设计必须能够与环境融为一体。无论是从形式上还是材料上都如此。因此，可就地取用的材料成为主流，例如土夯、砖坯、石头等。从美学意义上来说，这些材料和景观最为搭配，而从功能角度上来说，它们良好的物理性能令房屋冬暖夏凉，安全坚固，于节能和环保两方面都是上上之选。

沙漠风格的房屋在空间布局上同样体现出与环境的亲和性：融合而非改变或者支配。许多沙漠风格的屋子都利用院落、露天浴室、露台等功能区域来展现室外生活，沙漠风格因此也就带有了一种特别的流动性和开放性：窗门的布局独具匠心，非常重视院落设计，刻意模糊室内外的区域分界。为了将室外空间和居住区域连通起来，沙漠风格常常使用玻璃墙来营造通透感，用推拉门和从屋里一直延伸到院子里的地板将室内外自然地连成一体，或在壁炉旁留下大片的半开放空间，窗子上也不使用任何帘幔装饰，力求充分展现自然界的山野空旷之美。漫天的星光，沙漠独有的孤独和开阔感于是成为家居生活的一部分。

水景设计是沙漠风格的重要特征。作为在沙漠里最珍贵的自然资源，水在沙漠风格的设计中是被绝对突出的。许多沙漠风格的房子都设计了喷泉和水池景观。清冽的水声会让整个房子仿佛置身于沙漠绿洲之中，安宁犹如天堂。水景设计包括资源的保护和再生利用——节水型的卫浴设备，以及干燥环境下的花园灌溉和蒸发率等；小溪、瀑布、喷泉则是通过循环泵系统得以实现的。功能性和审美性在水景设计中达到了完美的统一。

拱顶、拱门和壁龛是沙漠风格最常见的室内格局，渊源来自古老的西班牙装饰风格。高高的拱形天花板上布满了华丽繁复的木质雕刻和绘画图案，从整齐排列的立柱和枕梁间望过去，显得非常美丽，搭配各种手工雕刻作品和乡村风味的家具，很是协调。

在沙漠风格中，色彩的运用也非常有特色，人们通常会做很大胆的搭配组合，使用范围也很大，从地板、墙壁到天花板，有无限的装饰可能。色彩的使用通常有两个方向：相近或对比。温暖的淡黄色、麂皮色、鹿皮色、棕黄色、陶土色、砖红色、茄子色、橘色、柔和的奶油色都是大自然的相近色；熟褐色和红色，不同调子的橘色和温和的绿色能带来一种温暖休闲的感觉，是最新潮的西南部沙漠色彩；经过漂白上蜡处理的橡木、杨木和松木给人清爽洁净的视觉感，可以营造出平静安逸的生活氛围；而浓丽丰富的对比调子，会让屋子变得华丽而古典。

沙漠风格的家具和装饰品主要有木质和铸铁两大类。安静明亮的中性色木质家具款式简单、优雅，就像沙漠本身，有种单纯的美丽。而装饰细节却十分繁复，衣橱、箱子、立柜、抽屉家具上常有美丽的纹样和雕刻图案。铸铁的运用同样广泛，灯具和各种台架上都可以见到，它们还常常被用来装饰门窗。此外，各种器皿、古董木碗，都是沙漠风格的惯用装饰：一个大罐子可以被用做客人房里的水槽，古董木碗可以用来摆放毛巾和肥皂，也别有趣味，放在桌上的瓶瓶罐罐更是绝佳的餐桌装饰品。

右页／荒山、茫野，乱石纵横，铅灰色中透着赭红，那些耐得奇旱酷热的植物顽强地伸展出点点绿色，大片直上直下的红色大全景山崖，林立着石钟乳的布赖斯峡谷，这就是美国西部沙漠的真实写照。

左页／左上 屋里的立柱和壁炉都采用不加修饰的碎石堆砌而成，自然随意中带着几分奇妙的韵律。右上 墙边的大石头强调了沙漠风格模糊室内外界限的装饰特色，美丽的羽毛和抽象的现代派绘画又为房子带来了含蓄的时尚味道。左下 粗大的石块垒成壁炉，墙壁却是悦目的雪白，天花板纯以木条拼合而成，更为整个房间增添了令人安心的气氛。右下 质朴的木质装修在色彩上稍显沉闷，用通透的玻璃罐子插上一两支翠绿的观赏竹，整个房间立刻生机勃勃起来。本页／左上 自然采光的天窗是这间厨房的点睛之笔，明亮的料理台面和深色的木质地板相互映衬，予人温暖舒适的感觉。右上 玄关的过厅地面由不规则的大石块铺设而成，墙上的粗木条案陈列着主人四处搜罗回来的宝贝，从现代风格的雕塑到传统的手绘陶瓶不一而足，青翠的蕨类植物和印地安人的羽毛头饰点出沙漠风格的特质。右下 充满男性气质的卧室，家具都以未加漆饰的原木制成，碎木条相拼的装饰墙和床头的木箱遥相呼应，带出粗犷的原野气息。

本页／左上 爱好收藏的主人让这个客厅变成了展示场，雅致的古董沙发是最适合沙漠风格的大地色系。左下 巧妙地借助枯树枝自然形态做成的椅子，座垫和靠背也是手工编制，其独具苍凉质感的色彩与墙上的画作非常相称。右下 木头和石材强烈的色彩对比充满了趣味。右页／左上 温柔舒适的寝具和生硬冷淡的房间产生强烈的对比效果，休息的感觉一定很好。右上 极简主义的厨房，裸露的墙面和水泥地板同清爽简洁的不锈钢橱柜出乎意料地相称。左下、右下 沉稳的、用柳木条做成的水槽柜，搭配极富质感的铜水槽和龙头，没什么比这种组合更能体现沙漠风格的特色了。

# URUGUAY乌拉圭

英国作家威廉·亨利·哈德森用〝紫色的国土〞描绘他记忆中的乌拉圭，念念不忘东岸牧场上连绵摇曳的野花，以及马鞭草花在阳光照射下泛出的淡紫色美丽光芒。乌拉圭正如它的名字那样，是一片飞鸟出没的乐土，十分的天然野趣正是这个南美国家迷人风光的写照。

乌拉圭位于南美洲东南部，在乌拉圭河与拉普拉塔河的东岸，北邻巴西，西界阿根廷，东南濒大西洋。乌拉圭素有“南美瑞士”的美誉，而又因为盛产名贵的紫晶石，它也被称为“钻石之国”。

追溯历史，乌拉圭最早的居民是一万多年前的印地安人。以狩猎、捕鱼、采集为生的土著人在漫长的岁月里日出而作、日落而息，直到16世纪西班牙探险家横渡大西洋来到拉普拉塔河口，宣布这块土地为西班牙国王所有，才打破了昔日的宁静。紧随着西班牙人脚步的还有葡萄牙人，但是他们的征服并不像在其他地方那样轻易。勇敢好战的印地安查鲁亚人给予入侵者迎头痛击，以至在最初的一百多年里西班牙人始终无法建立起成规模的殖民地。17—18世纪，葡萄牙和西班牙在战争与合约之间的反复争夺也推迟了欧洲人对乌拉圭殖民的步伐。18世纪中期沿海地区才出现了几处移民定居的城镇，蒙得维的亚和科洛尼亚是其中最著名的两个，到19世纪初年，从河口到内陆共有十三个定居点陆续建立。但随之而起的，就是波澜壮阔的民族独立战争。1825年乌拉圭摆脱殖民统治，宣告独立建国。

看乌拉圭的建筑，首选当然是“南美洲最美丽的城市”蒙得维的亚。蒙得维的亚的名字来自一个普通的葡萄牙水手。传说1519年，当麦哲伦带领船队驶进拉普拉塔河，一个在桅杆上瞭望的水手突然看到一片陆地，于是大喊：我看到一座山（葡萄牙语发音是“蒙得维的亚”），蒙得维的亚之名从此闻名于世。当年偶然被发现的这个海拔50米高的小山名叫塞罗山。今日塞罗山因其上建于18世纪初的一座要塞而成为乌拉圭历史的见证。现在的蒙得维的亚因为普拉多公园里的八百多种玫瑰而被人们誉为“玫瑰之城”。城市分为旧城和新城两部分，旧城保留了西班牙殖民时代典型的建筑风格：街道布局工整狭窄，沿米格莱特河蜿蜒而上，岸边精致玲珑的西班牙风格别墅星罗棋布，古朴典雅的伊比利亚式建筑和宁静的气氛，是这座旧城最突出的特色。市中心宪法广场18世纪末建造的天主教堂则是南美洲著名的教堂之一。新城遍布广场和街心花园，笔直的“7月18日大道”因纪念宪法日而得名，从起点独立广场到终点立宪塔大约5、6公里长的路段上处处绿树成荫，鲜花环绕，政府大厦、维多利亚大旅馆和索利斯大剧院均是新古典主义的代表作品，匀称挺拔的柱式、轻盈端庄的布局，处处显露出这个城市与欧洲的血脉联系。

距离蒙得维的亚120公里的埃斯特角（Punta del Este），意为“东部之端”，是拉普拉塔河汇入大西洋的地方。这个18世纪的小渔村，如今已经成为南美最负盛名的海滨度假地，同时也是重要的国际会议中心。这里树木四季常青，林间温泉密布，沙滩细白，小巧的地中海风格的度假别墅、教堂、博物馆点缀其间，是标准的法国南部海滨小城风光。在海边的鲸鱼角，有一处特殊的建筑——人民之家，大片的白色房屋造型各异，依山傍海连绵而起，仿佛深海动物的形态，其中陈列着乌拉圭著名的美术作品。游人至此常常不知不觉就驻足流连，乐而忘返了。

萨拉门托则是乌拉圭另一种风情的展现。这座始建于1680年的小城是当年西班牙和葡萄牙两个殖民强国拉锯征战史的忠实记录者，代表两个国家不同风格的建筑构成了城市奇妙的天际线。18世纪上半叶葡萄牙总督安东尼诺·德·瓦斯康塞洛斯（Antonino de Vasconcelos）的宫殿旧址是萨拉门托最可宝贵的文化遗产，而整个城市所采取的独特的犬牙交错的街道布局，也和常规的棋盘式布局大不相同。市长广场上的公共花园、厚石墙的古老宅邸、凹凸不平的卵石窄街绵延出一派田园风光，令人在远隔数百年岁月的今天，仍旧啧啧称赏不已。

纵观乌拉圭的建筑风格，尤其以殖民时代为重要，西班牙的影响最为强烈，随处可见水景庭院、错落的层次设计、浅色石材、陶瓦、铁艺栏杆、手工造型等标志性建筑装饰符号。最早的典型建筑出现于18世纪中期，是西班牙建筑中的摩尔人风格。在19世纪，乌拉圭建造了一系列重要的教堂、旅馆等公共设施。独立之后，西班牙人的影响为法国风格和意大利风格所取代，19世纪后期的建筑风格则显示出新艺术运动鲜明的影响。规模宏大的国会大厦是乌拉圭最大的建筑物，共分四层，高达40米，占地8000平方米，外墙上有大量精心制作的浮雕，内部则以多彩的天然大理石镶嵌，并有众多描绘历史故事的壁画。造型庄严宏伟，线条简洁流畅，是新古典主义的典范之作。2006年在科洛尼亚落成的航海主题小教堂，白色的沙石与暗色的河水形成鲜明的对比，反射在教堂上，形成一种光影效果。教堂内部用两座折叠的墙体包围，屋顶如船体外壳一样的抛物面，使这座孤立的雕塑般的教堂表现出村落传统的闲适风格，正是20世纪以来乌拉圭最具代表性的表现主义风格的完美展现。

右页／上 现代简约风格的海岸度假屋，纯白的墙体与青翠的棕榈相映生辉。下 抽象的几何造型与沙滩、蓝天、碧海构成一幅奇妙的画卷，令人一见忘忧。

MEXICO STYLE
LONDON STYLE
CHINA STYLE
HULA
NEW YORK STYLE
TASCHEN

左页、本页／令人称奇的梁柱完全以不规则的碎石堆叠而起，带来独特的粗犷美感。

本页／典型的乌拉圭风格客厅，原木，白色和美丽的手工织毯是不变的装饰元素。右页／弧形的结构线条是摩尔风格的特征，窗框的造景将室外、庭院的景色引入室内，营造出舒适通透的居住空间。

左页／左上 完全对称的布局，让会客空间有种端庄的气质，而艳丽的织毯又带来温暖的家庭气息。右上 素净的沐浴空间里，搭配上一条趣致的地毯，气氛就完全不同了。左下 悠闲的贵妃椅，是听海的好选择。右下 精心排布的绳索变成别致的遮阳棚，阳光稀稀疏疏地洒下来，心情也雀跃起来了。本页／右上 墙壁的原木镶板，茶几上的兽皮装饰带来含而不露的狩猎风格。下 原木镜框、原木餐桌椅和原木茶几有序地呼应着。

本页／左上 抢眼的靛蓝色，让空间成为一幅印象派油画。右上 木制的窗栅略觉厚重，细致的纯白寝具恰到好处地中和了这种感觉，明媚的绯色玫瑰装饰让卧室充满甜美的女性气息。左下 高挑的斜屋顶让空间非常通气，藤编的家具正是殖民地风格。右页／鲜明的粉红和湛蓝色，让沐浴空间有了生动的表情。华丽大胆的用色，让单调简单的空间变得分外迷人。

左页／左上　亲切随意的厨房，仿佛随时可以飘出烤肉的香气。右上　露台上的吊椅有种活泼的气质。左下　洗手间粗犷的装饰和优雅细致的金属龙头形成奇特的对比效果。右下　陶土的罐子显然出于手工。本页／左上　整面墙的落地大窗将庭院与私人起居空间连为一体，阳光和绿意让身心完全放松下来。右上　同中有异的灯饰设计，让略显呆板的空间灵动起来。右下　半开放式的家庭厨房，在这里吃一顿早餐是慢慢的幸福时光。

本页／上 令人眩目的纯白将整个客厅演绎得无限温馨。左下 别出心裁的鱼骨装饰，是航海情结的小小注解。右页／左上 手工精致的皮质圈手沙发，光泽柔和的银质茶具，这样在壁炉前喝茶读书是再惬意不过的了。右上 粗犷的木门和方桌在白色主调的室内成为相互呼应装饰的重点。左下 线条纤细轻盈的灯具成为室内的点睛之笔。右下 造型简单的沙发，依靠色彩绚丽的装饰毯装点个性，正是西班牙风格的浪漫热烈。

左页／白色是典型的西班牙色彩，银器、瓷器、玻璃和柔软的织物组合成富于变化的节奏。本页／左上 极简朴实的卫浴空间。右上 顺次升高的阶梯为玄关留下富于韵律感的线条。右下 立柱上的灯饰朴素优美。

# UZBEKISTAN乌兹别克斯坦

虽然阿拉伯人的统治在乌兹别克斯坦并不太长，但伊斯兰文化却在这个地区得到了意想不到的广泛传播，成为乌兹别克斯坦风格最主要的组成部分，而早期亚历山大大帝留下的希腊式匀称朴素的街道、广场，近代俄罗斯特色的廊柱穹顶，又为乌兹别克斯坦风格带来独树一帜的补充，东西方的风格和技巧在这里达到完美的融合。

乌兹别克斯坦中的“乌兹别克”一词在其母语中有“自己统治自己”的涵义。它位于中亚的中部，北部和西北部与哈萨克斯坦接壤，西南部与土库曼斯坦相邻，南边紧靠阿富汗，东部则与吉尔吉斯斯坦和塔吉克斯坦相连。乌兹别克斯坦地处内陆，地势东高西低。东部地区高大山脉出自中国的天山山系，长年积雪冰川覆盖，每到夏天，就会有新融的雪水淙淙而下，冲刷出乌兹别克斯坦最为开阔富庶的河谷农耕区。中部地区大部分是荒芜的克孜勒库姆沙漠，有青葱的带状绿洲围绕周边，是放牧牛羊的好地方。西部则是濒临咸海的低地。乌兹别克斯坦境内河流丰沛，包括阿姆河、锡尔河、泽尔尚夫河在内的六百多条河流组成中亚地区最密集的水网，并在各处形成大大小小适宜人类居住的三角洲，孕育出古老昌盛的文明。

乌兹别克斯坦的历史堪称纷繁复杂。大约公元前70万年左右，旧石器时代的居民已经在东部的费尔干纳谷地和中部的撒马尔罕地区繁衍生息，他们以狩猎捕鱼为生，择水而居，用黏土盖房，渐渐开始固定的农耕和养畜，原始宗教和艺术也随之兴起。得益于历任统治者对丝路贸易不约而同的重视，商业发展一直兴盛稳定，棉花、果树和葡萄等经济作物被广泛种植，黄金、白银和宝石的开采加工也非常普遍，带动了手工业的发展，波斯文化、希腊文化、中国文化和印度文化东西碰撞、水乳交融。

虽然阿拉伯人的统治在乌兹别克斯坦并不太长，但伊斯兰文化却在这个地区得到了意想不到的广泛传播。自萨曼王朝以下，历任统治者和居民都虔诚信奉伊斯兰教，最直接的反映就是在城市的规划和建筑上留下了深刻的烙印，成为乌兹别克斯坦风格最主要的组成部分。而早期亚历山大大帝留下的希腊式匀称朴素的街道、广场，近代俄罗斯特色的廊柱穹顶，又为乌兹别克斯坦风格带来独树一帜的补充，东西方的风格和技巧在这里达到完美的融合，其中尤以布哈拉、撒马尔罕、塔什干、铁尔梅兹等城市为最，大量富于阿拉伯元素的宫殿、清真寺、宗教学校、陵墓、商栈和集市，或庄严肃穆或靡丽华美，令人见之心折。

首都塔什干，公元前2世纪建城，有文献可稽的历史超过一千五百年，是中亚第一大城市。塔什干在乌兹别克语中是“石头城”的意思，因其地处冲积河谷，盛产巨大的鹅卵石而得名。城中街道宽阔，绿荫遍地，砖坯砌成的平顶民房和带棚盖的集市让旧城仿佛永久停驻在中世纪，其具有六百多年历史的巴拉克汗经学院是阿拉伯风格建筑的典范之作。古城撒马尔罕就是一座露天建筑博物馆，11世纪修建的街道从市中心向旧城的六座城门辐射而出，列吉斯坦广场上按东、西、北顺序依次伫立着三座建于15—17世纪的清真经学院：兀鲁伯、季里雅－卡利和希尔－多尔，高大雄伟气势恢宏，以各色彩陶装饰的正门和金碧辉煌的彩色穹顶闻名。帖木儿帝国时代的古尔－艾米尔陵墓有着球锥形的巨大圆顶，外表壮观，极具东方建筑特色，而色彩艳丽的陶瓷贴面则是撒马尔罕的特产，以黑色、红色、乳白色为底，绘以绿色、黄色、粉红及棕色的花纹，并有黑色的古阿拉伯文为装饰，构成最具辨识度的乌兹别克风格元素。建于前1世纪的布哈拉城从萨曼王朝起就是重要的文化和艺术中心，尤其是经学研究的中心。各个王朝留下的经学院和伊斯兰高等学府成为城市中最突出的风景线。而伊斯马益－萨曼尼陵墓更是伊斯兰文化的集大成者，它拥有简单大方的立方体廓型，覆以大圆拱顶，四角则装饰球状的小圆顶，变化丰富。整个建筑以砖石砌成，墙面镶嵌精致生动的花、草、鱼、虫和历史故事图案，被形象地誉为“东方珍珠”。

右页／左上 布哈拉的卡利夫－尼亚兹库尔（Calife–Niazkul）经学院入口处，建于19世纪。右上 撒马尔罕的比比·汉纳姆（Bibi Khanum）清真寺，始建于1398年，图示为其两个圆顶之一。左下 古尔·艾米尔（Gur–i Amir）陵墓，位于撒马尔罕市区内，始建于1403年，最初作为战死于土耳其的帖木儿之孙穆罕默德苏丹之墓，后成为帖木儿家族墓。右下 布哈拉历史中心（Historic Centre of Bukhara）。布哈拉城位于泽拉夫尚河的低洼灌溉河谷地区，面临沙赫库德运河，坐落在一块绿洲上，丝绸之路途经此处。

本页／左上 伊斯法罕建于1453年的达布・伊玛姆（Darb–i Imam），其巨大的圆顶是当时典型的建筑形态，鲜艳的彩陶贴面经久不变。右上 撒马尔罕古尔・艾米尔陵墓里帖木儿墓室前的宣礼塔细部，建于1398—1404年。左下 希瓦的凯塔－米那儿（Kaita–Minar）宣礼塔。依希瓦历史家穆因(Muin)的记载，这座宣礼塔是希瓦汗国的穆罕默德・阿明可汗于1852年下令建造的，他打算将这个塔建成当时全穆斯林世界最高大的一座。可惜他于1855年便先行谢世，兴建此塔的工程也随之作罢，因此我们目前所见的这座塔其实是个未完成作品。右页／左上 沙赫静达(Shah–i Zinda)陵墓内的装饰细部。右上 帖木儿的继任者在今阿富汗西部赫拉特建造的星期五清真寺，也是帖木儿风格。左下 帖木儿时期建筑上的代表性装饰，用瓷砖和马赛克拼出花卉图案。右下 沙赫静达陵墓内艾米尔扎德（Zadeh）墓室的装饰细部，建于1386年。

左页／左上 布哈拉的考尔·巴克尔（Chor Bakr）公墓内建筑窗户的细部装饰，用彩色砖拼出六角形图案。右上 布哈拉的纳迪尔·第万·贝希（Nadir Divan Beghi）经学院入口处马赛克镶拼的波斯神鸟凤凰复活图，建于1622年。下 布哈拉的米里·阿拉伯（Miri Arab）经学院穹顶的细部装饰。本页／右上 撒马尔罕沙赫静达陵墓中库特鲁克·阿格哈（Kutluk Agha）墓室的穹顶装饰。帖木儿大帝的妻子图玛·阿卡据信也埋于此。左下 兀鲁伯神学院进门处上方的星形装饰图案。右下 撒马尔罕古尔·艾米尔陵墓里帖木儿墓室的装饰细部。

本页／左上 沙赫静达陵墓内乌斯塔德·阿拉姆·那萨费（Ustad Alim Nasafi）墓室的装饰细部，建于1385年。左下、右下 布哈拉的阿卜杜拉·汗（Abdullah Khan）经学院内部装饰。这种设计带有一定的哥特风格的影响。右页／左上 典型的阿拉伯式天花装饰，丰富而繁琐的纹饰。右上 门套和门的设计既有地域感又富有创意。左下 一块门帘，使空间多了几分温馨。右下 精致细腻的几何雕花家具，充分表现出当地贵族的生活方式。

左页／左上 传统的家具，现代的搭配，地域特色浓郁至极。右上 室内复杂的雕刻装饰，色彩透露出沧桑的历史感。左下 装饰的重点在于墙面，独特的门窗结构被用作了纯粹的装饰。右下 会客区的背景墙和家具，混合了当地的和阿拉伯的两种风格。本页／左上、右上 粗糙的土墙，低调沉稳的色彩配置，充分表现出历史的厚重感。右下 这间客厅充满中亚风情，尤其吊灯的风格装饰更富有民族和宗教特色。

# VIETNAM 越南

中国风格的影响较多集中在越南的古典建筑中，而法国风格给越南也带来了更多具有对比性和冲击力的美丽，西方古典建筑风格和热带风情的结合有种出乎意料的和谐感，东西方强势的文明和越南本土的原住民文明在不同时期里相互融合，共同创造出了独特的越南风格。

从地图上看，越南就像一个妩媚丰润的S形，盘桓在中南半岛的东部，东西最短距离只有50公里，而南北最长距离则达1000多公里。东临北部湾和南海，南濒暹罗湾，有着漫长曲折的海岸线。北部与中国的广西、云南两省接壤，西边紧靠老挝和柬埔寨。

从考古的角度来看，红河三角洲地区的人类遗迹可以追溯到旧石器时代，根据有文字可考的历史，在自秦汉以来的千年中，越南一直归于中国版图，直到公元968年，越南首次立国，成为独立国家，但仍为中国属国，越南之名也是明朝嘉靖皇帝所定。1858年中法战争后，越南成为法国殖民地，第二次世界大战中，日本取代法国对越南进行统治，其后这片苦难深重的土地又先后陷入越法战争、越美战争等多年战乱，直到1976年才终于恢复和平状态。

越南的文化脉络较之颠簸的历史倒是清晰得多。从先秦时代开始，汉学和儒家思想便逐步地浸透了越南人的生活，在风俗民情、政治制度、文学艺术、建筑装饰等各个方面都产生了广泛而深远的影响。而19世纪后统治了越南的法国人也留下他们鲜明的文化烙印。东西方强势的文明和越南本土的原住民文明在不同时期里相互融合，共同创造出了独特的越南风格。

中国风格的影响较多集中在越南的古典建筑中，最具典型意义的，是中部的名城顺化和会安。作为越南著名的古都，顺化曾先后成为旧阮、西阮和新阮的都城。历代皇帝穷一国之力打造出的“皇城”，面对香江，背靠御屏山，其规模建制完全是中国故宫的翻版复刻之作。目前仍然留存的午门、和平门、显仁门、彰德门四个城门，清晰地显示出庄重堂皇中轴线对称式布局，而在飞檐翘角的细节装饰方面，则呈现出明确的越南民居样式，只是更加复杂和华丽。会安是越南华侨的聚居地，保存着大量轻灵睿智的中式民居：小巧的闽粤庭院，讲求自然的名士风格，方寸之间步移景换，充满儒家的审美趣味，搭配城中的青石路，玲珑石桥，城外秀丽的山水，俨然一座时光之外的中国城，成为越南最具历史感的名胜之地。

法国风格给越南带来了更多具有对比性和冲击力的美丽，西方古典建筑风格和热带风情的结合有种出乎意料的和谐感。被法国人长期当作印度支那首府的西贡，是人们口中“东方的巴黎”，市中心的风景一如香榭丽舍大道：一条条大路以红教堂为中心向四方辐射开去，道路两侧绿树成荫，碧草如织，高低错落的欧洲古典风格公共建筑掩映其间，咖啡馆和小酒吧星罗棋布，意态撩人。西贡最著名的地标红教堂始建于1877年，完全由法国马赛进口的红砖建成，历时一百三十余年却毫不褪色。高达40米的两座钟楼直插云端，是巴黎圣母院的设计，在阳光下仿佛永不熄灭的火焰。外部门廊等部位布满精美雕饰，内部四周均为小祈祷室，每间的神龛、雕塑及装饰各不相同，线条简洁却结构繁复，令人叹为观止。此外，中央邮局华丽的古典拱形穹顶，市政厅遍布廊柱、门框和屋檐的生动活泼的细部人物雕塑和马赛克外立面，还有独立雍容庄重的对称式庭院设计和富丽圆润的巴洛克装饰，一起伫立在湄公河的出海口边，记录着曾经的征服，含蓄而骄傲。

河内则是另一个建筑的奇迹。法国风格的影响更多地体现在建筑的结构和范式上。越南传统建筑的规模、材料和结构都发生了彻底的改变，后来被西方称为印度支那风格的现代越南建筑装饰风格得以确立，法国建筑师赫布拉（Ernest Hébrard，1875—1933）对此居功甚伟。赫布拉的视角远远高于一般意义上的建筑设计师，他对于人文、气候和建筑之美的综合把控能力将河内打造成了一个兼具古今中西的魅力都市。赫布拉在对称的平面上大量使用斗檐、椽子和檩子，鱼鳞式的堆叠屋顶、飞檐和圆窗作为装饰细节，又以盖瓦、走廊、廊檐、厚墙、檐子和对流孔等功能性结构让房屋富于舒适性，冬暖夏凉，自然通风，防雨防晒。宽阔的林荫道和广场将建筑物连接起来，与河流、湖泊、草地相映生辉。赫布拉让河内的建筑与当地气候、生活条件紧密相关，功能、美观和文化传承得到完美的融合，成就了一种独特的美学风格。

此外，港口城市岘港在阳光下如海鸥飞翔的纯白建筑，度假圣地芽庄掩映在椰林树影间，一栋栋开满鲜花的浅粉色小楼也都是越南风格中非常吸引人的元素。不得不提的还有最为原汁原味的高脚屋：以茅草、竹子、木材等自然材质搭建而成，屋脚悬空架构轻盈，通风散热，下层可圈养牲畜，也可防止动物爬虫侵扰，极具越南地域特色。

右页 / 左上 顺化皇城月亮门，在古代是帝王专用的城门，中央的门楼上是明黄的琉璃瓦，还有五只凤凰的装饰，国王在庆典的时候会出现在那里。右上 25米的三层门楼，是顺化最为高大的建筑物，始建于1821年，门前还装饰着同时代铸就的华美的青铜祭器。左下 西贡市政厅，建于1901年，是保存最完好的法国殖民时期建筑，因为与巴黎市政厅的极度相似而闻名。右下 明名陵是一座风光优美的陵墓，被花园、池塘、湖水所环绕，应该是出自占卜师或风水师的建议。

DAI DAO TAM KY PHO DO

1986

左页／左上 西宁高台庙的外观，以巨眼为核心，布满了各种图腾符号，这个越南的原始宗教最早出现在1917年，融合道教、佛教、基督教、儒教及传统民间信仰为教义。右上 荷花池上玲珑的木桥通向茅草顶的传统船屋，是迷人的越南风情。左下、右下 渔村的房子总是会造在挑高的木梁上，以避免潮汐的入侵。本页／当地人们喜欢用传统的蓝色装饰自己的居所。

左页／左上、右上 半露天的餐厅和起居室，地上瓷砖的花纹是古老的法国设计，传统的茅屋样式建筑则是典型的越南本土风格。左下 幽雅的露天中庭，是主人休闲时下棋的好去处。右下 花园中的浴室，带有某种日式的风格，充分展示出主人对于越南当地材料和手工的热爱。本页／左上 越南风格的草屋别墅，是一种在海洋和热带丛林风格中间游荡的独特品位，可以在花园中享受清茶和微风，并且眺望远处的大海。右上 游泳池边的卧房，是生态居所的最佳范例，全部以自然材质在树林和岩石间建成。右下 艺术家的卧房，满是各类收藏的珍品和画作，床柱上方的油灯也是特别的设计作品。

本页／左上 通向皇陵的朱漆大门，有着雍容的气派。左下 华美的雕饰和彩绘有不可错认的中国渊源。右下 皇家寺庙中有精美的漆器木雕，上面绘有大量礼仪场景和人物肖像。右页／左上 这个房子被主人用来展示自己值得夸耀的珍藏：美丽的人物雕像，中国风格的几案，绘有四季风光的漆画，富有禅机的对联…… 右上 装饰艺术风格的书桌放在由竹子和藤条构建而成的空间内，别有一番韵味。左下 具有艺术风格的起居室，墙上的画来自越南当代知名的艺术家，19 世纪的木雕佛像为空间带来宁静的气氛，沙发上装饰着来自少数民族的手工纺织品。右下 房中最重要的部分，是祭祀祖先的神龛，而最有特色的是本地风格的地砖，它们和屋顶的瓦一样，全部在顺化本地烧制而成。

左页／左上 中厅有丰富的自然光线，传统的家具和瓷器搭配出一个悠闲清静的空间。右上 房间的隔断由富于装饰性的编织板完成，竹子无处不在，趣怪的小凳子，地板的材料则是藤条。左下 非常具有中国风格的大厅，原先是用来祭拜草药仙人的，如今被改装为舒适的接待厅，美丽的青花瓷器和中式玻璃花灯成为点睛之笔。右下 建于1802年的传统家庙，被自然地分割成两个功能区域，敬拜和居留，非常人性。本页／左上 高台庙的设计风格甚至有点像一座天主教堂，有宽敞的中厅和走廊，梁柱和屋顶都绘满了精美的花纹，是一个为老子、孔夫子、佛陀和耶稣共同预备的圣殿，非常特别。右上、右下 房间中陈设着许多令人称美的古董收藏品，有顺化的青花瓷器、传统的玻璃器皿、丝绸和镶嵌着珠母的木匾。既有来自皇室的遗泽，也有普通人家的传家之宝。

# YEMEN也门

丰富的历史沉淀，让也门自然成为了阿拉伯文明的滥觞，在建筑装饰领域表现得尤为突出。作为古代文明的发源地之一，也门拥有世界上最丰富的城市遗迹，且都是最具特色的阿拉伯建筑风格范本，无论在城市规划、建筑样式和细节装饰方面都令人叹为观止。

也门位于亚洲最西部的阿拉伯半岛南端，西临红海，北部和沙特阿拉伯接壤，东与阿曼为邻，南濒亚丁湾和阿拉伯海，扼地中海与印度洋交通要冲，仅隔30公里的曼德海峡与埃塞俄比亚和吉布提相望，就像一把弯刀横插在欧亚水上大通道的红海口上。也门境内高原耸立，山谷沙漠对峙，河流海滨蜿蜒，既有干旱荒芜的大漠狂沙，也有海风吹拂的热带风光。

也门的名字在阿拉伯语中，是"富饶幸福的国土"的意思。对于阿拉伯人来说，也门是他们血缘和文明的根基所在。被称为"纯血"的也门人是阿拉伯人的祖先，至今那里的男人们依然头顶缠巾，脚踏船形鞋，以华丽的弯刀作为随身配饰。而早在公元前10世纪，他们已经为"丝绸之路"建起了繁华的商业城市马里卜，以城市命名的巨石水坝阻截了洪水，让沙漠变为良田，是早期人类文明最可骄傲的奇迹之一。随着商队迁徙的也门人让伊斯兰教义的传播扩张至亚、欧、非三个大陆，最终缔造出盛极一时的阿拉伯帝国，影响至今不息。

也门首都萨那被称为"也门之门"，传说中是诺亚的儿子闪在大洪水之后修建的，迄今已经有超过两千五百年的历史。因为这里地处盆地，四季鲜花怒放，温暖宜人，所以也有"春城"之说。萨那城中完好无缺地保存着大量的清真寺、公共会所和塔楼式住宅，它们大多建于11世纪前，楼堂屋宇用石头垒砌而成，层层堆叠，其中青石、白石、黄石占大多数，庄严而又稳固。石墙上雕刻着精美的图案和花纹。窗户的上半部为圆拱形，用窗棱装饰出多种图案，镶嵌着彩色玻璃窗，悦目的褐色墙面以耀眼白色作搭配，与清真寺圆形穹顶和宣礼尖塔相映生辉。星罗棋布的街道则按公私不同用途划分，从城门到住宅街门，从主要街道到集市，次序井然，显示出统一的伊斯兰早期的建筑风格体系，与城市周围苍翠的群山组成协调的整体，如画卷般美丽。

1982年就被列为世界文化遗产的希巴姆城是阿拉伯垂直建筑法式最古老的典范，以悬崖上的塔楼闻名于世。由于备受大洪水的侵袭之苦，10世纪左右，也门人便天才地创造出了高耸密集的多层土坯建筑样式，建筑物都建在山上，自上而下，逐渐加宽，用白色的雪花石膏屋顶抵挡季风时节暴雨的冲刷，墙角也涂有专门的防水材料，狭窄封闭的房屋从三层以上才开始有门窗的装饰。街道布局极尽蜿蜒曲折，无论从那个角度都无法取得饱览全城的视角，坚固的城墙将整个城市牢牢地包裹起来，显示出坚不可摧的要塞气派。当夕阳西下的余晖照耀在这一片从沙漠中央拔地而起的摩天城堡上时，海市蜃楼便有了最恰当不过的现实注脚。

宰比德（Zabid）是伊斯兰教世界中极其重要的学术之都，以包罗万象的神学、法学、医学、史学、诗学、农学、冶金学成就著称。城中有穆斯林学院、清真寺等建筑两百多处，宗教色彩浓烈。建筑物多由烧制的砖砌就，外面涂以白粉，非常适合伊斯兰装饰建筑的几何学图画和书法纹样，有雕花的木门，石刻的墙壁，彩绘的屋顶。宰比德的民宅也很具特色，不足2米的小巷像迷宫一样，幢幢民居仿佛重叠在一起。外观简朴，但室内装修和家具都非常豪华。纯正的阿拉伯风情中，也夹杂点缀着许多趣致的圆形茅草屋顶的泥砖房屋，生动地显示出红海对岸北非的风情神韵。

总揽也门的建筑风格，厚墙小窗、居高临下、又细又高的塔楼是最显著的特色。从城市到乡村，很多建筑物都建在高地和山坡上，用大块的正方形石头砌成的厚墙上凿出极小的窗孔，一排又一排积木般高高地叠搭在一起。清晨雾霭中，若隐若现，犹如神仙境地。夜幕降临时，人间灯火和繁星交为一体，仿佛天上的街市，美不胜收。在每一栋建筑物中，房间的等级按楼层划分，最高处最尊贵，留给家族中成年的男子或远道来的贵宾，而根据伊斯兰的教义，即便在极高处，为妇女设置的眺望露台也必须以花隔窗封闭起来。

从装饰风格细节着眼，也门风格中最突出的元素是被世人称为"也门窗"的，镶有彩色玻璃的半圆拱券石膏花窗。也门窗具有非常生动的装饰效果，白天阳光透过彩色玻璃在室内形成五彩斑斓的图案，并随着光线衍生出许多丰富的变化，夜晚室内灯光映射在彩色玻璃上，又让城市黛青色的天空平添许多靡丽的光彩，因此特别受到也门人的喜爱。也门窗的外形在墙面上形成一个个半圆形的拱券，并用不同的石头勾勒出边框，也有的只有半圆拱券，没有也门窗，还有的将拱廊和半圆形栏杆结合起来，上下呼应，产生别致的序列美感，与建筑物融为一体，相映生辉。

也门风格的另一特征元素是彩色石材的镶拼装饰。由于境内火成岩资源丰富，盛产各种色彩的石料，因此石材是也门人最擅长的建筑用材，红、黄、绿、白都很常用。一种黑色且表面多孔的"哈巴希石"是他们最喜爱的，高贵的装饰材料，无论是宗教建筑、民居或公共建筑，都有用彩色石头或哈巴希石在外墙编织各种精美的图案，或是画龙点睛地在窗、楣、檐头、勒脚及外墙阳角处用哈巴希石装饰。也有的整栋建筑外墙全是用不同色的石料拼成几何图案，繁复美丽。在装饰纹样方面，也门风格体现出了所有的阿拉伯传统的审美偏好：华丽交错的植物花卉，变化多端的几何图案，优雅飘逸的文字符号……

右页／也门首都萨那富有当地风格的建筑外墙。

هذا من فضل

左页、本页／富有当地风格的建筑。

本页／左上 这个卫浴空间拥有精致细腻的几何雕花窗棂，埋于地上的浴池享受到了从那里漏进来的阳光。左下 墙面上刻有如许多象形图案，土质的墙体质朴无华，地域特色浓郁至极。右下 建于两次世界大战期间的这间卫浴，大量使用了不同花纹效果的大理石，显得十分具有艺术视觉效果。右页／左上、右上 门套和天花板的设计既有地域感又富有创意。左下 浴槽边的字母ART，非常形象地说明了室主的身份，室中的一切都师法自然，正是当地人崇尚自然的生活形态。右下 一个小型的休闲区，圆拱形的天花下松软的沙发靠垫营造了一个温馨浪漫的所在。

ART

左页／上 传统家具和蛋形壁炉放在一个客厅中，非常配合。左下 粗糙的土墙，色彩鲜艳有力的床上用品，充分表现出历史的厚重感。右下 彩色石材的镶拼装饰正是也门的风情。本页／右上 这间浴室充满阿拉伯风情，尤其吊灯上新月形的装饰更富有民族和宗教特色。左下 浴室的墙面、地面和浴槽都采用了蜜色的涂料，非常温馨浪漫，设计师以拱形的石券作为透光方式，为空间带来了自然透亮的光线。右下 起居室一角的壁炉，配以当地风格的泥塑和瓷盘。

本页／左上 阿拉伯人很喜欢在室内设置一个凹形的会客区，安详而舒适。右上 用灰水泥和几何造型表现质朴的风格。左下 低调沉稳的色彩配置，鲜花的点缀，恰到好处地表现了阿拉伯人的性格。右页／左上 也门贵族的室内游泳池，到处可见阿拉伯的设计符号。右上 卧室用西亚的地毯和织物装饰，在也门较为普遍。左下 十二种不同的几何图案代表一年十二个月，装饰着浴室内代表天空的蓝色墙面。右下 卫生间用蓝白两色装饰，镜框则用白色的花式铸铁制作。

عقباه بالندم
الجهل

左页／一把靠椅安然处于拱门下，六角形柱子和门板的装饰无不充满艺术对称的美。本页／左上 侧墙上正是被称作“也门窗”的半圆拱券石膏花窗，门边竖立两根铜质灯柱，上面饰有阿拉伯标志月牙。右上 墙、地面、水池的材质虽然十分粗糙，但设计感非常强烈。右下 浅黄、浅绿的色彩，拱形的门洞，表现出十足的阿拉伯风格。

**图书在版编目(CIP)数据**

世界居住艺术百科／《家居主张》编辑部编.

上海：上海辞书出版社，2010.12

ISBN 978-7-5326-3229-9

Ⅰ. ①世… Ⅱ. ①家… Ⅲ. ①住宅－建筑艺术－世界

－图集 Ⅳ. ①TU241-64

中国版本图书馆 CIP 数据核字(2010)第 205056 号

出版统筹：刘毅强

策划：吴雅仙

特约策划：上官消波

采编：《家居主张》编辑部编

撰文：马妮、蒲仪军、叶维瑾、吴峻、朱茱、花过雨、颜妍书、施迪、Mack Wander、Gothic Lee 等

摄影：柴之澄、鲍世望、金沾、曹勇、大均、尔冬强、梦野、蔡丰、施迪、Steve Hermann、Peter Jodan 等

责任编辑：章文杰

装帧设计：鲍灵

**世界居住艺术百科**

出版：上海世纪出版股份有限公司

上海辞书出版社

地址：上海市陕西北路 457 号

邮编：200040

电话：021-62472088 62568566

传真：021-62537365

网址：www.ewen.cc　www.cishu.com.cn

发行：上海世纪出版股份有限公司发行中心

制版、印刷：上海界龙艺术印刷有限公司

开本：610 × 940 1/8

印张：116

字数：150,000

版次：2011 年 1 月第 1 版　2011 年 1 月第 1 次印刷

ISBN 978-7-5326-3229-9/T·148

定价：960.00 元（全三册）

ISBN 978-7-5326-3229-9

9 787532 632299 >